测试工程师
核心开发技术

51Testing 软件测试网◎组编
51Testing 教研团队◎编著

人 民 邮 电 出 版 社
北 京

图书在版编目（C I P）数据

测试工程师核心开发技术 / 51Testing软件测试网组编；51Testing教研团队编著. -- 北京 : 人民邮电出版社，2020.1（2024.6重印）
ISBN 978-7-115-51959-7

Ⅰ．①测… Ⅱ．①5… ②5… Ⅲ．①软件—测试
Ⅳ．①TP311.5

中国版本图书馆CIP数据核字(2019)第201577号

内 容 提 要

本书共 7 章，凝聚了 51Testing 软件测试网在软件测试培训方面的精华内容。主要内容包括 Linux 系统入门知识、Linux Shell 编程技术、Oracle 和 MySQL 两大主流数据库的基本操作、配置管理工具 SVN 及 Java 和 Python 编程。本书从测试的角度讲述了软件测试人员需要掌握的开发技术，有助于读者提升测试技能。

本书既适合测试人员阅读，也可供相关专业人士参考。

◆ 组　　编　51Testing 软件测试网
　　编　　著　51Testing 教研团队
　　责任编辑　谢晓芳
　　责任印制　焦志炜

◆ 人民邮电出版社出版发行　　北京市丰台区成寿寺路 11 号
　　邮编　100164　　电子邮件　315@ptpress.com.cn
　　网址　http://www.ptpress.com.cn
　　固安县铭成印刷有限公司印刷

◆ 开本：800×1000　1/16
　　印张：26.75　　　　　　　　　2020 年 1 月第 1 版
　　字数：492 千字　　　　　　　　2024 年 6 月河北第 25 次印刷

定价：89.00 元

读者服务热线：(010)81055410　印装质量热线：(010)81055316
反盗版热线：(010)81055315
广告经营许可证：京东市监广登字20170147号

前　言

读者一定很奇怪，在软件测试类图书中为什么会专门介绍开发过程中使用的语言、数据库、Linux 编程和配置管理工具，其实进行软件测试是离不开开发这个话题的。例如，为了使用常见的自动化测试工具 Selenium、性能工具 LoadRunner 完成稍复杂一些的脚本，就必须使用 Java、C 或 Python 等语言开发脚本。同时，在进行 Web 测试时，如果用户发现界面上一个报表的数据出现了异常，那么究竟是客户端导致的还是数据库导致的？这时，用户就需要通过分析前端页面的代码和执行数据库操作来定位问题。至于为什么学习 Linux 系统，主要是因为现在的大部分企业为了提高服务器的性能，通常采用 Linux 操作系统。要实现测试部署、服务器操作甚至自动完成一些操作，就需要掌握 Linux 系统的命令和 Shell 脚本。另外，读者还需要掌握一款配置管理工具的使用方法。配置管理工具主要负责配置管理，用于软件测试与开发过程中的协同开发和文件管理。

本书内容

本书共 7 章。

第 1 章介绍 Linux 系统的安装、使用方法、管理，以及 Web 服务器环境的搭建和在 Linux 系统下安装 Oracle 的方法。

第 2 章介绍 Linux Shell 中的变量、注释、数据类型、参数传递、运算符、printf 命令、流程控制、函数和输入/输出重定向等。

第 3 章介绍 Oracle 数据库的安装、配置、企业管理器，以及 SQL 语句、PL/SQL 程序设计等。

第 4 章介绍 MySQL 数据库的基本操作和高级应用。

第 5 章介绍配置管理工具 SVN 的安装、配置、功能和原理等。

第 6 章介绍 Java 环境的搭建，Eclipse 集成开发环境，Java 中的数据类型、变量、运算符、选择结构、循环结构，以及 Java 面向对象编程中的类、对象、封装、继承和多态。

第 7 章介绍 Python 编程环境的搭建和启动，Python 中的变量、数据类型、程序结构、函数、类、方法、模块和异常等。

本书特色

　　本书结合作者多年的教学与实践经验,从测试的角度针对性介绍了在软件测试过程中测试工程师要掌握的核心开发技术。本书注重理论和实践相结合,具有较强的可操作性,有助于读者快速掌握软件测试的相关技能,真正做到学以致用。

作者简介

　　51Testing 软件测试网是专业的软件测试服务供应商,为上海博为峰软件技术股份有限公司旗下品牌,是国内人气非常高的软件测试门户网站。51Testing 软件测试网始终坚持以专业技术为核心,专注于软件测试领域,自主研发软件测试工具,为客户提供全球领先的软件测试整体解决方案,为行业培养优秀的软件测试人才,并提供开放式的公益软件测试交流平台。51Testing 软件测试网的微信公众号是"atstudy51"。

致谢

　　很多经验丰富的测试老师对本书的内容进行了悉心审读和审校,对本书提出了很多宝贵的建议,在此表示衷心感谢。

　　感谢人民邮电出版社提供的这次合作机会,使本书能够早日与读者见面。

作者

服务与支持

本书由异步社区出品，社区（https://www.epubit.com/）为您提供后续服务。

提交勘误

作者和编辑尽最大努力来确保书中内容的准确性，但难免会存在疏漏。欢迎您将发现的问题反馈给我们，帮助我们提升图书的质量。

当您发现错误时，请登录异步社区，按书名搜索，进入本书页面，单击"提交勘误"，输入勘误信息，单击"提交"按钮即可（见下图）。本书的作者和编辑会对您提交的勘误进行审核，确认并接受后，您将获赠异步社区的 100 积分。积分可用于在异步社区兑换优惠券、样书或奖品。

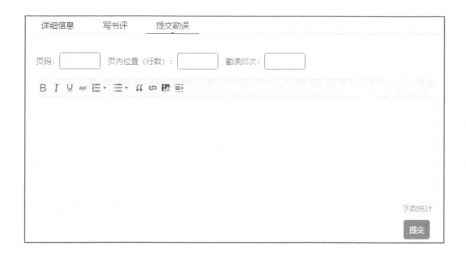

扫码关注本书

扫描下方二维码,您将会在异步社区微信服务号中看到本书信息及相关的服务提示。

与我们联系

我们的联系邮箱是 contact@epubit.com.cn。

如果您对本书有任何疑问或建议，请您发邮件给我们，并请在邮件标题中注明本书书名，以便我们更高效地做出反馈。

如果您有兴趣出版图书、录制教学视频，或者参与图书翻译、技术审校等工作，可以发邮件给我们；有意出版图书的作者也可以到异步社区在线提交投稿（直接访问 www.epubit.com/selfpublish/submission 即可）。

如果您所在学校、培训机构或企业想批量购买本书或异步社区出版的其他图书，也可以发邮件给我们。

如果您在网上发现有针对异步社区出品图书的各种形式的盗版行为，包括对图书全部或部分内容的非授权传播，请您将怀疑有侵权行为的链接发邮件给我们。您的这一举动是对作者权益的保护，也是我们持续为您提供有价值的内容的动力之源。

关于异步社区和异步图书

"异步社区"是人民邮电出版社旗下 IT 专业图书社区，致力于出版精品 IT 技术图书和相关学习产品，为作译者提供优质出版服务。异步社区创办于 2015 年 8 月，提供大量精品 IT 技术图书和电子书，以及高品质技术文章和视频课程。更多详情请访问异步社区官网 https://www.epubit.com。

"异步图书"是由异步社区编辑团队策划出版的精品 IT 专业图书的品牌，依托于人民邮电出版社近 30 年的计算机图书出版积累和专业编辑团队，相关图书在封面上印有异步图书的 LOGO。异步图书的出版领域包括软件开发、大数据、AI、测试、前端、网络技术等。

异步社区

微信服务号

目　录

第 1 章　Linux 系统入门知识

Linux 系统是常见的服务器端操作系统，熟练掌握 Linux 系统相关的基本操作是测试人员的必备技能。本章主要介绍 Linux 系统的安装、基本使用方法、管理及服务器搭建的相关知识。

1.1　Linux 系统简介

在介绍 Linux 系统之前，需要了解一下计算机系统的构成（见图 1-1）。

图 1-1　计算机系统的构成

严格来讲，Linux 系统不是一个操作系统，而只是一个操作系统的内核。Linux 系统的组成如图 1-2 所示。内核建立了计算机软件与硬件之间通信的平台，提供系统服务，如文件管理、虚拟内存和设备 I/O 等。通常所说的 Linux 操作系统指 GNU/Linux，即采用 Linux 内核的 GNU 操作系统，它既是一个操作系统又是一种规范。

Linux 系统的用户比较熟悉的 Linux 发行版是 Red Hat Enterprise Linux（RHEL），不过它是收费的。国内外许多企业或空间商选择 CentOS，也就是本书涉及的版本，它是一种基于 RHEL 的操作系统，最大的好处是免费。

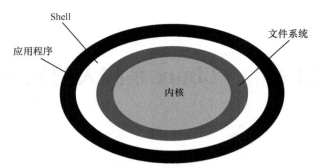

图 1-2　Linux 系统的组成

1.2　Linux 系统的安装

在学习过程中，如果读者的计算机操作系统是 Windows，又不方便安装双系统，那么可以选择安装在虚拟机中，系统一旦出错可以还原。

本书中使用的 Linux 操作系统是 CentOS，读者可以从 CentOS 官网获取相关的安装文件。

1.2.1　配置虚拟机

在安装 CentOS 之前，我们需要先配置虚拟机。配置虚拟机的步骤如下。

（1）在 VMware Workstation 中创建新的虚拟机，选中"自定义（高级）"单选按钮，单击"下一步"按钮，如图 1-3 所示。

（2）设置虚拟机的硬件兼容性，单击"下一步"按钮，如图 1-4 所示。

图 1-3　选中"自定义（高级）"单选按钮

图 1-4　设置虚拟机的硬件兼容性

（3）选中"稍后安装操作系统"单选按钮，单击"下一步"按钮，如图 1-5 所示。

（4）在"选择客户机操作系统"界面中选中"Linux"单选按钮，在"版本"下拉列表中选择"CentOS 7 64 位"选项，如图 1-6 所示。

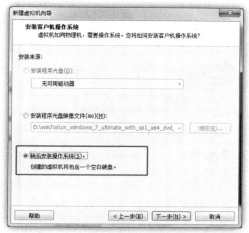
图 1-5　选中"稍后安装操作系统"单选按钮

图 1-6　选择操作系统及其版本

（5）设置虚拟机名称和保存位置，然后单击"下一步"按钮，如图 1-7 所示。

（6）设置虚拟机的处理器个数（如果没有特殊要求，那么可以指定 1 个处理器），然后单击"下一步"按钮，如图 1-8 所示。

图 1-7　设置虚拟机名称和保存位置

图 1-8　配置处理器

（7）设置虚拟机的内存大小（本书中设置为 1GB），然后单击"下一步"按钮，如

图 1-9 所示。

（8）设置虚拟网卡连接方式，此处选择"使用桥接网络"单选按钮，这就类似于在局域网中又多了一台机器。然后单击"下一步"按钮，如图 1-10 所示。

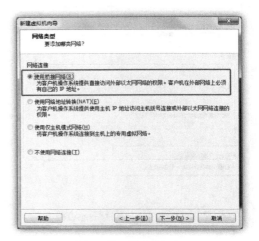

图 1-9　设置虚拟机的内存　　　　　　　图 1-10　设置网络类型

（9）关于 I/O 控制器类型，此处选择 VMware Workstation 中推荐的方式，即 LSI Logic，然后单击"下一步"按钮，如图 1-11 所示。

（10）选择虚拟机的磁盘类型，即虚拟计算机的硬盘接口类型，此处选择 VMware Workstation 推荐的"SCSI"，接着单击"下一步"按钮，如图 1-12 所示。

图 1-11　选择 I/O 控制器类型　　　　　　图 1-12　选择磁盘类型

（11）选择虚拟机的磁盘，此处选择"创建新虚拟磁盘"单选按钮，接着单击"下一步"按钮，如图 1-13 所示。

（12）设置硬盘大小。注意，为了提高性能，这里选择"将虚拟磁盘存储为单个文件"单选按钮。接着，单击"下一步"按钮，如图 1-14 所示。

图 1-13　选择"创建新虚拟磁盘"单选按钮

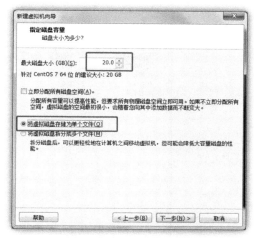

图 1-14　设置磁盘大小

（13）对于磁盘文件，使用默认名字即可，单击"下一步"按钮，如图 1-15 所示。

（14）查看整体的配置。为了方便后面的安装，在这一步把光驱也配置好，单击"自定义硬件"按钮，如图 1-16 所示。

图 1-15　使用默认磁盘文件

图 1-16　单击"自定义硬件"按钮

（15）选择"新 CD/DVD(IDE)"设备，在"连接"选项组中选中"使用 ISO 镜像文件"单选按钮，选择下载的 CentOS 镜像文件所在的路径，如图 1-17 所示。然后，单击"关闭"按钮，回到之前的整体配置界面，单击"完成"按钮完成虚拟机的定制。

图 1-17　选择使用 ISO 镜像文件作为光驱

（16）VMware Workstation 已经准备好开启这个虚拟机了，如图 1-18 所示。

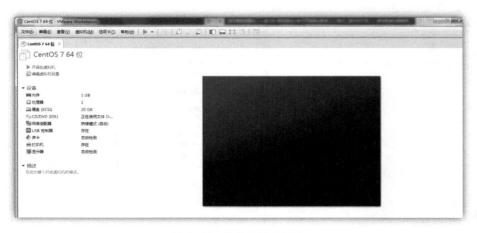

图 1-18　准备开启虚拟机

1.2.2　安装 CentOS

配置好了虚拟机后，接下来开始安装 CentOS。

（1）开启虚拟机。打开已创建的名称为 CentOS 的虚拟机，单击"开启此虚拟机"按钮，开启虚拟机，进行 CentOS 的安装，如图 1-19 所示。

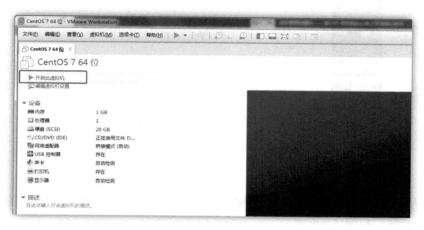

图 1-19　开启虚拟机

（2）开启虚拟机后会直接进入 CentOS 的安装模式选择界面，如图 1-20 所示，这里选择第一项。

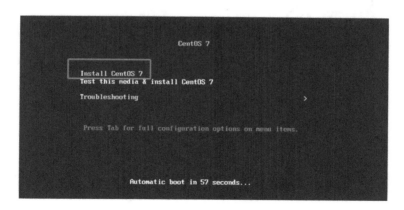

图 1-20　安装模式选择界面

（3）选择语言，本书选择的是 English，因为即使选择简体中文，系统命令行模式下也是不支持的。单击 Continue 按钮，如图 1-21 所示。

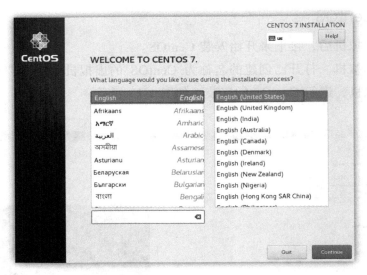

图 1-21　选择语言

（4）进入 INSTALLATION SUMMARY 界面，选择 SOFTWARE 选项组中的 SOFTWARE SELECTION 选项，如图 1-22 所示。

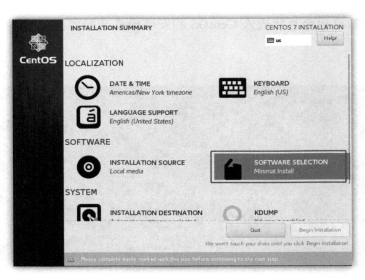

图 1-22　INSTALLATION SUMMARY 界面

（5）选中 GNOME Desktop 单选按钮，即选择安装 Linux 图形化桌面环境。勾选右边所有的插件对应的复选框，单击 Done 按钮，如图 1-23 所示。

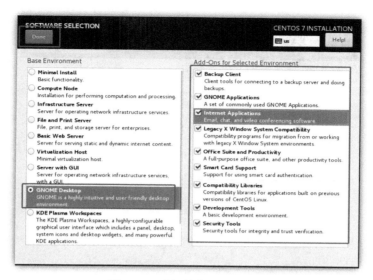

图 1-23　选择基本环境和插件

（6）再次回到 INSTALLATION SUMMARY 界面，选择 SYSTEM 选项组中的 INSTALLATION DESTINATION（安装位置）选项，如图 1-24 所示。

图 1-24　选择安装位置

（7）在 INSTALLATION DESTINATION 界面中，选中 Automatically configure partitioning （自动配置分区）单选按钮，单击 Done 按钮，如图 1-25 所示。

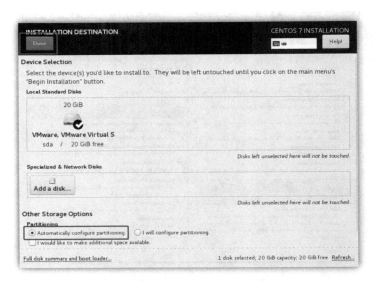

图 1-25　INSTALLATION DESTINATION 界面

（8）再次回到 INSTALLATION SUMMARY 界面，单击 Begin Installation 按钮进行安装，如图 1-26 所示。

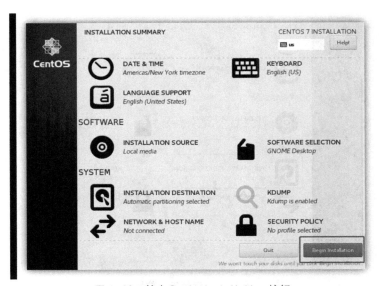

图 1-26　单击 Begin Installation 按钮

（9）在 CONFIGURATION 界面中选择 ROOT PASSWORD 选项（见图 1-27），进入 ROOT PASSWORD 界面，如图 1-28 所示。在这里设置管理员密码，单击 Done 按钮，返

回 CONFIGURATION 界面。

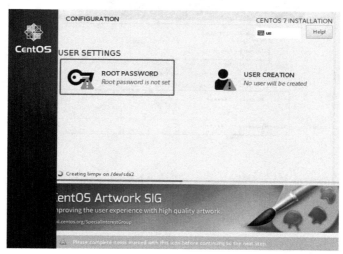

图 1-27　CONFIGURATION 界面

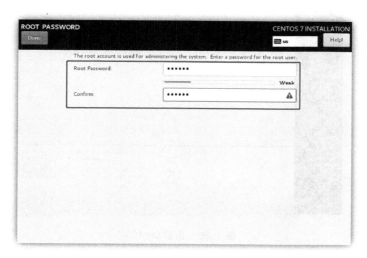

图 1-28　ROOT PASSWORD 界面

（10）在 CONFIGURATION 界面中选择 USER CREATION 选项，进入 CREATE USER 界面进行普通用户的创建，如图 1-29 所示。

（11）等待安装过程完成之后，单击 Reboot 按钮重启 CentOS，如图 1-30 所示。

（12）等待系统重启后，在 INITIAL SETUP 界面，选择 LICENSING 选项组下的 LICENSE INFORMATION（许可证信息）选项（见图 1-31），进入 License Agreement 界面，勾选 I accept the license agreement 复选框（见图 1-32），再单击左上角的 Done 按钮。

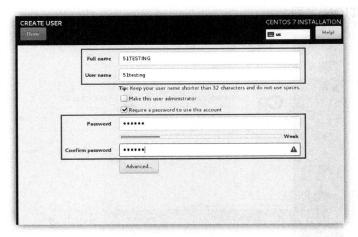

图 1-29　CREATE USER 界面

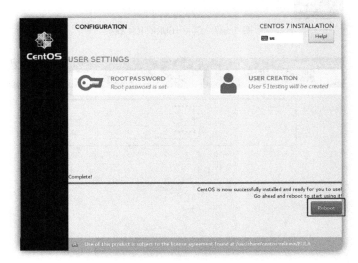

图 1-30　重启 CentOS

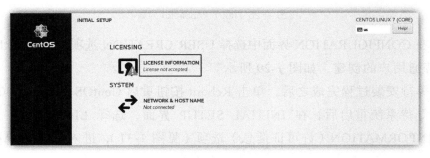

图 1-31　INITIAL SETUP 界面

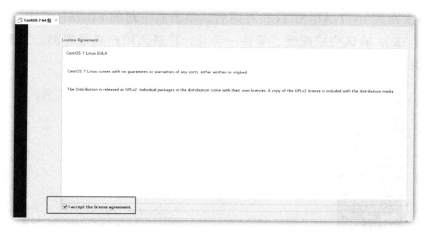

图 1-32　License Agreement 界面

（13）在 INITIAL SETUP 界面中选择 SYSTEM 选项下的 NETWORK & HOST NAME
（见图 1-33），进入 NETWORK & HOST NAME 界面，将右上角的按钮置为 ON 状态（见
图 1-34），单击左上角的 Done 按钮完成设置。

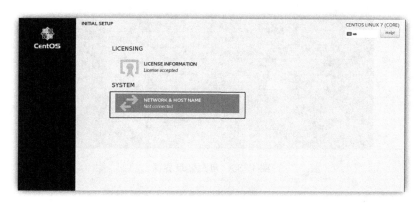

图 1-33　选择网络配置

图 1-34　NETWORK & HOST NAME 界面

（14）再次回到 INITIAL SETUP 界面后，单击右下角的 FINISH CONFIGURATION 按钮（见图 1-35），确认完成配置，等待一会儿，将进入用户登录界面，如图 1-36 所示。至此，CentOS 安装完成。

图 1-35　完成配置

图 1-36　用户登录界面

1.3　Linux 系统的基本使用方法

Linux 系统的基本使用方法包括命令行与图形化界面的选择和配置、终端命令行与 ls 命令、在线帮助命令、远程登录 Linux 系统、Linux 系统的文件和目录，以及 Linux 系统的文件打包与压缩。下面进行详细介绍。

1.3.1　命令行与图形化界面的选择和配置

下面先讨论一下 Linux 系统为什么需要使用命令行而不使用图形化界面。理由如下：一方面，使用命令行这种非图形化界面能节省很多额外的内存开销，使得服务器性能更少受到系统本身影响；另一方面，在日常应用中，用户基本上是远程管理服务器的，不可能打开图形界面进行操作，虽然目前有些工具支持远程图形连接服务器，可是那样太消耗网络带宽资源，所以从这方面来考虑不建议使用图形界面。

在图形化界面中用 root 登录后，在桌面任何位置右击，在弹出的快捷菜单中选择 Open Terminal 命令，即可选择在终端中打开 Linux 命令行窗口，如图 1-37 所示。

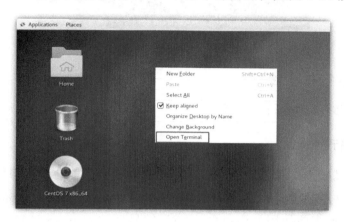

图 1-37　选择 Open Terminal

在打开的命令行窗口中输入以下命令。

```
vi /etc/inittab
```

按 Enter 键进入文档编辑界面，然后用方向键将光标移动到最后一行 "id:5:initdefault" 的数字 5 上，按 R 键，再输入数字 3，即可将 5 改为 3。修改完后输入 ":"，再输入 "wq"，最后按 Enter 键，即可完成文件保存并退出编辑（见图 1-38）。重启 Linux 就可以看到默认启动模式是命令行模式。

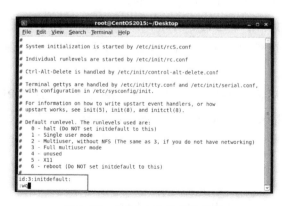

图 1-38　inittab 文件修改界面

在进入命令行模式时，要求输入用户名和密码（见图 1-39）。

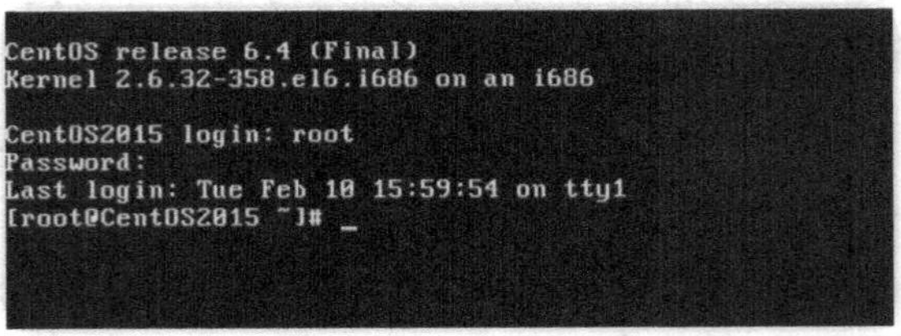

图 1-39　Linux 命令行模式

1.3.2　终端命令行与 ls 命令

下面分别介绍终端命令行与 ls 命令。

1. 终端命令行

在 1.3.1 节的基础上，重新启动，输入用户名和密码后就会直接停留在命令行待输入的状态（见图 1-39）。在这个状态下只能用键盘进行输入，不支持鼠标输入。

其中，root 表示当前使用的用户名，"@"符号后的 CentOS 2015 表示当前系统的名字。空格后面的"~"符号所在的位置表示当前所在的目录名称，"~"表示当前用户的主目录。对于一般用户，"~"表示"/home/用户名"；对于 root 用户，"~"表示"/root"。最后的"#"表示当前用户是系统管理员，如果以普通用户身份登录，那么这个符号将是"$"。

在提示符下输入命令，格式一般如下。

命令　[-选项]　参数 1　参数 2

注意以下事项。

- 命令、参数、选项都是区分大小写的。
- "[ ]"里面的内容是可选的（当然，在正式写指令时不要输入"[ ]"）。在设定选项时，一般用短横"-"后面加选项缩写字母，如果是完整选项名称，一般使用双短横"--"。
- 参数是指选项后面的参数，例如，iptables 命令"-A INPUT"中的 INPUT 就是参数，如"--dport"后面的 22 也是参数，表示将端口设置为 22。
- 如果输入的命令太长，则可以使用"\"符号使指令连续到下一行。

2. ls 命令

ls 命令用于显示指定目录下的内容。语法如下。

```
ls [-option] [file]
```

常用参数介绍如下。

- -a：显示所有文件和目录，包含隐藏文件和目录。
- -A：显示所有文件和目录，包括隐藏文件和目录，但不显示"."和".."目录。
- -t：根据时间排序。
- -l：显示文件和目录的完整属性信息。

例如，使用 ls -al 命令来查看当前目录下的所有文件和目录，输出结果如图 1-40 所示。

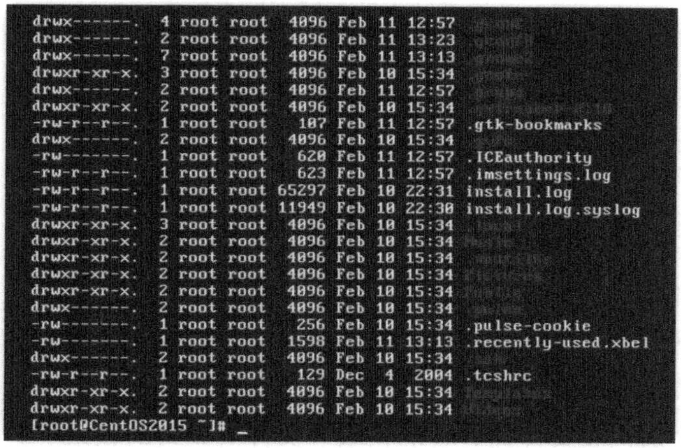

图 1-40　查看文件和目录命令的输出结果

不同的文件和目录使用不同的颜色进行区分。

- 蓝色表示目录。
- 绿色表示可执行文件。
- 红色表示压缩文件。
- 浅蓝色表示链接文件。
- 灰色表示其他文件。

图 1-41 所示展示了一个示例输出文件的详细信息。

第 1 栏是文件属性，共有 10 个属性，每一位代表一个属性。

- d：表示目录。
- -：表示普通文件。
- l：表示链接文件。
- b：表示设备文件中可供存储的接口设备。

- c：表示设备文件中的串行端口设备，如鼠标、键盘等。

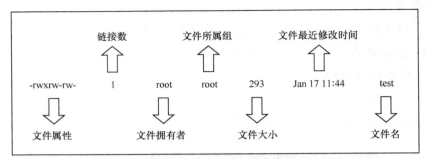

图 1-41　示例输出文件的详细信息

接下来的 9 个属性中，3 个为 1 组，均采用 rwx 这种组合形式，详细内容参见 1.3.5 节，这里不再赘述。

- r：可读。

- w：可写。

- x：可执行。

如果不具备某属性，则将对应的字母替换成"-"。例如，某文件只有读写能力，没有执行能力，则其属性表示为"rw-"。

这 3 组属性分别代表文件拥有者的权限、文件所属组的权限、其他用户的权限。以"rwxrw-r--"为例，它表示该文件的拥有者可读、可写、可执行，文件所在的组的成员可读、可写，其他用户只能读。

对于目录，x 属性有特殊含义，表示是否可以进入该目录的权限。例如，config 目录的属性为"drwx------"，表示只有 root 用户能进入该目录，而所在组其他用户均不能进入该目录。

第 2 栏是链接数，表示链接占用的索引节点（inode）数目。对于新文件，链接数一般为 1，建立硬链接后此数目会增加，该方法将在后面介绍；对于目录，则指目录包含的子目录数，空目录的链接数为 2，因为空目录至少包含"."目录和".."目录。

第 3 栏表示该文件或目录的拥有者。

第 4 栏表示该文件所属的组群。

第 5 栏表示这个文件的大小。

第 6 栏表示该文件最近修改时间。

第 7 栏表示该文件的文件名。

3. 命令行下的方向键、Tab 键及清屏命令

因为命令行模式不支持鼠标输入，所以这里介绍一些实用的小命令。

1）上下键

在命令行下通过上下键能选择之前用过的历史命令，方便选择重复执行的命令。

2）Tab 键

- 只需要输入文件或目录名的前几个字符，然后按 Tab 键，如果无相同的文件名，则完整的文件名立即自动出现在命令行；如果有相同的文件名，则再按一次 Tab 键，系统会列出当前目录下所有以这几个字符开头的文件名。

- 在命令行下，只需要输入所需命令的开头字母。例如，输入"m"，再连续按两次 Tab 键，系统将列出所有以"m"开头的命令（包括自定义的 Bshell 命令函数），这对查找某些记不清楚的命令特别有用。又如，输入"ftp"，将查到 ftp、ftpcount、ftpwho、ftpshut 等不常用的命令。

3）清屏命令

通过清屏，可以让下次命令的结果显示得更加清晰。使用 clear 命令或者 Ctrl + L 组合键，能实现清屏。

1.3.3　在线帮助命令

下面对常用的在线帮助命令进行介绍。

1. man 命令

man 命令的作用是查看联机手册，命令格式如下。

```
man [选项] 命令名称
```

man 后面的参数的含义如表 1-1 所示。

表 1-1　man 后面的参数的含义

参　　数	说　　明
Executable programs or shell commands	表示普通的命令
System calls (functions provided by the kernel)	表示系统调用，如 open、write 之类的（通过该参数，至少可以很方便地查到调用这个函数时所需的头文件）
Library calls (functions within program libraries)	表示库函数，如 printf、fread
Special files (usually found in /dev)	表示特殊文件，即/dev 下的各种设备文件

续表

参　　数	说　　明
File formats and conventions eg /etc/passwd	表示文件的格式，如 passwd，说明这个文件中各个字段的含义
Games	用于游戏，由各个游戏自己定义
Miscellaneous (including macro packages and conventions), e.g. man(7), groff(7)	表示附件还有一些变量，例如，environ 全局变量在这里就有相应说明
System administration commands (usually only for root)	系统管理用的命令，这些命令只能由 root 使用，如 ifconfig
Kernel routines [Non standard]	表示内核指令

　　输入 man+数字+命令/函数即可以查到相关的命令和函数。若 man 后不加数字，那 Linux man 命令默认从数字较小的手册中寻找相关命令和函数。

　　例如，输入"man ls"，系统会在左上角显示"LS（1）"，在这里，"LS"表示手册名称，而"（1）"表示该手册位于第 1 章。同样，输入"man ifconfig"，系统会在左上角显示"IFCONFIG（8）"。也可以输入命令"man [章节号] 手册名称"。

　　man 是按照手册章节号的顺序进行搜索的。例如，输入"man sleep"，只会显示 sleep 命令的手册；如果想查看库函数 sleep，就要输入"man 3 sleep"。

　　以 ls 命令为例，如果想了解 ls 命令的细节，则可以在命令行中输入：

```
man ls
```

　　系统会调出相应的用户手册，以详细对 ls 命令进行解释，如图 1-42 所示。系统支持自动分屏显示，用户看完一屏，按空格键继续看下一屏。若文章比较长，用户想中途退出，则在"："后输入"q"就能回到命令行的输入状态。

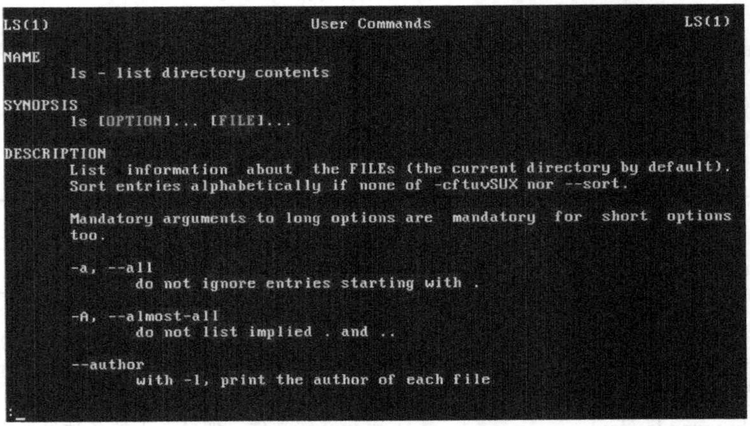

图 1-42　ls 命令的用户帮助

2. help 命令

help 命令用于查看 Shell 内部命令帮助信息。Linux 系统命令分为内部命令和外部命令。简单来说，在 Linux 系统中有存储位置的命令为外部命令，没有存储位置的为内部命令，可以理解为内部命令嵌入在 Linux 的 Shell 中，所以看不到。

- 要查看外部命令的帮助文档，help 命令的格式为"命令 --help"，例如：

```
passwd  --help
```

- 要查看内部命令的帮助文档，help 命令的格式为"help 命令"，例如：

```
help cd
```

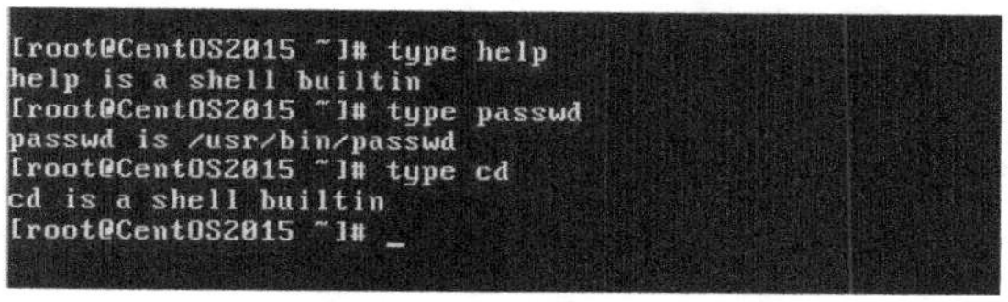

注意，type 命令用于判断命令到底为内部命令还是外部命令，如图 1-43 所示。

在上述代码中，第 1 条命令"type help"返回"help is a shell builtin"，说明 help 为

图 1-43　type 命令

内部命令；第 2 条命令"type passwd"返回"passwd is /usr/bin/passwd"，说明 passwd 为外部命令；第 3 条命令"type cd"返回"cd is a shell builtin"，说明 cd 为内部命令。

3. whereis 命令

whereis 命令用于查找与某一命令相关的文件的存放位置。命令格式如下。

```
whereis [-bfmsu][-B <目录>...][-M <目录>...][-S <目录>...][文件...]
```

主要选项如下。

- -b：只查找二进制文件。
- -m：只查找手册页。
- -s：查找源程序文件。

例如：

```
[root@CentOS2015 ~]# whereis -m cd
cd: /usr/share/man/man1p/cd.1p.gz /usr/share/man/man1/cd.1.gz        //输出结果
```

1.3.4 远程登录 Linux 系统

Linux 系统大多应用于服务器，而服务器不可能像 PC 一样放在办公室，它们放在 IDC 机房，或者放置在公司的特定机房内，所以 Linux 系统都是远程登录的。Linux 系统是

21

通过 SSH 服务实现远程登录功能的。默认 SSH 服务开启了 22 端口。如果读者之前的 Linux 系统安装在虚拟机上，而运行在 Windows 系统下，则正好可以模拟远程登录的情况，只需要额外安装一个软件——SecureCRT。

注意，安装完 SecureCRT 之后，在连接之前，需要对已安装好的 Linux 系统的 IP 地址进行配置。这里提供两种配置方法，选择其一即可。

1. 配置自动获取 IP 地址

首先，在 Linux 系统的命令行下输入以下命令。

```
vi /etc/sysconfig/network-scripts/ifcfg-eth0
```

然后，在 IP 地址的配置文件中，修改每一项，如图 1-44 所示。修改完毕之后，用 ":wq" 命令保存并退出。

使用 ifconfig 命令查看 IP 地址，如果显示的信息超过一屏，则可以使用 less 参数分屏显示（见图 1-45）。

图 1-44　配置自动获取 IP 地址

```
ifconfig |less
```

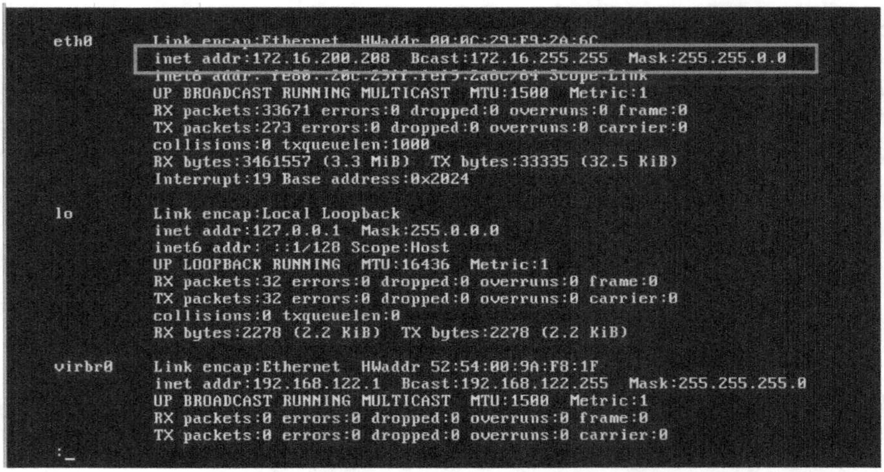

图 1-45　ifconfig |less 命令的输出结果

注意，因为刚装完的 Linux 系统的 IP 地址一般是 DHCP 自动分配的，所以配置文件无须修改。此时，如果 IP 地址没有分配成功，则可以试试以下命令。

```
ifup eth0
```

2. 配置固定 IP 地址

首先，在 Linux 系统的命令行下输入以下命令。

```
vi /etc/sysconfig/network-scripts/ifcfg-eth0
```

然后，在 IP 地址的配置文件中，按照图 1-46 所示进行修改，其中 IP 地址 172.16.200.252 可以根据网络实际需要修改，修改完毕，用 ":wq" 命令保存并退出。

```
DEVICE=eth0
HWADDR=00:0C:29:F9:2A:6C
TYPE=Ethernet
UUID=ea2fa24f-906e-44f2-ae63-adb41470d524
ONBOOT=yes
NM_CONTROLLE=yes
BOOTPROTO=static
DNS1=172.16.1.2
IPV6INIT=no
USERCTL=no
IPADDR=172.16.200.252
NETMASK=255.255.0.0
GATEWAY=172.16.1.2
```

图 1-46　配置固定 IP 地址

部分配置项的含义如下。

- ONBOOT：表示是否在开机时启用网卡，如果需要在开机时启用网卡，则输入 yes。
- BOOTPROTO：如果使用动态 DHCP，则输入 dhcp。
- IPADDR：表示 IP 地址。
- GATEWAY：表示网关 IP。
- DNS1：表示 DNS 服务器地址。
- HWADDR：表示网卡 MAC 编号。

需要注意的是，配置完网卡后，配置文件不会立即生效，需要重启网卡才能让配置文件生效。

我们可以使用 ifdown 命令和 ifup 命令（见图 1-47），先禁用再启用网卡（相当于重启网卡），或者执行网络脚本 service network restart。

```
[root@CentOS2015 ~]# ifdown eth0
Device state: 3 (disconnected)
[root@CentOS2015 ~]# ifup eth0
Active connection state: activating
Active connection path: /org/freedesktop/NetworkManager/ActiveConnection/2
state: activated
Connection activated
[root@CentOS2015 ~]# _
```

图 1-47　先禁用再启用网卡

接下来，使用 ifconfig 命令查看 IP 地址是否配置成功（见图 1-48）。

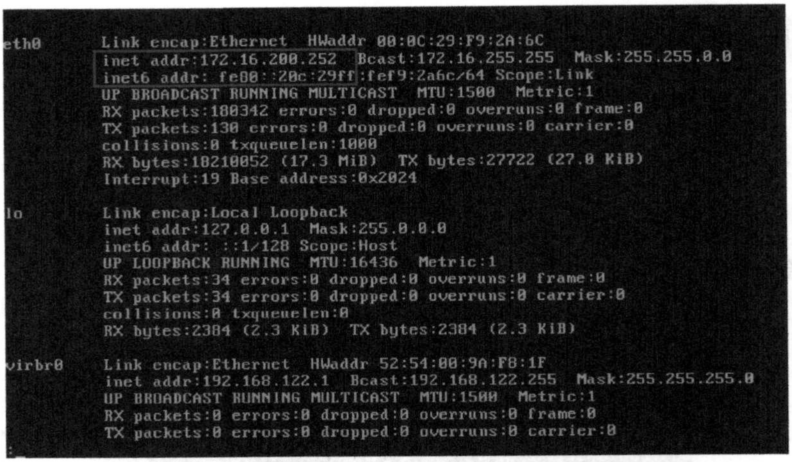

图 1-48　使用 ifconfig 查看 IP 地址是否配置成功

配置好 IP 地址后，直接启动 SecureCRT，单击 Create Quick Connect，在弹出的 Quick Connect 对话框中输入要连接的计算机的 IP 地址，单击 Connect 按钮，如图 1-49 所示。

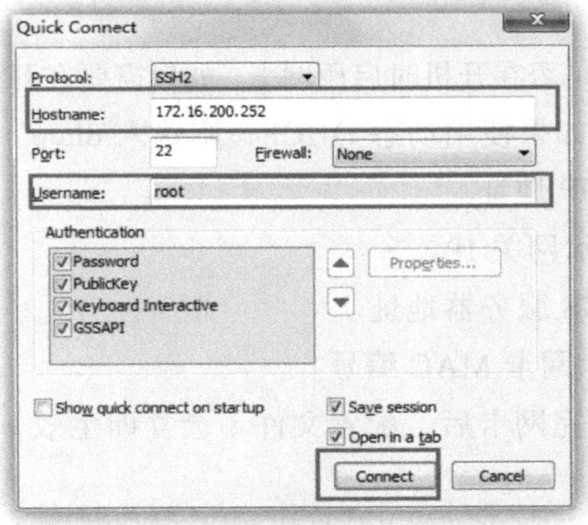

图 1-49　创建快速连接

在 SecureCRT 登录界面中输入 Linux 系统的 root 密码，单击 OK 按钮，如图 1-50 所示。

建立连接后，输入 "ls -1" 命令，以查看连接的效果，如图 1-51 所示。

上面说的 SecureCRT 是通过命令行的方式远程操作 Linux 系统的，如果需要传送文件（SecureCRT 也可以传送文件，但是比较麻烦），这里推荐另一个软件——SecureFX，它具有可视化的界面（见图 1-52），比较符合用户的使用习惯。其连接方法同 SecureCRT，有兴趣的读者可以尝试下，这里不再赘述。

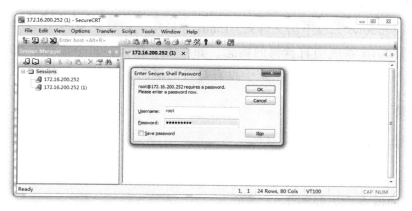

图 1-50　SecureCRT 登录界面

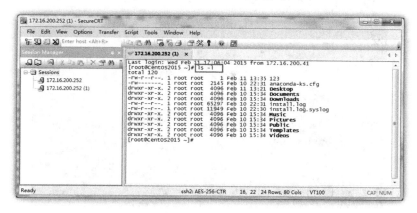

图 1-51　验证 SecureCRT 连接是否成功

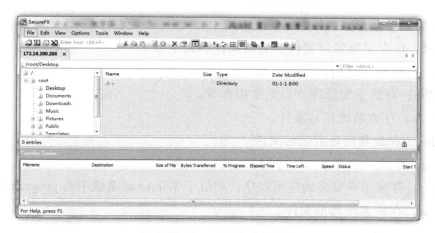

图 1-52　SecureFX 软件的界面

1.3.5　Linux 系统的文件和目录

目录就是 Windows 系统下的文件夹。Linux 系统中的根目录为"/"，这一点和 Windows 系统不同。Windows 系统中有盘符的概念，如 C 盘、D 盘，每个盘符下都有根目录，例如，C 盘的根目录为 c:\。Linux 系统中没有盘符的概念，只有一个根目录"/"。

1. 根目录

尝试执行如下命令。

```
ls -l /
```

根目录下的所有内容如图 1-53 所示。

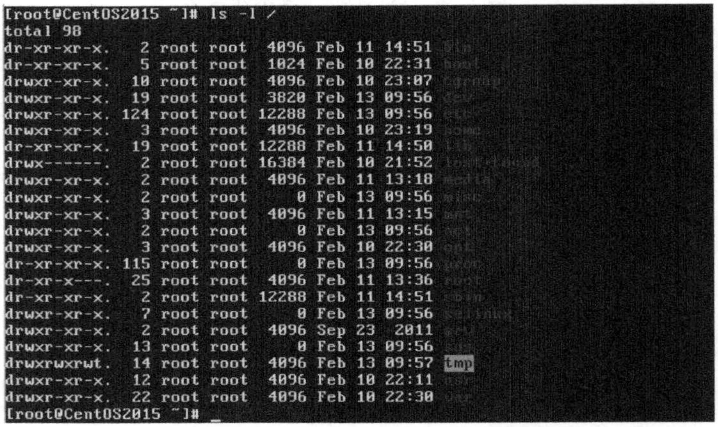

图 1-53　根目录下的所有内容

下面介绍其中几个重要的目录。

- /etc：保存系统数据文件、启动文件和脚本等。
- /bin：存放普通用户常用的命令。
- /sbin：存放系统管理方面的常用命令。
- /boot：存放系统核心文件。
- /dev：存放与设备有关的文件。
- /lib：存放在编译某些程序时要用的函数库。
- /usr：存放用户安装的应用程序，类似于 Windows 系统中的 program files 目录。
- /var：存放系统数据文件。
- /root：系统管理员（root 用户）的属主目录。

- /home：存放普通用户属主目录的目录。
- /media：在系统自动挂载存储设备时（如光驱、U 盘）使用的目录。
- /mnt：在挂载设备时建议使用的目录，因为目前版本的 Linux 系统都使用自动挂载，所以该目录已很少使用，而被 media 目录取代了。

在 Linux 系统中，目录呈现树状结构，带有分支，也就是各级子目录。这些目录的访问路径分绝对路径访问和相对路径访问两种，其原理和 DOS 系统中的是一样的。

假设该 CentOS 中已经使用 yum 安装了 tree（如果没有安装，则可以先参考 1.4.4 节的例 1-49）。

在根目录下执行以下命令。

```
[root@CentOS2015 ~]# tree / |less
```

之后，就会看到根目录下的树状结构（见图 1-54），命令中的 less 参数用于分屏显示。

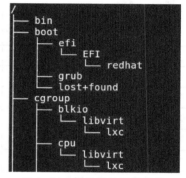

需要注意的是，每个目录中还有两个特殊的目录——"."和".."。其中，"."目录表示当前目录，".."目录表示当前目录的上一层目录。可以借助这两个特殊目录来表示相对路径。例如，grub 目录的相对路径可以表示为"../../grub"。

属主目录还有特殊的表示方法，用"～"表示当前用户的属主目录。例如，"[root@CentOS～]#"中的"～"

图 1-54　根目录的树状结构

符号，就代表默认登录后都位于本用户的属主目录中，当执行 ls –l 命令后，用户看到的是属主目录的内容。

2. vi 编辑器

vi 命令用于编辑文本文件。其语法如下。

```
vi 文件名
```

vi 是一个比较强大的编辑工具，类似于 Windows 系统下的记事本，但是其功能要强大得多。vi 分为 3 种模式，分别是一般模式、编辑模式、命令行模式。

- 一般模式：当用户编辑一个文件时，一进入该文件即进入一般模式了。在这个模式下，用户可以做的操作有上下移动光标（见表 1-2），删除某个字符，删除某行，复制、粘贴一行或者多行（见表 1-3），查找与替换文本（见表 1-4）。

表 1-2　一般模式下移动光标的命令/键

命令/键	作　用
H 键或向左的方向键	光标向左移动一个字符
J 键或者向下的方向键	光标向下移动一个字符
K 键或者向上的方向键	光标向上移动一个字符
l 键或者向右的方向键	光标向右移动一个字符
Ctrl+F 组合键或者 PageDown 键	屏幕向后移动一页
Ctrl+B 组合键或者 PageUp 键	屏幕向前移动一页
Ctrl+D 组合键	屏幕向后移动半页
Ctrl+U 组合键	屏幕向前移动半页
+键	光标移动到非空格符的下一列
−键	光标移动到非空格符的上一列
n+空格键（n 是数字）	按下数字 n 键然后按空格键，则光标向右移动 n 个字符，如果该行字符数小于 n，则光标继续从下行开始向右移动，一直到 n
（数字）0	光标移动到本行行首
$命令	光标移动到本行行尾
H 命令	光标移动到当前屏幕的最顶行
M 命令	光标移动到当前屏幕的中央那一行
L 命令	光标移动到当前屏幕的最底行
G 命令	光标移动到文本的最末行
<n>G 命令（n 代表数字）	光标移动到该文本的第 n 行
gg 命令	光标移动到该文本的首行
<n>+Enter 键（n 代表数字）	光标向下移动 n 行

表 1-3　一般模式下的删除、复制和粘贴命令

命　令	作　用
x、X	x 表示向后删除一个字符，X 表示向前删除一个字符
nx（n 为数字）	向后删除 n 个字符
dd	删除光标所在的那一行
$n$dd（n 为数字）	删除光标所在位置向下的 n 行
d1G	删除光标所在行到第一行的所有数据
dG	删除光标所在行到最末行的所有数据
yy	复制光标所在的那一行
$n$yy	复制从光标所在行起向下的 n 行

续表

命　　令	作　　用
p、P	p 表示复制的数据从光标下一行粘贴，P 表示从光标上一行粘贴
y1G	复制光标所在行到第一行的所有数据
yG	复制光标所在行到最末行的所有数据
J	将光标所在行与下一行合并成同一行
u	还原过去的操作

表 1-4　一般模式下的查找与替换命令

命　　令	作　　用
/word	从光标之后寻找一个名为"word"的字符串，当找到第一个"word"后，按 n 键继续搜后一个
?word	从光标之前寻找一个名为"word"的字符串，当找到第一个"word"后，按 n 键继续搜前一个
:n1,n2s/word1/word2/g	在 $n1$ 和 $n2$ 行间查找 word1 这个字符串并将其替换为 word2，用户也可以把"/"换成"#"
:1,$s/word1/word2/g	从第一行到最末行查找 word1 并将其替换成 word2
:1,$s/word1/word2/gc	从第一行到最末行查找 word1 并将其替换成 word2，在替换前需要用户确认

- 编辑模式：在一般模式下是不可以修改某一个字符的，要修改某一个字符只能在编辑模式下进行。从一般模式进入编辑模式，只需要用户按一个键（i、I、a、A、o、O、r、R）即可，每个键的含义如表 1-5 所示。当进入编辑模式时，在屏幕的最下一行会出现"INSERT"或"REPLACE"的字样。从编辑模式回到一般模式只需要按 Esc 键即可。

表 1-5　进入编译模式的键

键	作　　用
i 键	在当前字符前插入字符
I 键	在当前行开始插入字符
a 键	在当前字符后插入字符
A 键	在当前行结尾插入字符
o 键	在当前行下插入新的一行
O 键	在当前行上插入新的一行
r 键	替换光标所在的字符，只替换一次
R 键	一直替换光标所在的字符，一直到按下 Esc 键

- 命令行模式：在一般模式下，输入 ":" 或者 "/" 即可进入命令模式。在该模式下，用户可以搜索某个字符或者字符串，也可以保存、替换、退出、显示行号等（见表 1-6）。

表 1-6　命令模式下的各种命令

命　令	作　用
:w	将编辑过的文本保存
:w!	当文本属性为只读时，强制保存
:q	退出 vim
:q!	不管编辑或未编辑文本都不保存并退出
:wq	保存文本，并退出
:e!	将文档还原成最原始状态
ZZ	若文档没有改动，则不保存并离开；若文档改动过，则保存后离开，等同于:wq
:w [filename]	将编辑后的文档另存为 filename
:r [filename]	在当前光标所在行的下面读入 filename 文档的内容
:set nu	在每行的行首显示行号
:set nonu	取消行号
:n1,n2 w [filename]	将 n1 到 n2 的内容另存为 filename 这个文档
:! command	暂时离开 vim 运行某个 Linux 命令，例如，:! ls /home 表示暂时列出/home 目录下的文件，然后会提示按 Enter 键回到 vim

别外，还有一个 vim 命令。它的作用与 vi 是一样的，可以把 vim 看成 vi 的加强版；区别在于 vim 是带颜色的，文档内容显示得更清晰。

3. 文件与目录操作命令

1）cd

cd 是 change directory 的缩写，用于改变当前路径。其语法如下。

```
cd [相对路径或绝对路径]
```

例如，要进入根目录下的 etc 目录，用绝对路径表示的方法如下。

```
cd /etc
```

如果当前在/root 目录下，要转到 etc 目录下，则用相对路径表示的方法如下。

```
cd ../etc
```

如果要回到自己的属主目录，则可以使用以下命令。

```
cd ~
```

2）pwd

pwd 命令用于显示当前所在的目录。其语法如下。

```
pwd
```

例如：

```
[root@CentOS2015 ~]# cd /            //切换到根目录
[root@CentOS2015 /]# pwd             //查看当前目录
/                                    //显示/根目录
[root@CentOS2015 /]# cd ~            //切换到属主目录
[root@CentOS2015 ~]# pwd             //查看当前目录
/root                                //显示当前 root 用户的目录
```

3）mkdir

mkdir 命令用于创建目录，目录可以是相对路径，也可以是绝对路径。其语法如下。

```
mkdir [-option] 目录名称
```

当建立的目录的父目录不存在时，使用参数-p 可以同时建立父目录。

例如，要在当前目录下建立一个叫 test 的目录，可以先用 pwd 命令查看所在目录，然后建立 test 目录，最后用 ls 命令查看新建的目录，如图 1-55 所示。

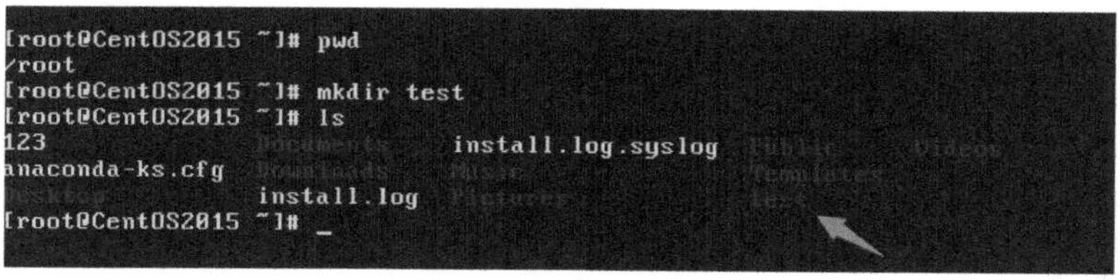

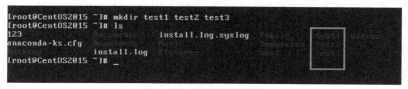

图 1-55　创建一个目录

如果要同时建立多个目录，操作如图 1-56 所示。

图 1-56　创建多个目录

4）rmdir

rmdir 命令用于删除目录，目录可以是相对路径，也可以是绝对路径，但是需要注意，目录必须为空目录。其语法如下。

```
rmdir  目录名称
```

例如，在当前目录下要删除 test 目录，可以先用 ls 命令查看当前目录下的内容，再执行 rmdir test 命令，最后用 ls 命令查看删除的效果，如图 1-57 所示。

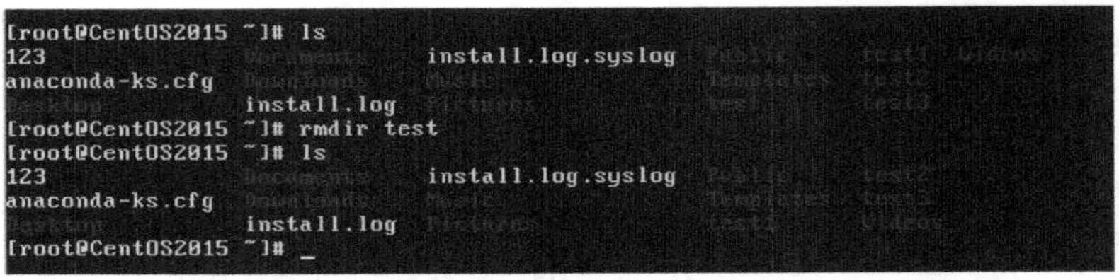

图 1-57　删除一个目录

如果要在当前目录下删除 test1、test2、test3 这 3 个目录，操作如图 1-58 所示。

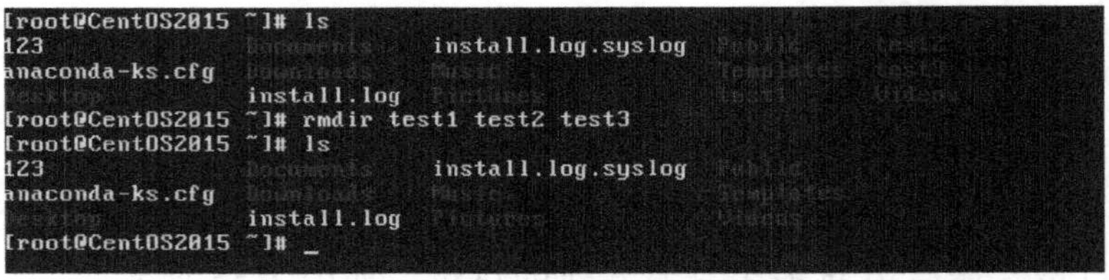

图 1-58　删除多个目录

5）cp

cp 命令用于复制文件。其语法如下。

```
cp [-option] 源 目标
```

常用参数如下。

- -r：递归处理，将指定目录下的文件与子目录一并处理。
- -u：如果源文件较新，或者没有目标文件，才进行复制，常用于备份。

【例 1-1】　属主目录下有一个 test 文件夹，其下面有一个 testfile 文件，现在要把 testfile 从 test 目录下复制到属主目录下，如图 1-59 所示。

对复制以后的文件还能进行重命名。

【例 1-2】　将当前目录下的 testfile 文件复制到 test 目录下并重命名为 copy_testfile，如图 1-60 所示。

```
[root@CentOS2015 ~]# ls test/        //属主目录下的test文件夹，看到里面有个testfile文件
testfile
[root@CentOS2015 ~]# cp test/testfile .    //复制该文件到当前目录下
[root@CentOS2015 ~]# ls        //复制后查看当前目录
123                            install.log.syslog
anaconda-ks.cfg
                   install.log
[root@CentOS2015 ~]# _
```

图 1-59　复制文件

```
[root@CentOS2015 ~]# cp testfile test/copy_testfile    //复制当前目录下的testfile文件
[root@CentOS2015 ~]# ls test/    //查看test目录下的文件            到test目录下，并改名为
copy_testfile   testfile                                        copy_testfile
[root@CentOS2015 ~]# _
```

图 1-60　复制文件并重命名

如果需要将一个目录下的文件全部复制到另一个目录下，则可以在目录的路径后面加"*"号。

【例 1-3】　将当前目录下的 test 目录的所有内容复制到 test1 目录下，如图 1-61 所示。

```
[root@CentOS2015 ~]# ls        //查看属主目录，有test和test1两个文件夹
123              Documents    install.log.syslog   Public      test1
anaconda-ks.cfg  Downloads    Music                Templates   testfile
Desktop          install.log  Pictures             test        Videos
[root@CentOS2015 ~]# ls test
copy_testfile testfile
[root@CentOS2015 ~]# ls test1
[root@CentOS2015 ~]# cp test/* test1
[root@CentOS2015 ~]# ls test1
copy_testfile testfile
[root@CentOS2015 ~]# _
```

图 1-61　复制某个目录下的所有文件

如果需要将多个目录及下面的文件一次复制到另一个目录下，则可以使用参数-r。

【例 1-4】　有一个空的 test2 目录，现要将 test、test1 目录及子目录下的文件一并复制到 test2 目录中，如图 1-62 所示。

```
[root@CentOS2015 ~]# ls
123                          install.log.syslog   Public     test1
anaconda-ks.cfg                                   Templates  test1
Desktop        install.log   Pictures             test       Videos
[root@CentOS2015 ~]# ls test2
[root@CentOS2015 ~]# cp -r test test1 test2
[root@CentOS2015 ~]# ls test2

[root@CentOS2015 ~]#
```

图 1-62　复制多个目录

6）rm

rm 命令用于删除文件。其语法如下。

```
rm [-option] 文件名
```

常用参数如下。

- -f：强制删除，不提示用户是否需要删除的信息。
- -r：循环删除，常用于删除目录。

【例 1-5】　删除 test 目录下的 copy_testfile 文件，如图 1-63 所示。

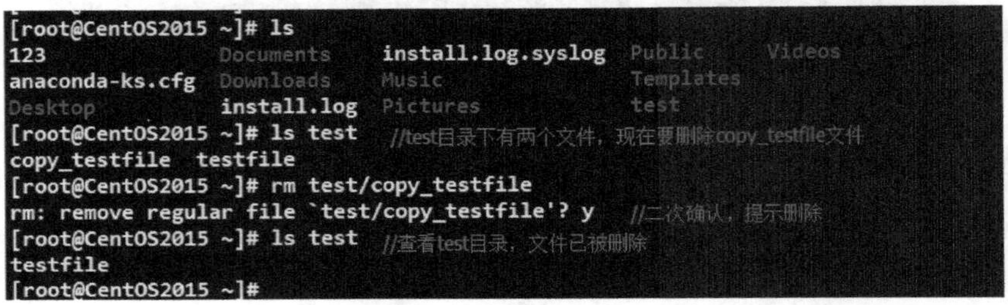

图 1-63　删除普通文件

当利用 rmdir 命令删除文件夹时，文件夹必须是空的。一旦目录非空，先逐层删除文件再删文件夹就非常麻烦。这里可以使用 rm -rf 命令。

【例 1-6】　现要删除当前目录下的 test1 目录及 test1 目录下所有文件与子目录。为了不显示提示信息，需要加上-f 参数，这样就可以跳出太多的确认提示信息，如图 1-64所示。

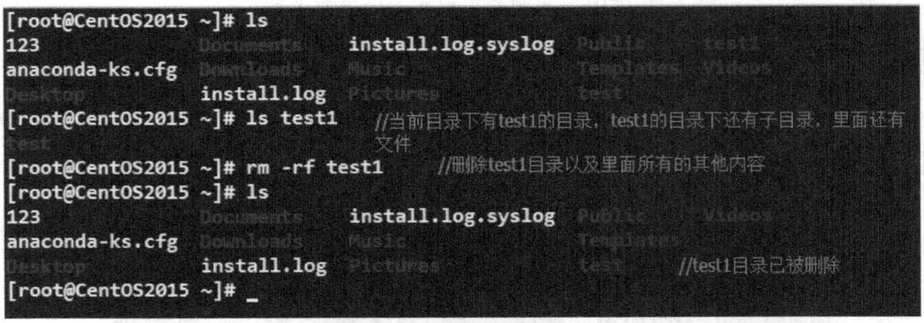

图 1-64　强制删除文件

7）mv

mv 命令用于移动文件或目录。其语法如下。

```
mv 源 目标
```

【**例 1-7**】 将当前目录下的 test 目录移动到 test1 目录下，如图 1-65 所示。

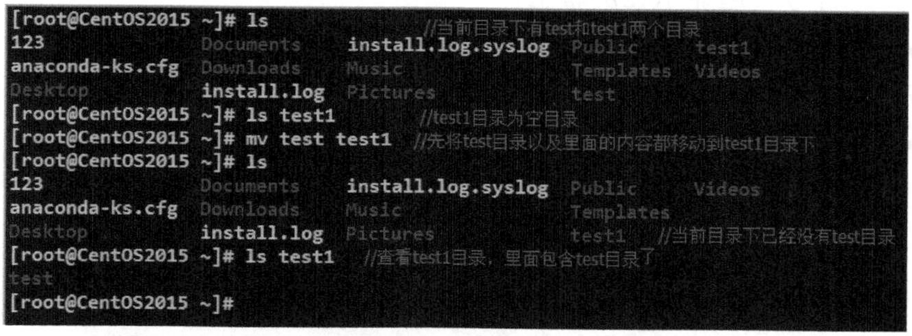

图 1-65　移动文件

我们经常用 mv 命令来进行文件或者目录的重命名操作，如图 1-66 所示。

图 1-66　重命名文件

4. 管道命令

管道命令（|）可以把一个命令的输出作为其他命令的输入。其语法如下。

```
command 1 | command 2
```

它的功能是把 command 1 执行的结果作为 command 2 的输入。

【**例 1-8**】 列出当前目录中的任何文档，并把输出作为 more 命令的输入，more 命令用于分页显示文件列表。

```
ls -l | more
```

5. 查看文件内容命令

1）cat

cat 是 concatenate 的简写，用于将一个文件的内容连续输出到屏幕上。其语法如下。

```
cat [-option] 文件名
```

常用参数如下。

- -n：连行号一起显示在屏幕上。
- -b：连行号一起显示在屏幕上，但空行不算。
- -v：显示控制符号。

【**例 1-9**】　将 etc 目录下 inittab 文件的内容显示出来，并显示行号，如图 1-67 所示。

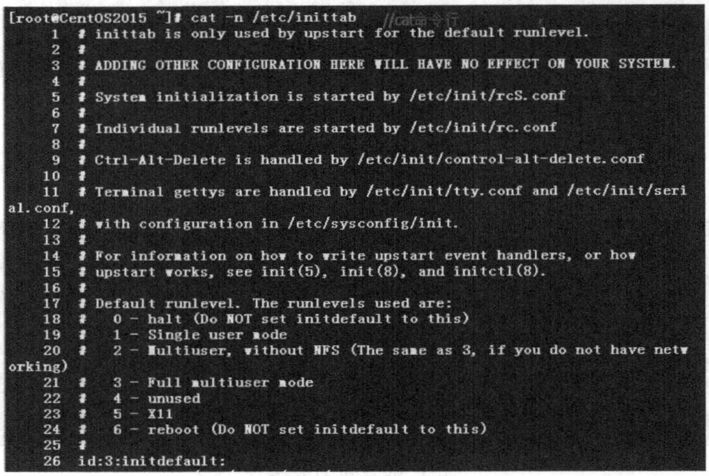

图 1-67　使用 cat 命令显示文件内容

2）more

more 命令的作用和 cat 命令类似，同样用于在屏幕上显示文件内容，但是如果文件内容太多（超过 40 行），则使用 cat 命令会一闪而过，而使用 more 命令则会在显示完一屏内容后暂停，等待用户往下翻。其语法如下。

```
more 文件名
```

常用参数如下。

- +*n*：从第 *n* 行开始显示。
- −*n*：定义屏幕大小为 *n* 行。

下翻命令可以用 Enter 键（单行下翻）、Ctrl+F 组合键（整页下翻）、空格键（整页下翻）。如果要退出则按 Q 键。

【**例 1-10**】　将 etc 目录下的 inittab 文件内容显示出来。

首先在命令行中执行"more /etc/inittab"命令，然后按 Enter 键。

当执行命令后，Linux 系统会整屏显示文件内容，隐藏第一行的命令行，并在整屏的最下方显示文件内容已显示的百分比，如图 1-68 所示。

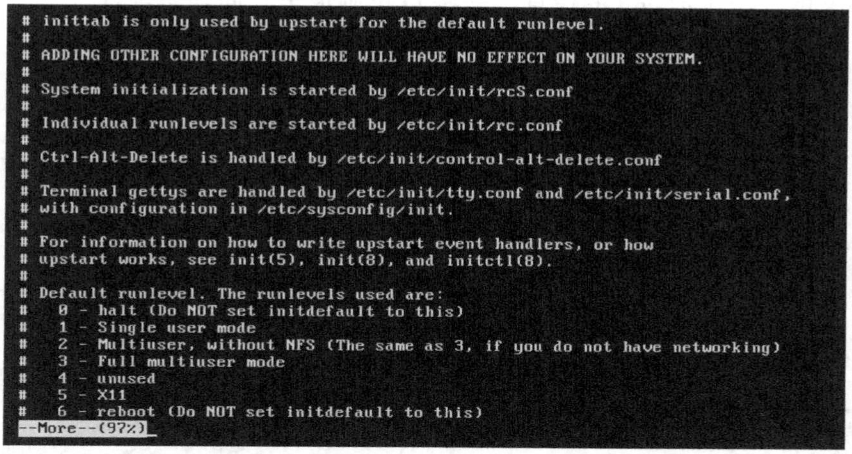

图 1-68　使用 more 命令显示某文件全部内容

【例 1-11】　将 etc 目录下的 inittab 文件内容显示出来，从第 3 行开始显示，每页显示 5 行，如图 1-69 所示。

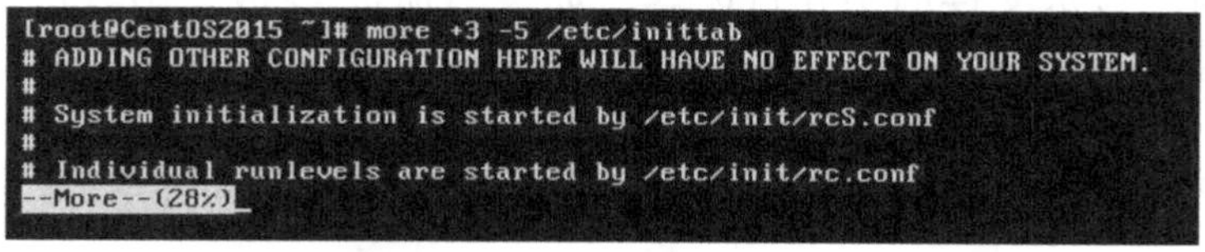

图 1-69　使用 more 命令显示文件特定部分的内容

3）less

less 命令的作用和 more 命令类似，唯一区别是前者支持使用 PageDown 键和 PageUp 键进行上翻与下翻；而 more 命令仅能向前移动，却不能向后移动。less 命令比 more 命令更方便一些。其语法如下。

```
less 文件名
```

常用参数为 "-N"，表示显示每行的行号。

在显示的过程中，按 Q 键可以退出 less 命令，按空格键可滚动一页，按 Enter 键可滚动一行。

【例 1-12】　将 etc 目录下的 inittab 文件内容显示出来。

首先在命令行执行 "less /etc/inittab" 命令，按 Enter 键。

　　当执行命令后，Linux 系统会整屏显示文件内容，隐藏第一行的命令行，并在整屏的最下方显示目录和文件名（见图 1-70）。此时，按 Enter 键或空格键可以继续查看内容，查看到文件末尾，会显示 end 的信息。若按 Q 键则退出，回到命令行。

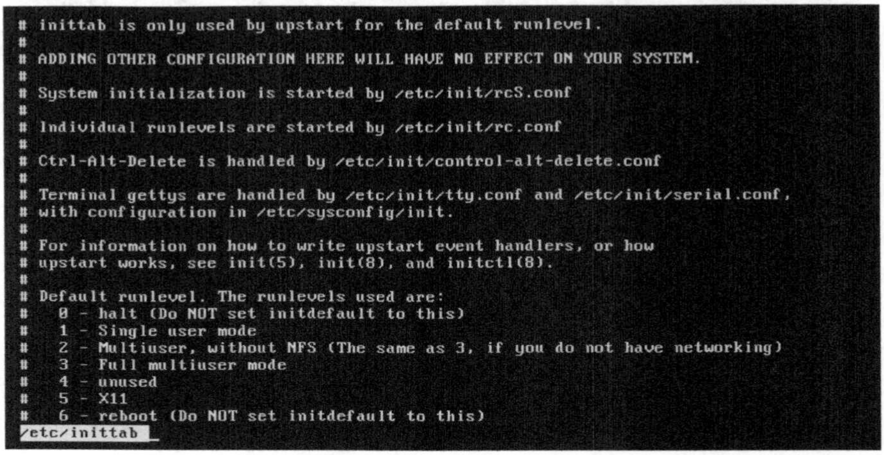

```
# inittab is only used by upstart for the default runlevel.
#
# ADDING OTHER CONFIGURATION HERE WILL HAVE NO EFFECT ON YOUR SYSTEM.
#
# System initialization is started by /etc/init/rcS.conf
#
# Individual runlevels are started by /etc/init/rc.conf
#
# Ctrl-Alt-Delete is handled by /etc/init/control-alt-delete.conf
#
# Terminal gettys are handled by /etc/init/tty.conf and /etc/init/serial.conf,
# with configuration in /etc/sysconfig/init.
#
# For information on how to write upstart event handlers, or how
# upstart works, see init(5), init(8), and initctl(8).
#
# Default runlevel. The runlevels used are:
#   0 - halt (Do NOT set initdefault to this)
#   1 - Single user mode
#   2 - Multiuser, without NFS (The same as 3, if you do not have networking)
#   3 - Full multiuser mode
#   4 - unused
#   5 - X11
#   6 - reboot (Do NOT set initdefault to this)
/etc/inittab
```

图 1-70　less 命令示例

4）head

　　head 命令用于显示文件的头几行内容，如果不加-*n* 参数，则默认显示文件的前 10 行内容。其语法如下。

```
head [-option] 文件名
```

　　常用参数为 "-*n*"，表示指定显示多少行。

　　【**例 1-13**】　显示 etc 目录下 inittab 文件的前 3 行内容，如图 1-71 所示。

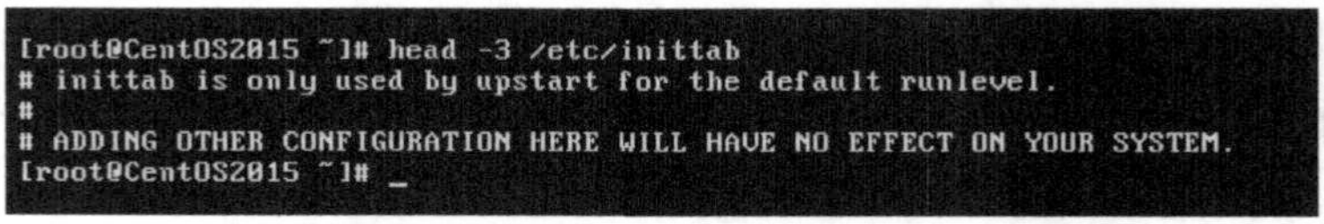

```
[root@CentOS2015 ~]# head -3 /etc/inittab
# inittab is only used by upstart for the default runlevel.
#
# ADDING OTHER CONFIGURATION HERE WILL HAVE NO EFFECT ON YOUR SYSTEM.
[root@CentOS2015 ~]# _
```

图 1-71　head 命令示例

5）tail

　　tail 命令用于显示文件的尾几行内容，和 head 命令相反。如果不加-*n* 参数，则默认显示文件的后 10 行内容。其语法如下。

```
tail [-option] 文件名
```

　　常用参数为 "-*n*"，表示指定显示多少行。

【例 1-14】 显示 etc 目录下 inittab 文件的末尾 3 行内容，如图 1-72 所示。

```
[root@CentOS2015 ~]# tail -3 /etc/inittab
#   6 - reboot (Do NOT set initdefault to this)
#
id:3:initdefault:
[root@CentOS2015 ~]# _
```

图 1-72　tail 命令示例

6. 链接文件

链接是对文件的引用，可以让文件在文件系统中多处被看到。在 Linux 系统中，链接可以如同原始文件一样执行、编辑和访问。对于系统中其他应用程序而言，链接就是它所对应的原始文件。对链接文件进行编辑，实际上就是对原始文件进行编辑。

有两种类型的链接——硬链接（hard link）和符号链接（symbolic link）。关于这两种链接的定义，目前还未统一。下面给出作者对这两个链接的理解。

（1）在建立硬链接时，链接文件和被链接文件必须位于同一个文件系统中，并且不能建立指向目录的硬链接。可以跨文件系统，甚至可以跨越不同计算机、不同网络对文件建立符号链接，并且符号链接指向任意文件和目录。因此，硬链接用得很少，基本上可以忽略，主要用的是符号链接。

（2）当硬链接指向一个原始文件时，即使原始文件被删除了，也只删除了原始文件的指针，并没有删除其真实的存储空间，只有当最后一个指向原始文件的硬链接被删除后，原始文件才会被删除。所以，对于硬链接对应的原始文件，用户想怎么移动就怎么移动，链接始终不会失效。

（3）当符号链接指向一个原始文件时，链接包含了另一个文件的路径名，类似于 Windows 系统桌面上的一个快捷方式。当原始文件被移动或者删除后，该链接就会失效，并指向一个未知地点，无法访问。

（4）对于硬链接指向的文件，用户不需要有访问原始文件的权限。对于符号链接指向的文件，用户需要对原始文件的位置有访问权限，否则不可以使用链接。

ln 命令的语法如下。

```
ln [-option] 源文件 目标文件
```

常用参数如下。

- **-d**：创建硬链接，默认为该参数。
- **-s**：创建符号链接。
- **-f**：在创建链接时，如果目标文件已存在，则对其进行替换。

【例 1-15】新建文件 lovestory（内容随意），并保存。在 Mydoc 目录下建立 lovestory 文件的硬链接，如图 1-73 所示。

```
[root@CentOS2015 ~]# cd Mydoc
[root@CentOS2015 Mydoc]# ls -l        //原目录内容
total 4
-rw-r--r--. 1 root root 1029 Feb 25 16:25 lovestory
[root@CentOS2015 Mydoc]# ln lovestory dlink
[root@CentOS2015 Mydoc]# ls -l        //加链接后的目录内容
total 8
-rw-r--r--. 2 root root 1029 Feb 25 16:25 dlink
-rw-r--r--. 2 root root 1029 Feb 25 16:25 lovestory
[root@CentOS2015 Mydoc]#
```

图 1-73　ln 命令示例

前面介绍过，rwx 属性后面的数字表示链接数，其实就是索引节点数，这里索引节点数从原来的 1 变成了 2，表示有两个索引节点指向文件内容，相当于同一个文件有两个名字。使用 ls –il 命令查看索引节点号（见图 1-74），发现它们都是相同的，说明它们指向同一个文件，并且文件大小也是一样的，都是 1029B。

```
[root@CentOS2015 Mydoc]# ls -il
total 8
134943 -rw-r--r--. 2 root root 1029 Feb 25 16:25 dlink
134943 -rw-r--r--. 2 root root 1029 Feb 25 16:25 lovestory
[root@CentOS2015 Mydoc]#
```

图 1-74　使用 ls –il 命令查看索引节点号

此时删除原始文件 lovestory，查看 dlink 的硬链接内容（见图 1-75），发现 lovestory 文件内容还在，这也证明了硬链接的特点——当硬链接指向一个原始文件时，即使原始文件被删除了，也只删除了原始文件的指针，并没有删除其真实的存储空间。

```
[root@CentOS2015 Mydoc]# rm lovestory            //删除原始文件lovestory
rm: remove regular file `lovestory'? y
[root@CentOS2015 Mydoc]# ls -il
total 4
134943 -rw-r--r--. 1 root root 1029 Feb 25 16:25 dlink    //刚才建立的硬链接还在，查看硬链接的内容，还是原来
[root@CentOS2015 Mydoc]# cat dlink                        lovestroy文件的内容

Love Like Morning Sun

    So often, when I'm alone with my thoughts,
    I feel your presence enter me
    like the morning sun's early light,
    filling my memories and dreams of us
    with a warm and clear radiance.

    You have become my love, my life,
    and together we have shaped our world
    until it seems now as natural as breathing.

    But I remember when it wasn't always so -
    times when peace and happiness seemed more
    like intruders in my life than
    the familiar companions they are today;
    times when we struggled to know each other,
    but always smoothing out those rough spots
    until we came to share ourselves completely.

    We can never rid our lives entirely
```

图 1-75　删除原始文件 lovestory，查看 dlink 的硬链接内容

【例 1-16】 为 lovestory 文件建立符号链接。

在例 1-15 中，lovestory 已经被删除了，所以这里先用 cp 命令把原始文件找回来，然后删除其硬链接，如图 1-76 所示。

图 1-76　找回原始文件，并删除硬链接

创建符号链接，然后用 ls –il 命令可以看到，符号链接不会增加原文件内容的索引节点，而是新建一个文件 slink，rwx 属性的第一个字符是 1；文件大小也与硬链接中不同，只有 9B，说明它只是一个 Windows 系统概念中的快捷方式，如图 1-77 所示。

图 1-77　符号链接

此时删除 lovestory 这个原始文件会发现，slink 符号链接已经变为红色，并且访问不到任何内容，如图 1-78 所示。

图 1-78　删除符号链接

7. 文件与目录权限

1）chown

chown 命令用于变更文件及目录的所有者和所属组。其语法如下。

```
chown [-option] user:group 目录或文件名称
```

常用参数为 "-R"，表示连同目录下所有文件及子目录都进行变更。

【例 1-17】　把 lovestory 文件的属主变为另一个用户和群组。

　　首先看一下当前系统有哪些用户和群组。用户的资料在 etc/passwd 文件中，群组的资料在 etc/group 文件中。分别使用 cat 命令查看两个文件 cat/etc/passwd 和 cat/etc/group。

　　从运行结果可能会看到很多用户和群组。CentOS 规定，uid≥500 的用户为普通用户，uid 介于 0～499 的用户为系统用户。在前面，我们创建了一个 51testing 用户，所以在查看用户的时候，在最下面会看到一个 51testing，如图 1-79 所示。

图 1-79　查看创建的用户

　　同样会看到一个 51testing 群组（见图 1-80），这个是创建用户时候自动创建的，名字和用户名一样。

图 1-80　查看创建的群组

　　执行图 1-81 所示命令，可将当前 root 目录下的 Mydoc 目录及目录下的 lovestory 文件的所有者改成 51testing 用户，所属组改成 51testing 组。

图 1-81　修改文件的所有者

　　通过 ls 命令查看变更后的结果。可以看到，lovestory 的用户和群组都变为 51testing（见图 1-82）。

图 1-82　验证文件的所有者修改是否成功

　　2）chmod

　　chmod 命令用于变更文件及目录的读写执行权限。其语法如下。

```
chmod [-option] [parameter]    目录或文件名称
```

　　常用参数为 "-R"，表示连同目录下所有文件及子目录都进行变更。

下面分别通过 3 个例子来说明使用 chmod 命令改变权限的几种方式。

（1）通过权限掩码。读写执行权限可以分为 3 组，每组 3 个，例如，r-x 表示可读、可执行，但不可写。为了方便表示，Linux 系统把这 3 个属性编成二进制数，有字母就为 1，没字母就为 0。例如，r-x 可以表示为 $101_{(2)}$，也可以表示为八进制，即 $5_{(8)}$。

注意，如果对文件的属性比较生疏，则可以查看 1.3.2 节。如果对二进制和八进制的转换规则比较生疏，则可以直接用 Windows 系统的计算器进行转换。

假设某个文件的属性为 rwxrw----，则它可以表示成二进制形式，即 $111110000_{(2)}$，也可以表示为八进制形式，即 $760_{(8)}$。所以，可以采用八进制数对文件或目录进行权限设定。

【例 1-18】 把例 1-17 中的 lovestory 文件的权限改为 rwxrw----，如图 1-83 所示。第一个方框处是原来的权限，使用八进制的 760 设定后，就把 lovestory 文件的权限改成了一个可执行文件的权限。

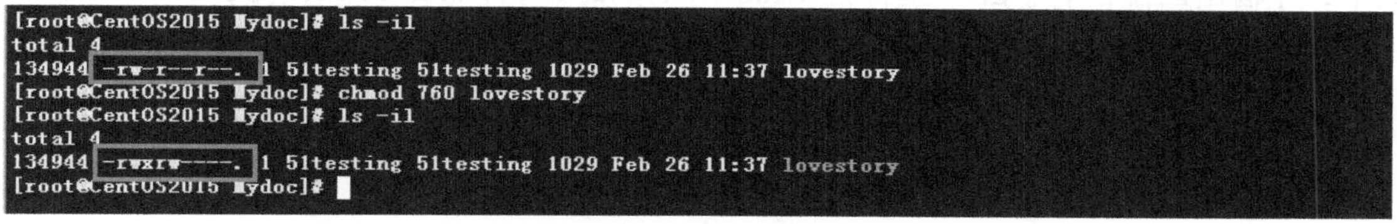

```
[root@CentOS2015 Mydoc]# ls -il
total 4
134944 -rw-r--r--. 1 51testing 51testing 1029 Feb 26 11:37 lovestory
[root@CentOS2015 Mydoc]# chmod 760 lovestory
[root@CentOS2015 Mydoc]# ls -il
total 4
134944 -rwxrw----. 1 51testing 51testing 1029 Feb 26 11:37 lovestory
[root@CentOS2015 Mydoc]#
```

图 1-83　修改文件权限示例（一）

（2）通过 ugo 法。权限属性分为 3 组，分别是所有者（user）、群组（group）、其他（other），我们用 u、g、o 来代表这 3 个组，还可以用 a 表示全部。

【例 1-19】 把例 1-18 中的 lovestory 文件的权限改为 rwxrwxr--，如图 1-84 所示。命令中的"ug=rwx,o=r"表示把三元组变成 rwxrwxr--。

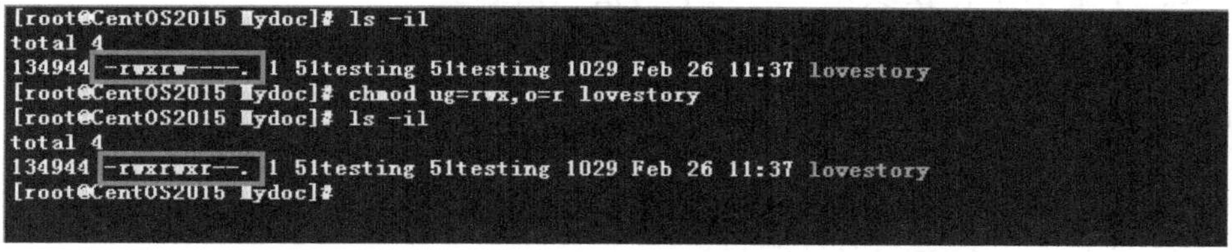

```
[root@CentOS2015 Mydoc]# ls -il
total 4
134944 -rwxrw----. 1 51testing 51testing 1029 Feb 26 11:37 lovestory
[root@CentOS2015 Mydoc]# chmod ug=rwx,o=r lovestory
[root@CentOS2015 Mydoc]# ls -il
total 4
134944 -rwxrwxr--. 1 51testing 51testing 1029 Feb 26 11:37 lovestory
[root@CentOS2015 Mydoc]#
```

图 1-84　修改文件权限示例（二）

（3）通过 ugo + -法。当使用 ugo 法时，可以用"="来赋值或用"+""-"来增加或减少权限。

【例 1-20】 把例 1-19 中的 lovestory 文件所属组的读权限去掉，给其他人增加写权限，如图 1-85 所示。命令中的"g-w,o+w"表示把三元组变成 rwxr-xrw-。

```
[root@CentOS2015 Mydoc]# ls -l
total 4
-rwxrwxr--. 1 51testing 51testing 1029 Feb 26 11:37 lovestory
[root@CentOS2015 Mydoc]# chmod g-w,o+w lovestory
[root@CentOS2015 Mydoc]# ls -l
total 4
-rwxr-xrw-. 1 51testing 51testing 1029 Feb 26 11:37 lovestory
[root@CentOS2015 Mydoc]#
```

图 1-85　修改文件权限示例（三）

8. 搜索文件或目录

我们通常要查找文件，想要知道哪个文件放在哪里。Linux 系统中有相当优秀的搜索工具。通过这些搜索工具，用户可以很方便地查找所需的文件。

1）grep

在 Linux 系统中，grep 命令是一种强大的文本搜索工具，它能使用正则表达式搜索文本，并输出匹配的行。grep 全称是 Global Regular Expression Print，表示全局正则表达式版本，它的使用权限是所有用户。其语法如下。

```
grep [options]
```

常用参数介绍如下。

- -c：只输出匹配行的计数。
- -I：不区分大小写（只适用于单字符）。
- -h：在查询多个文件时不显示文件名。
- -l：在查询多个文件时只输出包含匹配字符的文件名。
- -n：显示匹配行及行号。
- -s：不显示不存在或无匹配文本的错误信息。
- -v：显示不包含匹配文本的所有行。

pattern 正则表达式中主要参数的说明如下。

- \：忽略正则表达式中特殊字符的原有含义。
- ^：匹配正则表达式的开始行。
- $：匹配正则表达式的结束行。
- \<：从匹配正则表达式的行开始。
- \>：到匹配正则表达式的行结束。
- [ ]：表示单个字符，如[A]即 A 符合要求。
- [-]：表示范围，如[A-Z]，即字母 A～Z 都符合要求 。

- .：表示所有的单个字符。
- ：表示所有字符，长度可以为 0。

【例 1-21】 显示所有以 d 开头的文件中包含 test 的行（见图 1-86）。

```
[root@CentOS2015 ~]# grep 'test' d*
```
图 1-86　grep 命令示例（一）

【例 1-22】 显示在 aa、bb、cc 文件中匹配 test 的行（见图 1-87）。

```
[root@CentOS2015 Mydoc]# grep 'test' aa bb cc
```
图 1-87　grep 命令示例（二）

【例 1-23】 显示所有至少包含 5 个连续小写字符的字符串的行（见图 1-88）。

```
[root@CentOS2015 Mydoc]# grep '[a-z]\{5\}' aa
```
图 1-88　grep 命令示例（三）

【例 1-24】 输出所有以 north 单词开头的行（见图 1-89）。

```
[root@CentOS2015 Mydoc]# grep '\<north' testfile
```
图 1-89　grep 命令示例（四）

【例 1-25】 输出所有包含单词 north 的行（见图 1-90）。

```
[root@CentOS2015 Mydoc]# grep '\<north\>' testfile
```
图 1-90　grep 命令示例（五）

2）which

which 命令用于查找可执行文件的位置，该命令通过环境变量 PATH 所设置的路径进行搜索。其语法如下。

```
which 文件名
```

【例 1-26】 查找 passwd 文件的位置（见图 1-91）。

```
[root@CentOS2015 Mydoc]# which passwd
/usr/bin/passwd
```
图 1-91　which 命令示例

3）whereis

whereis 命令用于根据设定好的目录查找文件。其语法如下。

```
whereis [-option] 文件名
```

参数说明如下。

● -b：只查找二进制文件。

● -m：只找说明文件。

和 which 命令不同，whereis 命令并不是通过 PATH 环境变量查找文件的，而是根据自定义的一组目录来查找文件的。

【例 1-27】　查找与 passwd 相关的文件（见图 1-92）。

```
[root@CentOS2015 Mydoc]# whereis passwd
passwd: /usr/bin/passwd /etc/passwd /usr/share/man/man5/passwd.5.gz /usr/share/m
an/man1/passwd.1.gz
```

图 1-92　whereis 命令示例（一）

【例 1-28】　查找二进制文件 passwd（使用-b 参数，见图 1-93）。

```
[root@CentOS2015 Mydoc]# whereis -b passwd
passwd: /usr/bin/passwd /etc/passwd
[root@CentOS2015 Mydoc]#
```

图 1-93　whereis 命令示例（二）

4）find

find 命令用于对指定目录及其所有子目录进行文件搜索。其语法如下。

```
find [path] [-option] 文件名
```

参数-name file 表示寻找文件名为 file 的文件（可用通配符）。

【例 1-29】　若用户想查找一个文件，只记得它在/etc 目录下，是否在某个子目录下却不清楚，名字也记不清了，只知道名字中有 httpd 这个单词，则可以用图 1-94 所示命令。

```
[root@CentOS2015 Mydoc]# find /etc -name '*httpd*'
/etc/httpd
/etc/httpd/conf/httpd.conf
/etc/logrotate.d/httpd
/etc/rc.d/rc2.d/K15httpd
/etc/rc.d/rc4.d/K15httpd
/etc/rc.d/rc1.d/K15httpd
/etc/rc.d/rc0.d/K15httpd
/etc/rc.d/init.d/httpd
/etc/rc.d/rc3.d/K15httpd
/etc/rc.d/rc6.d/K15httpd
/etc/rc.d/rc5.d/K15httpd
/etc/sysconfig/httpd
[root@CentOS2015 Mydoc]#
```

图 1-94　find 命令示例

因为使用 find 命令查找数据比较消耗硬盘空间（find 命令直接查找硬盘数据），所以可以使用 locate 命令。

5）locate

使用 locate 命令查找文件特别快，比 find 命令要快很多。其语法如下。

> `locate 文件名`

【例 1-30】 使用 locate 命令查找 passwd。

在执行 locate 命令时，如果报告图 1-95 所示错误，则先执行 updatedb 命令，然后执行 locate 命令（见图 1-96）。

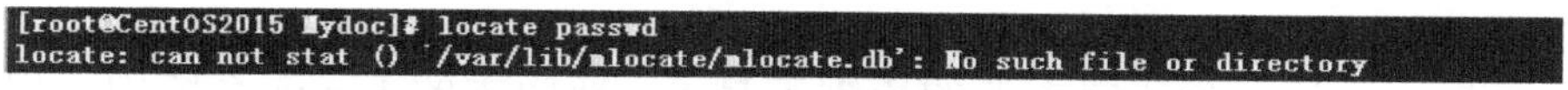

图 1-95　报错信息

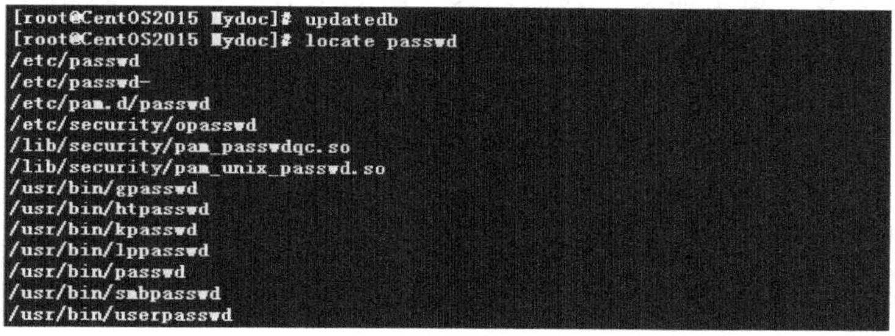

图 1-96　locate 命令示例

使用 locate 命令查找文件很快，是因为 locate 命令是从已建立的数据库/var/lib/mlocate 中查找数据的，而不是直接在硬盘上查找数据。但是 locate 命令也有限制，例如，有时候我们可能会找到一些已经删除的文件，或者找不到刚刚新建的文件。这是由数据库文件的更新机制导致的。基本上 Linux 系统每次启动会更新数据库文件，但是我们最近创建或者删除的文件并没有被数据库记录，导致查询结果出现问题。针对这种情况，可以用 updatedb 命令手动更新数据库。

1.3.6　Linux 系统的文件打包与压缩

Linux 系统有自己特有的压缩工具，像 RAR 这种 Windows 系统下面很流行的压缩文件，它是不能识别的。在 Linux 系统中，压缩文件名称必须要带上扩展名，这是为了判断压缩文件是由哪种压缩工具所压缩，而后才能去正确地解压这个文件。

Linux 系统下的压缩工具如表 1-7 所示。

表 1-7　Linux 系统下的压缩工具

扩　展　名	压　缩　方　式
.z	compress 工具压缩的文件
.bz2	bzip2 工具压缩的文件
.gz	gzip 工具压缩的文件

扩　展　名	压　缩　方　式
.tar	tar 工具打包的数据
.tar.gz	先用 tar 打包，再用 gzip 压缩
.zip	zip 工具压缩

因为 compress 是一个非常古老的压缩工具了，新版本的 Linux 系统中一般不会默认安装该工具，所以对于这个命令，我们只要了解它的存在即可。其余命令的介绍如下。

1.　bzip2

bzip2 是一个压缩工具，其压缩的文件的扩展名为.bz2。其语法如下。

```
bzip2 [-option] 文件名
```

常用参数如下。

- -d：解压被压缩的文件（以.bz2 为扩展名的文件，同样支持解压扩展名为.bz、.tbz的文件）。
- -z：压缩以.bz2 为扩展名的文件。
- -k：压缩后保留原文件。

例如，要压缩 install.log 文件，可以使用图 1-97 所示命令，压缩后产生了 install.log.bz2文件，原来的 install.log 文件被删除了。如果要保留原文件，则可以使用-k 参数。

图 1-97　通过 bzip2 压缩文件

如果要解压 install.log.bz2 文件，则可以使用图 1-98 所示命令。

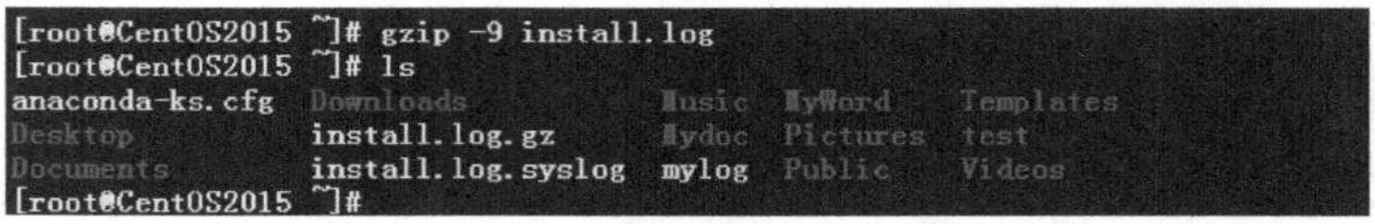

图 1-98　通过 bzip2 解压文件

2.　gzip

使用 gzip 命令压缩的文件的扩展名为.gz。其语法如下。

```
gzip [-option] 文件名
```

常用参数如下。

- -d：解压被压缩的文件（以.gz 为扩展名的文件）。
- -数字：指定压缩率，1 表示最低，9 表示最高。需要注意的是，虽然 1 对应的压缩率最低，但是压缩速度快，9 对应的压缩率最高（压缩后的文件最小），但是压缩过程比较长。该参数默认是 6。

如果要压缩 install.log 文件，则使用图 1-99 所示命令。

图 1-99 通过 gzip 压缩文件

可以看到当前目录下生成了 install.log.gz 文件。

如果要解压 install.log.gz 文件，则使用图 1-100 所示命令。

图 1-100 通过 gzip 解压文件

3. zip

zip 命令用于将一个或多个文件压缩为一个压缩包，压缩文件的扩展名为.zip。其语法如下。

```
zip 压缩名 文件列表
```

这个压缩文件的扩展名在 Windows 系统下很常见。如果要把 install.log 和 install.log.syslog 这两个文件都压缩到 ins.zip 文件中，则使用图 1-101 所示命令。

图 1-101 通过 zip 压缩两个文件

如果要解压文件，则使用图 1-102 所示命令。

```
[root@CentOS2015 ~]# unzip ins.zip    //解压命令
Archive:  ins.zip
replace install.log? [y]es, [n]o, [A]ll, [N]one, [r]ename: y  //询问如何处理同名文
  inflating: install.log                                           件
replace install.log.syslog? [y]es, [n]o, [A]ll, [N]one, [r]ename: y
  inflating: install.log.syslog
[root@CentOS2015 ~]# ls    //查看结果，原始包还在
anaconda-ks.cfg  Downloads           ins.zip    mylog      Public      Videos
Desktop          install.log         Music      MyWord     Templates   test
Documents        install.log.syslog  Mydoc      Pictures   test
[root@CentOS2015 ~]#
```

图 1-102　通过 zip 解压文件

4．tar

tar 是一个打包工具。打包和压缩并不相同。打包的目的是方便归档、管理，压缩的目的是减少磁盘空间的消耗。tar 的语法如下。

```
tar  [-option] 打包名 需要打包的文件
```

常用参数如下。

- -c：建立一个包。
- -t：查看包中的文件。
- -v：打包过程中显示被打包的文件。
- -f：需要打包的内容为文件。
- --exclude file：在打包过程中，不要将 file 文件打包。
- -x：提取包中的文件。
- -z：同时启用 gzip 工具进行压缩或解压。

【**例 1-31**】 将 install.log 和 install.log.syslog 这两个文件打包成 ins.tar，则使用图 1-103 所示命令。

```
[root@CentOS2015 ~]# tar -cvf ins.tar install.log install.log.syslog
install.log
install.log.syslog
[root@CentOS2015 ~]# ls
anaconda-ks.cfg  Downloads           ins.tar    Mydoc      Pictures   test
Desktop          install.log         ins.zip    mylog      Public     Videos
Documents        install.log.syslog  Music      MyWord     Templates
[root@CentOS2015 ~]#
```

图 1-103　通过 tar 打包

如果要解压 ins.tar 包，则使用图 1-104 所示命令。

```
[root@CentOS2015 ~]# tar -xvf ins.tar
install.log
install.log.syslog
```

图 1-104　通过 tar 解压包

除了 zip 之外，前面介绍的这些压缩工具均只能对单个文件进行压缩。如果将多个文

件压缩为一个文件,则称这个文件为压缩包,这里先用 tar 打包,再用压缩工具进行压缩(zip 不采用这种方法,zip 本身就可以打包)。例如,要将 install.log 和 install.log.syslog 这两个文件打包,再压缩成.gz 文件,要用到两行命令,即先用 tar 打包,再用 gzip 压缩,这样将会生成一个 ins.tar.gz 文件。网络上发布的一些 Linux 系统的小工具、小应用(通常都使用这种.tar.gz 的扩展名)其实就是 Linux 系统下的压缩包。解压这个包同样需要两步,先用 gzip -d 解压,再用 tar 打包。我们还可以通过-z 参数让 tar 命令直接调用 gzip 工具,而不需要自己再写一行 gzip 命令,这样打包、压缩就可以一步完成了。在上面这个打包、压缩的例子中,可以利用图 1-105 所示命令实现打包和压缩。

```
[root@CentOS2015 ~]# tar -zcvf ins.tar.gz install.log install.log.syslog
install.log
install.log.syslog
[root@CentOS2015 ~]# ls
anaconda-ks.cfg   Downloads          ins.tar.gz   mylog      Public      Videos
Desktop                              Music        ywword     Templates
Documents         install.log       Sydoc        Pictures   Test
                  install.log.syslog
[root@CentOS2015 ~]#
```

图 1-105 打包并压缩

如果要解压并打包,则同样可以采用图 1-106 所示命令实现。

```
[root@CentOS2015 ~]# tar -zxvf ins.tar.gz
install.log
install.log.syslog
```

图 1-106 解压并打包

1.4 Linux 系统的管理

　　Linux 系统的管理主要包括 Linux 系统的关机和重启、用户和组管理、磁盘管理、安装包管理、进程管理、网络管理、服务脚本和安全设置。

1.4.1 Linux 系统的关机和重启

1. 关机

1)shutdown

shutdown 命令用于关机。其语法如下。

```
shutdown [-option]
```

常用参数如下。

- -t 数字:指定多少秒后关机。
- -r 时间:指定时间关机后立即重新开机。

- -h 时间：指定时间关机。
- -c：取消正在进行的 shutdown 命令。

只有在使用 shutdown 命令将系统安全关闭后，我们才能安全地关闭机器电源。有些用户会使用直接断掉电源的方式来关闭 Linux 系统，这是十分危险的。因为 Linux 系统与 Windows 系统不同，其后台运行着许多进程，所以强制关机可能会导致进程数据丢失，使系统处于不稳定状态，甚至会损坏硬件设备。

【例 1-32】　shutdown 命令中不同参数的含义。

图 1-107 所示命令表示 17:24 分后延迟 30s 关机。

```
[root@CentOS2015 /]# shutdown -t 30 17:24_
```
图 1-107　shutdown 命令示例（一）

图 1-108 所示命令表示当天 20:00 关机。

```
[root@CentOS2015 ~]# shutdown -h 20:00
```
图 1-108　shutdown 命令示例（二）

图 1-109 所示命令表示现在就关机。

```
[root@CentOS2015 ~]# shutdown -h now
```
图 1-109　shutdown 命令示例（三）

图 1-110 所示命令表示再过 10min 就关机。

```
[root@CentOS2015 ~]# shutdown -h +10
```
图 1-110　shutdown 命令示例（四）

图 1-111 所示命令表示现在就重启计算机。

```
[root@CentOS2015 ~]# shutdown -r now
```
图 1-111　shutdown 命令示例（五）

执行了上述立即关机的命令后，Linux 系统会在提示图 1-112 所示的信息后关机。

```
[root@CentOS2015 ~]# shutdown -h now

Broadcast message from root@CentOS2015
         (/dev/pts/0) at 17:34 ...

The system is going down for halt NOW!
```
图 1-112　Linux 系统关机信息

2）halt

halt 命令用于挂起系统。其语法如下。

```
halt [-option]
```

常用参数"-p"，表示挂起系统后关闭系统。该项是默认选项。

halt 命令是最简单的关机命令，其作用相当于调用"shutdown –h"命令。执行 halt 命令时，终止应用进程，执行 sync 系统调用，文件系统写操作完成后就会停止内核。

2. 重启

reboot 命令用于重启计算机。其语法如下。

```
reboot
```

reboot 的作用和"shutdown -r now"命令一样。

1.4.2　用户和组管理

1. 用户账号

Linux 系统使用用户名和群组的权限来管理所有文件与目录的权限。它用两个重要的文件——passwd 和 shadow 来记录用户信息与用户密码，这两个文件都保存在/etc 目录下。如果没有这两文件，则用户无法登录 Linux 系统。

使用命令"cat /etc/passwd"查看 passwd 文件的结构（见图 1-113），这对理解 Linux 系统下的用户和权限管理很有必要。

```
[root@CentOS2015 ~]$ cat /etc/passwd
root:x:0:0:root:/root:/bin/bash
bin:x:1:1:bin:/bin:/sbin/nologin
daemon:x:2:2:daemon:/sbin:/sbin/nologin
adm:x:3:4:adm:/var/adm:/sbin/nologin
lp:x:4:7:lp:/var/spool/lpd:/sbin/nologin
sync:x:5:0:sync:/sbin:/bin/sync
shutdown:x:6:0:shutdown:/sbin:/sbin/shutdown
halt:x:7:0:halt:/sbin:/sbin/halt
mail:x:8:12:mail:/var/spool/mail:/sbin/nologin
uucp:x:10:14:uucp:/var/spool/uucp:/sbin/nologin
operator:x:11:0:operator:/root:/sbin/nologin
games:x:12:100:games:/usr/games:/sbin/nologin
gopher:x:13:30:gopher:/var/gopher:/sbin/nologin
ftp:x:14:50:FTP User:/var/ftp:/sbin/nologin
nobody:x:99:99:Nobody:/:/sbin/nologin
dbus:x:81:81:System message bus:/:/sbin/nologin
usbmuxd:x:113:113:usbmuxd user:/:/sbin/nologin
rpc:x:32:32:Rpcbind Daemon:/var/cache/rpcbind:/sbin/nologin
hsqldb:x:96:96:/var/lib/hsqldb:/sbin/nologin
oprofile:x:16:16:Special user account to be used by OProfile:/home/oprofile:/sbin/nologin
vcsa:x:69:69:virtual console memory owner:/dev:/sbin/nologin
rtkit:x:499:497:RealtimeKit:/proc:/sbin/nologin
abrt:x:173:173:/etc/abrt:/sbin/nologin
avahi-autoipd:x:170:170:Avahi IPv4LL Stack:/var/lib/avahi-autoipd:/sbin/nologin
saslauth:x:498:76:Saslauthd user:/var/empty/saslauth:/sbin/nologin
rpcuser:x:29:29:RPC Service User:/var/lib/nfs:/sbin/nologin
nfsnobody:x:65534:65534:Anonymous NFS User:/var/lib/nfs:/sbin/nologin
postfix:x:89:89:/var/spool/postfix:/sbin/nologin
pulse:x:497:495:PulseAudio System Daemon:/var/run/pulse:/sbin/nologin
haldaemon:x:68:68:HAL daemon:/:/sbin/nologin
ntp:x:38:38:/etc/ntp:/sbin/nologin
apache:x:48:48:Apache:/var/www:/sbin/nologin
radvd:x:75:75:radvd user:/:/sbin/nologin
qemu:x:107:107:qemu user:/:/sbin/nologin
gdm:x:42:42:/var/lib/gdm:/sbin/nologin
sshd:x:74:74:Privilege-separated SSH:/var/empty/sshd:/sbin/nologin
tcpdump:x:72:72::/:/sbin/nologin
```

图 1-113　passwd 文件的结构

在这个文件中，每一行代表一个账号，有几行就代表系统中有几个账号。需要注意的是，其中很多账号本来就是系统必要的，如 bin、daemon、nobody、adm 等，不要随意删除。

再看下面一行。

```
root:x:0:0:root:/root:/bin/bash
```

每项之间使用 ":" 分隔出 7 项，分别如下。

- 账号名称。
- 密码，早期的 UNIX 系统的密码放在这个位置，但是不安全，所以后来就把密码移到 shadow 文件中了，而这里用一个 "x" 代替。
- UID，即用户识别码（ID）。通常 Linux 系统对 UID 有若干限制：系统管理员用 0，所以 root 的 UID 就是 0；系统预留 1～499，这 499 个 UID 用于 Linux 系统内部，如 bin 用的就是 1；500～65535 供一般用户使用，例如，在 passwd 文件末尾几行可以看到我们建立的普通用户，第一个普通用户的 UID 就是 500，后面的 UID 依次增加。
- GID，用户所属群组的识别码，数字的限制和 UID 类似。
- 用户名全称，仅是说明信息，无实际用处。
- 用户 "属主" 目录，即用户的个人目录，例如，root 用户的属主目录是/root，普通用户 51testing 的属主目录是/home/51testing。
- Shell，所谓的 Shell 就是人机交互的界面，我们通常使用的是/bin/bash。

在 shadow 文件中读者可以尝试输入命令并观察输出结果。其结构和 passwd 文件类似，每一行代表一个用户，每一行由 ":" 分隔成 9 个字段，第二个字段是对应用户的密码。密码是经过加密的，我们没有必要去了解加密的细节。如果密码以 "*" 开头，则表示该账号不用于登录。

下面介绍用户和群组的操作命令。

1）groupadd

groupadd 命令用于添加新的组群。其语法如下。

```
groupadd [-option] 群组名
```

常用参数 "-g GID"，表示设定创建的群组的 GID。

如果不加-g 参数，则系统自动分配一个 GID，从 500 开始按顺序排列。

【例 1-33】 添加 testteam 群组，并指定 GID 为 555（见图 1-114）。

```
[root@CentOS2015 ~]# groupadd -g 555 testteam
```
图 1-114　groupadd 命令示例

使用 cat/etc/group 命令查看添加效果，如图 1-115 所示。

```
stapsys:x:157:
stapdev:x:158:
fuse:x:493:
haldaemon:x:68:haldaemon
ntp:x:38:
apache:x:48:
radvd:x:75:
kvm:x:36:qemu
qemu:x:107:
gdm:x:42:
sshd:x:74:
tcpdump:x:72:
slocate:x:21:
51testing:x:500:
testteam:x:555:
[root@CentOS2015 ~]#
```
图 1-115　testteam 群组添加成功

注意，只有 root 账号才能进行用户和群组的操作，其他账号（如之前创建的 51testing 账号）是不能进行如 groupadd、groupdel、useradd、userdel、usermod 等操作的。这里统一说明一下，以后不一一说明了。可以尝试一下无权限的提示，如图 1-116 所示。

```
[51testing@CentOS2015 ~]$ groupadd -g 555 testteam
-bash: /usr/sbin/groupadd: Permission denied
```
图 1-116　无权限的提示

2）groupdel

groupdel 命令用于删除已存在的群组。其语法如下。

```
groupdel 群组名
```

需要注意的是，在删除群组前必须先删除该群组内的用户。

【例 1-34】 删除之前建立的 testteam 的群组（见图 1-117）。

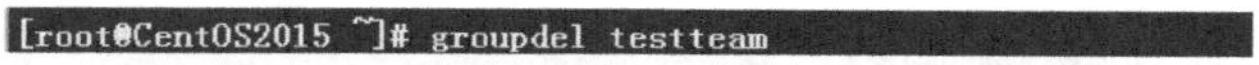

```
[root@CentOS2015 ~]# groupdel testteam
```
图 1-117　groupdel 命令示例

使用 cat/etc/group 命令查看删除效果，如图 1-118 所示。比较图 1-115 和图 1-118 可以看出 testteam 群组已被删除。

3）useradd

useradd 命令用于创建新用户。其语法如下。

```
useradd [-option] 用户名
```

图 1-118　testteam 群组删除成功

常用参数如下。

- -u UID：设定新增用户的 UID，如果不指定 UID，则系统自动分配一个 UID。
- -g GID 或者 groupname：指定新增用户所在的群组，可以用 GID 或者群组名。如果不指定群组，则系统将自动创建一个和用户名同名的群组，并将该用户加入该群组。
- -M：不建立主目录。如果不使用该参数，则默认建立主目录。
- -s shell：指定用户登录时启用的 Shell。如果不指定 Shell，则一般使用/bin/bash。

【例 1-35】　创建一个名为 testta 的用户，并指定其 UID 为 555，并指定用户加入 testteam 群组，指定其使用 C-shell。

因为刚才删除了 testteam 群组，先把这个群组加回来，再执行图 1-119 所示命令。

图 1-119　执行命令

如图 1-120 所示，testta 用户创建成功（因为用户太多，这里只截取最后一段）。

图 1-120　testta 用户创建成功

用户创建完后，可以在/home 目录下看到 testta 目录，这就是系统默认创建的该用户的属主目录。需要注意的是，该用户创建完后暂时是无法登录的，因为还未给用户设定密码，Linux 系统的安全机制是不允许无密码登录的。至于如何设置密码将在后面介绍。

4）userdel

userdel 命令用于删除已存在的账户。其语法如下。

```
userdel [-option] 用户名
```

常用参数"-r"，表示将该账号的主目录和邮件文件一并删除。

如果不加参数-r，则仅删除账户，但是该用户的属主目录和邮件文件依然保存。出于减少垃圾文件的目的，我们在使用该命令时一般使用参数-r。

【例 1-36】 删除例 1-35 中创建的 testta 账户，并删除属主目录（见图 1-121）。

图 1-121　删除 testta 账户

5）usermod

usermod 命令用于修改用户的信息、UID、所属组和使用的 Shell。其语法如下。

```
usermod [-option] 用户名
```

常用参数如下。

- -u UID：设定用户的 UID。
- -g GID 或者 groupname：设定用户的所属群组，可以用 GID 或者群组名。
- -G GID 或者 groupname：设定用户的附加群组。
- -s shell：指定用户登录时启用的 Shell。

【例 1-37】 改变一个 ws 用户的组（见图 1-122）。这里会用到 id 命令，该命令会在后面介绍。

图 1-122　改变 ws 用户的组

2. 用户密码

passwd 命令用于设定用户的密码。其语法如下。

```
passwd [username]
```

如果 passwd 命令后面不跟用户名，则表示修改的密码为当前用户的密码。需要注意的是，只有超级管理员 root 才能给其他用户指定密码，而普通用户只能修改自己的密码。

【**例 1-38**】　修改 root 用户的密码（见图 1-123）。

图 1-123　修改 root 用户的密码

系统会提示输入两遍密码用以确认。像 "123" 这种过于简单的密码，系统也会提示，读者可以自己尝试各种密码，看看系统如何提示。

【**例 1-39**】　使用 root 账户修改 51testing 用户的密码（见图 1-124）。

图 1-124　修改 51testing 用户的密码

3. 用户切换

在实际应用中，从安全角度出发，一般以普通用户登录 Linux 系统，但如果在某一情况下需要系统管理员 root 暂时来执行一些操作，Linux 系统提供了用户切换的命令来解决这个问题。

su 命令用于切换用户身份。其语法如下。

```
su [-] [username]
```

如果使用 "-" 符号，表示完整切换到另一个用户的环境，进入那个用户的属主目录；如果不加 "-"，则表示使用当前的环境，如果要进入用户的属主目录，还要用到 cd 命令，前者使用更方便一些。

需要注意的是，如果从 root 用户向普通用户切换，则不需要输入密码，可立刻切换。如果从普通用户向其他用户切换，则不管是切换为普通用户还是 root 用户，都需要输入密码。

如果要返回原来的用户，则使用 exit 命令。

【例 1-40】　从 root 用户切换到 51testing 用户，观察系统的提示信息（见图 1-125）。

```
[root@CentOS2015 ~]# su - 51testing
[51testing@CentOS2015 ~]$ _
```

图 1-125　切换到 51testing 用户

再从 51testing 用户切换回 root 用户，注意，这时系统会提示输入密码，如图 1-126 所示。

```
[51testing@CentOS2015 ~]$ su - root
Password:
[root@CentOS2015 ~]# _
```

图 1-126　切换回 root 用户

4. 用户查询

1）id

id 命令用于显示用户的 UID、GID 及所拥有的群组。其语法如下。

```
id [username]
```

【例 1-41】　用 id 命令分别查看 51testing 用户和 root 用户的 UID（用户 ID）、GID（组 ID）及所拥有的群组（见图 1-127）。结果的括号里面是 ID 对应的名字，类似于身份证号码（姓名）。

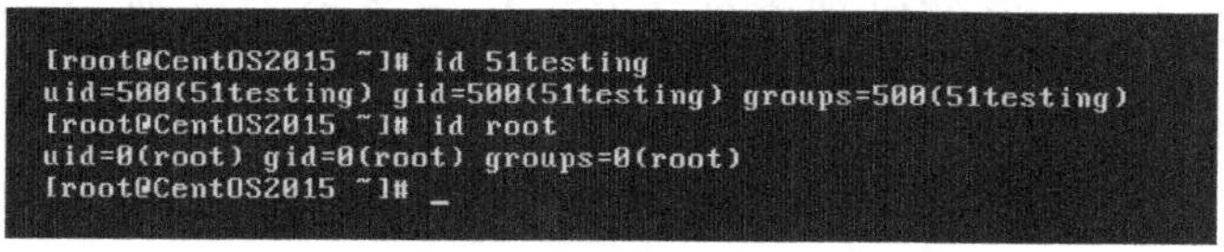

```
[root@CentOS2015 ~]# id 51testing
uid=500(51testing) gid=500(51testing) groups=500(51testing)
[root@CentOS2015 ~]# id root
uid=0(root) gid=0(root) groups=0(root)
[root@CentOS2015 ~]# _
```

图 1-127　id 命令示例（一）

【例 1-42】　查看一个属于多个组的 ws 用户的群组（见图 1-128）。有时一个用户可能属于多个组，在 groups 中能看出来。

```
[root@CentOS2015 ~]# usermod -G root,51testing ws    //默认ws用户属于ws组，现加入root和51testing组
[root@CentOS2015 ~]# id ws
uid=501(ws) gid=503(testgroup) groups=503(testgroup),0(root),500(51testing)
[root@CentOS2015 ~]# _
```

图 1-128　id 命令示例（二）

2）groups

groups 命令用于显示用户所属的群组信息。其语法如下。

```
groups [username]
```

【**例 1-43**】 用 groups 命令分别查看 root 用户和 51testing 用户的群组（见图 1-129）。在结果中，冒号前面的表示用户，冒号后面的表示组名。

```
[root@CentOS2015 ~]# groups root
root : root
[root@CentOS2015 ~]# groups 51testing
51testing : 51testing
[root@CentOS2015 ~]# _
```

图 1-129　groups 命令示例

1.4.3　磁盘管理

下面对磁盘空间查看、磁盘分割及设备挂载相关的命令进行介绍。

1. 查看磁盘空间

1）df

df 命令用于显示磁盘空间的使用情况。其语法如下。

```
df [-option]
```

常用参数如下。

- -i：使用索引节点显示结果。
- -k：使用 KB 作为单位。
- -m：使用 MB 作为单位。

需要注意的是，Linux 系统管理磁盘和 Windows 系统有区别。Windows 系统分区后，每一个分区都被赋予一个盘符，如 C、D、E 等，也就是我们常说的 C 盘、D 盘等。而 Linux 系统下的分区并没有盘符的概念，都作为一个设备文件保存在/dev 目录下。为了能够使用这些分区，会将这些设备文件挂载到对应的目录下。

【**例 1-44**】 查看 Linux 系统磁盘空间的使用情况（见图 1-130）。

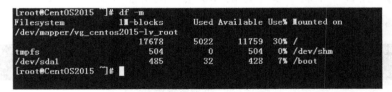

```
[root@CentOS2015 ~]# df -m
Filesystem           1M-blocks      Used Available Use% Mounted on
/dev/mapper/vg_centos2015-lv_root
                         17678       5022     11759  30% /
tmpfs                      504          0       504   0% /dev/shm
/dev/sda1                  485         32       428   7% /boot
[root@CentOS2015 ~]#
```

图 1-130　查看磁盘空间的使用情况

2）du

du 命令用于显示指定目录下所有文件及子目录所占用的磁盘空间大小。其语法如下。

```
du [-option] [目录名称]
```

常用参数如下。

- -b：列出的值以字节为单位。
- -k：列出的值以 KB 为单位。
- -m：列出的值以 MB 为单位。
- -s：只列出总值。

如果不指定目录名称，则统计当前目录下的所有文件及子目录占用的空间大小。

【例 1-45】 统计/home 目录下所有文件及其子目录占用的空间大小，仅计算总值，用 B（字节）表示（见图 1-131）。

```
[root@CentOS2015 ~]# du -sb /home
824642  /home
[root@CentOS2015 ~]#
```

图 1-131 du 命令示例

【例 1-46】 在例 1-45 中，如果不加-s 参数，则会列出所有的文件及大小（见图 1-132）。

```
[root@CentOS2015 ~]# du -b /home
4096    /home/51testing/.gvfs
4096    /home/51testing/Pictures
4096    /home/51testing/.gnome2/nautilus-scripts
4201    /home/51testing/.gnome2/keyrings
4096    /home/51testing/.gnome2/panel2.d/default/launchers
8192    /home/51testing/.gnome2/panel2.d/default
12288   /home/51testing/.gnome2/panel2.d
24681   /home/51testing/.gnome2
4096    /home/51testing/Desktop
11992   /home/51testing/.gnupg
5723    /home/51testing/.gconf/desktop/gnome/accessibility/keyboard
9819    /home/51testing/.gconf/desktop/gnome/accessibility
4259    /home/51testing/.gconf/desktop/gnome/interface
18174   /home/51testing/.gconf/desktop/gnome
22270   /home/51testing/.gconf/desktop
4198    /home/51testing/.gconf/apps/nm-applet
4520    /home/51testing/.gconf/apps/panel/applets/workspace_switcher/prefs
8616    /home/51testing/.gconf/apps/panel/applets/workspace_switcher
6331    /home/51testing/.gconf/apps/panel/applets/clock/prefs
10427   /home/51testing/.gconf/apps/panel/applets/clock
4857    /home/51testing/.gconf/apps/panel/applets/window_list/prefs
8953    /home/51testing/.gconf/apps/panel/applets/window_list
32092   /home/51testing/.gconf/apps/panel/applets
36188   /home/51testing/.gconf/apps/panel
```

图 1-132 统计/home 目录下所有文件及其子目录占用的空间大小

2. 磁盘分割

fdisk 命令用于显示或进行分区。其语法如下。

```
fdisk [-option] [设备名称]
```

常用参数 "-l" 表示显示分区情况。

如果带上参数-1，则表示显示分区情况；如果不带参数，直接写上设备名称，则表示对该存储设备进行分区。

【例 1-47】 显示 sda 设备（SCSI 接口的硬盘）的分区情况（见图 1-133）。

```
[root@CentOS2015 ~]# fdisk -l /dev/sda

Disk /dev/sda: 21.5 GB, 21474836480 bytes
255 heads, 63 sectors/track, 2610 cylinders
Units = cylinders of 16065 * 512 = 8225280 bytes
Sector size (logical/physical): 512 bytes / 512 bytes
I/O size (minimum/optimal): 512 bytes / 512 bytes
Disk identifier: 0x0006c086

   Device Boot      Start         End      Blocks   Id  System
/dev/sda1   *           1          64      512000   83  Linux
Partition 1 does not end on cylinder boundary.
/dev/sda2              64        2611    20458496   8e  Linux LVM
[root@CentOS2015 ~]#
```

图 1-133　显示 sda 设备的分区情况

结果说明，这个硬盘的容量是 21.5GB，有 255 个磁面，63 个扇区，2610 个磁柱（cylinder），每个磁柱的容量是 8225280B。列名的解释如表 1-8 所示。

表 1-8　fdisk 命令输出结果中的列名

Device	Boot	Start	End	Blocks	Id	System
硬盘分区	引导	开始	终止	容量	分区类型 ID	分区类型

这里有以下几点说明。

- 硬盘分区：在 Linux 系统中是通过 hd*x 或 sd*x 表示的，其中*表示 a、b、c 等，x 表示数字 1、2、3 等，hd 大多是 IDE 硬盘，sd 大多是 SCSI 或移动存储器。
- 引导（Boot）：表示引导分区。
- Start（开始）：表示一个分区从 X 磁柱开始。
- End（结束）：表示一个分区到 Y 磁柱结束。
- Id 和 System：表示的是一个意思，Id 看起来不太直观，在分区时，通过指定 Id 来确认分区类型，如 7 表示 NTFS 分区。
- Blocks（容量）：其单位是 KB。一个分区的容量是由下面的公式得到的。

Blocks =（相应分区 End 数值 − 相应分区 Start 数值）×单位磁柱的容量

3. 设备挂载

在例 1-44 中利用 df 命令看到了设备的挂载情况，硬盘已经挂载到了 Linux 系统的根目录"/"下，可以直接使用。而未挂载的设备均无法访问，例如，插入一张光盘，如果没有把 cdrom 文件挂载到某一指定的目录上，则是看不到光盘中的内容的，更无法对其进行读取。同理，对于 U 盘或者计算机新增加的硬盘，也需要如此。

1）mount

mount 命令用于挂载存储设备。其语法如下。

```
mount [-ahlV]
mount [-t 类型] 设备名称 挂载点
```

常用参数如下。

- -a：依照/etc/fstab 的内容挂载所有相关设备。
- -h：mount 帮助信息。
- -l：列出当前挂载的所有设备与挂载点。
- -V：列出 mount 版本。
- -t：指定挂载的存储设备的文件系统，如 vfat、fat、ext、ext2、ext3、ext4、iso9660、ntfs 等。

例如，图 1-134 所示命令表示用 iso9660 文件系统格式挂载光盘设备，挂载点是 /mnt/MyCD 目录，挂载成功后，我们可以在/mnt/MyCD 目录下看到并读取这张光盘的所有内容。

```
[root@CentOS2015 ~]# mount -t iso9660 /dev/cdrom /mnt/MyCD
```

图 1-134　mount 命令示例

这里，挂载点可以随意指定。需要注意的是，指定的目录一定要为空目录。/mnt 目录是一个经常用于挂载的空目录，还可以在它下面创建其他目录，如挂载 USB 设备——/mnt/USB。

2）umount

umount 命令用于卸载已经挂载的设备。其语法如下。

```
umount 挂载点或设备名称
```

例如，要卸载刚才挂载的光盘，可使用图 1-135 所示命令。

```
[root@CentOS2015 ~]# umount /mnt/MyCD
[root@CentOS2015 ~]#
```

图 1-135　umount 命令示例

1.4.4　安装包管理

下面介绍在 Linux 系统下安装软件的命令。在 Windows 系统下，可以通过单击图形化图标安装软件，但是 Linux 系统下，必须通过命令安装软件。在 Linux 系统下安装应用程序有两种方式：一种是通过 RPM 安装；另一种是通过源代码编译安装（Tarball）。

1. RPM 与 yum

RPM（Red Hat Package Manager）是目前使用比较广泛的套件管理程序，是由 Red Hat 公司开发的。RPM 是以数据库记录的方式来将用户所需要的套件安装到用户的 Linux 主机的一套管理程序。也就是说，用户的 Linux 系统中有一个关于 RPM 的数据库，它记录了安装的包及包与包之间的依赖相关性。RPM 包是预先在 Linux 机器上编译好并打包好的文件，安装起来非常快，但是它也有一些缺点。例如，安装环境必须与编译环境一致或者相似；包与包之间存在着相互依赖的情况；在卸载包时需要先卸载依赖的包，如果依赖的包是系统所必需的，就不能卸载这个包，否则会造成系统崩溃。

【例 1-48】　在 Linux 系统安装盘上查看 RPM 包。

（1）如果在系统的/media/下没有 CentOS 目录，则需要先创建一个 CentOS 目录，如图 1-136 所示。

```
[root@CentOS2015 ~]# mkdir /media/CentOS
```

图 1-136　创建 CentOS 目录

（2）把 CentOS 的安装盘挂载到/media/CentOS 目录下（注意，在虚拟机中把安装盘映射到虚拟机的光驱中），如图 1-137 所示。

```
[root@CentOS2015 ~]# mount -t iso9660 /dev/cdrom /media/CentOS
mount: block device /dev/sr0 is write-protected, mounting read-only
[root@CentOS2015 ~]#
```

图 1-137　挂载 CentOS 的安装盘

（3）查看安装盘中 Package 目录下的 RPM 安装包，如图 1-138 所示。

```
[root@CentOS2015 ~]# ll /media/CentOS/Packages/ |head
total 3454295
-r--r--r--. 2 root root  1513332 Feb 24  2013 389-ds-base-1.2.11.15-11.el6.i686.rpm
-r--r--r--. 2 root root   404432 Feb 24  2013 389-ds-base-libs-1.2.11.15-11.el6.i686.rpm
-r--r--r--. 2 root root   206232 Feb 24  2013 abrt-2.0.8-15.el6.centos.i686.rpm
-r--r--r--. 2 root root   115748 Feb 24  2013 abrt-addon-ccpp-2.0.8-15.el6.centos.i686.rpm
-r--r--r--. 2 root root    65272 Feb 24  2013 abrt-addon-kerneloops-2.0.8-15.el6.centos.i686.rpm
-r--r--r--. 2 root root    64364 Feb 24  2013 abrt-addon-python-2.0.8-15.el6.centos.i686.rpm
-r--r--r--. 2 root root    53592 Feb 24  2013 abrt-cli-2.0.8-15.el6.centos.i686.rpm
-r--r--r--. 2 root root    53720 Feb 24  2013 abrt-desktop-2.0.8-15.el6.centos.i686.rpm
-r--r--r--. 2 root root   152140 Feb 24  2013 abrt-gui-2.0.8-15.el6.centos.i686.rpm
```

图 1-138　查看 Package 目录下的 RPM 安装包

每一个 RPM 包的名称均由 "-" 和 "." 分成了若干部分。以 abrt-2.0.8-15.el6.centos.i686.rpm 这个包为例，abrt 为包名，2.0.8 为版本信息，15.el6 为发布版本号，centos 表

示该包是 CentOS 套件之一，i686 为运行平台。常见的运行平台有 i386、 i586、i686、x86_64。需要注意的是，CPU 目前分成 32 位 CPU 和 64 位 CPU，i386、i586 和 i686 都为 32 位平台，x86_64 则为 64 位平台。另外，有些 RPM 包并没有写明具体的平台，而是 noarch，这代表这个 RPM 包没有硬件平台限制。

rpm 命令用于 Linux 系统下的软件套件安装。其语法如下。

安装命令如下。

```
rpm  -ivh  rpm 包名          //安装该 RPM 包
```

升级命令如下。

```
rpm  -Uvh  rpm 包名          //升级指定的 RPM 包
rpm  -Fvh  rpm 包名          //升级已安装的指定 RPM 包
```

查询命令如下。

```
rpm  -q   套件名            //列出已安装的指定套件
rpm  -qi  套件名            //列出已安装的指定套件的详细信息
rpm  -ql  套件名            //列出已安装的指定套件的文件路径
rpm  -qa                   //列出所有安装的套件
```

卸载命令如下。

```
rpm  -e  套件名             //卸载指定的套件
rpm  -e  --nodeps 套件名    //强制卸载，不考虑套件之间的依赖性
```

使用 rpm 工具进行套件安装虽然看似简单，但是所有的 RPM 包必须事先准备好，某些套件之间还存在依赖性，安装前还需要先安装其他套件。对于不熟悉 Linux 系统套件的初学者，安装套件是一件相当麻烦和困难的事。所以，为了让套件安装更加方便、简单，主流的 Linux 系统（如 RHEL、CentOS）均提供了 yum 工具。

yum 工具最大的优势在于可以从网络上下载所需要的 RPM 包，并自动安装。在某项目中，如果要安装的 RPM 包有依赖关系，则 yum 会帮用户处理这些依赖关系并依次安装所有 RPM 包。RHEL 和 CentOS 的 yum 的区别之处在于，RHEL 的 yum 必须在付费之后才能使用，而 CentOS 的 yum 可以免费使用。其语法如下。

```
yum  [-option] [command]
```

常用参数如下。

● -h：显示帮助信息。

- -v：显示安装细节。
- -y：对所有问题都回答"yes"。例如，在安装 RPM 包的过程中，yum 一般会先显示该包的一些信息，然后询问是否确认安装，如果加上参数-y 则不会询问。

常用命令如下。

- clean：清空缓存。yum 安装套件需要从网站上自动下载，下载的包将存放到 Linux 系统配置的 yum 缓存目录/var/cache/yum 下，如果一段时间后内容太多了，就需要用 yum clean 命令清理缓存。
- check-update：检查指定的包是否存在更新包。
- install：安装指定的包。
- erase：卸载指定的包。
- list：显示存在的所有的 RPM 包。
- update：升级已安装的包。
- reinstall：重新安装指定的已安装的包。
- remove：删除已安装的包。

需要注意的是，默认情况下 yum 是从其配置文件指定的网站搜索 RPM 包的，所以需要保证 Internet 可访问才能正常使用 yum。当然，也可以修改配置文件，让 yum 在 CentOS 的安装盘内搜索 RPM 包。

【例 1-49】　通过修改配置文件，让 yum 在 CentOS 的安装盘内搜索安装 tree 命令。

（1）使用 vi 命令新建一个 cdrom.repo 文件并放在/etc/yum.repos.d 目录下，cdrom.repo 文件的内容如图 1-139 所示。

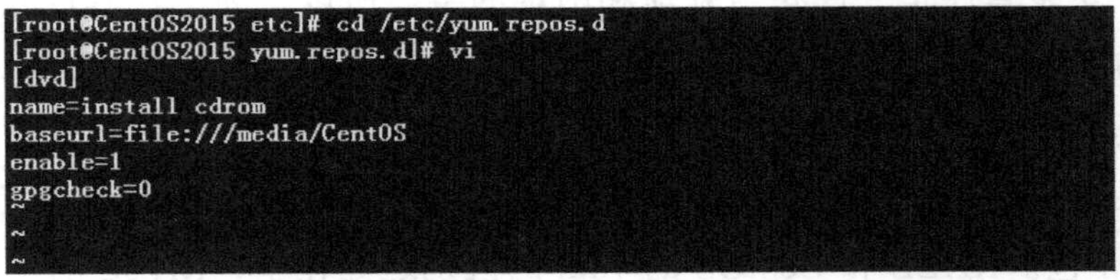

```
[root@CentOS2015 etc]# cd /etc/yum.repos.d
[root@CentOS2015 yum.repos.d]# vi
[dvd]
name=install cdrom
baseurl=file:///media/CentOS
enable=1
gpgcheck=0
~
~
~
~
```

图 1-139　cdrom.repo 文件的内容

（2）因为 yum 会先在/etc/yum.repos.d 目录下查找默认配置文件，然后在网上搜索，所以先把/etc/yum.repos.d 下的其他所有配置文件移到另一个目录中，然后让 yum 访问刚才新建的配置文件。这里在/etc/yum.repos.d 目录下建立了一个名为 123 的目录，然后把文件都移进去（见图 1-140），以方便下次移回来。

```
[root@CentOS2015 yum.repos.d]# ls
cdrom.repo          CentOS-Debuginfo.repo  CentOS-Vault.repo
CentOS-Base.repo    CentOS-Media.repo
[root@CentOS2015 yum.repos.d]# mkdir 123
[root@CentOS2015 yum.repos.d]# mv CentOS-Debuginfo.repo CentOS-Vault.repo CentOS
-Base.repo  CentOS-Media.repo 123
[root@CentOS2015 yum.repos.d]# ls
123    cdrom.repo
```

图 1-140　将其他配置文件移入 123 目录

（3）刷新缓存，执行 yum makecache 命令，如图 1-141 所示。

```
[root@CentOS2015 yum.repos.d]# yum makecache
Loaded plugins: fastestmirror, refresh-packagekit, security
Loading mirror speeds from cached hostfile
dvd                                          | 4.0 kB   00:00 ...
dvd/group_gz                                 | 209 kB   00:00 ...
dvd/filelists_db                             | 4.8 MB   00:00 ...
dvd/primary_db                               | 3.5 MB   00:00 ...
dvd/other_db                                 | 2.0 MB   00:00 ...
Metadata Cache Created
```

图 1-141　刷新缓存

（4）执行成功后使用本地镜像安装 tree。可以执行图 1-142 所示的命令，结果如图 1-143 所示。

```
[root@CentOS2015 yum.repos.d]# yum install tree
Loaded plugins: fastestmirror, refresh-packagekit, security
Loading mirror speeds from cached hostfile
Setting up Install Process
Package tree-1.5.3-2.el6.i686 already installed and latest version
Nothing to do
[root@CentOS2015 yum.repos.d]# yum remove tree
Loaded plugins: fastestmirror, refresh-packagekit, security
Setting up Remove Process
Resolving Dependencies
--> Running transaction check
---> Package tree.i686 0:1.5.3-2.el6 will be erased
--> Finished Dependency Resolution
```

图 1-142　安装 tree

```
Running Transaction
  Installing : tree-1.5.3-2.el6.i686
  Verifying  : tree-1.5.3-2.el6.i686

Installed:
  tree.i686 0:1.5.3-2.el6

Complete!
[root@CentOS2015 yum.repos.d]#
```

图 1-143　安装成功

2. 源码包

源码包就是以 .tar.gz 打包压缩后的源码文件。其中包括重要的源码，以及针对不同的平台编译与操作参数而定制的检测和参数配置文件。

Tarball 是 Linux 系统下的打包工具，可以适应不同的平台，这是因为软件开发者会在 Tarball 中写一个小脚本来检测用户的系统及依赖的其他软件，然后根据检测信息建立完整的参数配置文件。

源码包的编译用到了 Linux 系统中的编译器，常见的源码包一般是用 C 语言开发的，这是因为 C 语言为 Linux 系统最标准的程序语言。Linux 系统中的 C 语言编译器称作 gcc，利用它可以把 C 语言变成可执行的二进制文件。所以，如果用户的机器上没有安装 gcc，就没有办法编译源码。可以使用 "yum install -y gcc" 命令来安装 gcc。

安装一个源码包，通常需要以下 3 个步骤（由于现在绝大部分的软件可以通过 yum 安装，只有那些没有 yum 源的需要用到这个方法，因此本书在此不详细介绍了）。

（1）要定制功能，加上相应的选项即可，具体有什么选项可以通过 "./configure --help" 命令来查看。这一步会自动检测用户的 Linux 系统与相关的套件是否有编译该源码包时需要的库，一旦缺少某个库就不能完成编译，只有检测通过后才会生成一个 Makefile 文件。

（2）使用 make 命令可根据 Makefile 文件中预设的参数进行编译，这里使用了 gcc。

（3）执行 make install 命令，进入安装步骤，生成相关的软件存放目录和配置文件。

1.4.5　进程管理

下面介绍进程管理相关的命令。

1. 后台工作管理

在 Windows 系统中可以把窗口最小化，让这些程序在后台运行，这在图形化界面中很容易做到，但在 Linux 系统中必须用命令来让程序在后台执行。在 Linux 系统中有两个方法可以将工作放到后台执行，即使用&命令和通过 Ctrl+Z 组合键。

1）&

&命令的作用是将当前工作放到后台运行。其语法如下。

```
command &
```

【例 1-50】 全系统查找 install.log.syslog 文件，但不想让它在前台执行，因此可以使用图 1-144 所示方式实现。

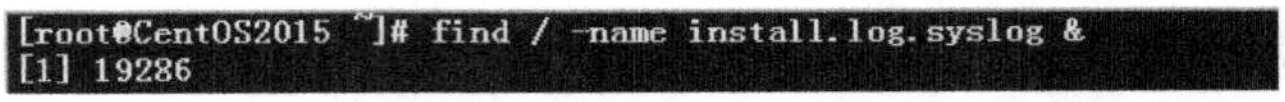

图 1-144　&命令示例

"[1] 19286" 表示该工作已放到后台执行了，任务编号是 1，后面的 19286 表示进程号（PID）。可以看到，这时系统又回到了提示符状态，用户可以继续做其他工作。当后台任务完成后，系统会显示完成的提示信息，如图 1-145 所示。

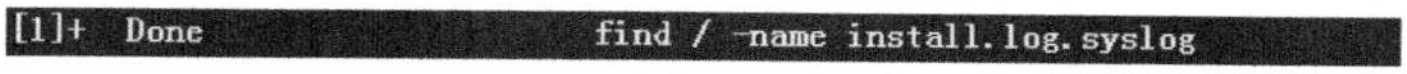

[1]+ Done find / -name install.log.syslog

图 1-145 工作完成的提示信息

2）Ctrl+Z 组合键

按 Ctrl+Z 组合键的作用是暂停某工作。在相应命令执行后，直接按 Ctrl+Z 组合键可以暂停当前工作。

例如，用户正在用 vi 编辑一篇文档，但是忽然想起有某个重要的程序要留意一下，需要暂时退出 vi，若用户此时并不想保存并退出 vi，则可以按 Ctrl+Z 组合键暂时停止该工作，如图 1-146 所示。

[root@CentOS2015 ~]# vi test.txt
"test.txt" [New File]
[1]+ Stopped vi test.txt

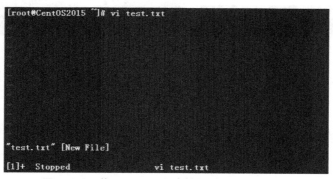

图 1-146 使用 Ctrl+Z 组合键暂时停止当前工作

“[1]+Stopped”表示任务编号为 1，状态为“Stopped”（暂停）。等用户处理完其他的事情，可以再回来继续操作。

3）fg

fg 命令用于将后台的工作放到前台来执行，如果其后面不加参数，则默认将编号最接近的任务放到前台执行。其语法如下。

```
fg [%number]
```

其中，参数“%number”表示任务编号。

刚才我们把 vi 放到了后台，如果要继续回到 vi，则可以用“fg %1”命令，如图 1-147 所示。

[root@CentOS2015 ~]# fg %1

图 1-147 fg 命令示例

执行该命令后就回到 test.txt 文档的 vi 编辑界面，用户可继续编辑文档。

在"fg %1"中，1 代表后台的任务 1。如果用户之前暂停时显示图 1-148 所示的"[2]+"，那么 fg 后就跟"%2"。

4）jobs

jobs 命令用于查询所有后台的任务。其语法如下。

```
jobs
```

如图 1-149 所示，执行 jobs 命令，结果表示目前系统中有两个 vi 的编辑任务被暂停，"+"（加标志）标识了将被 fg 或 bg 命令作为默认值使用的作业。这个作业标识也能够使用"%+"（百分号、加号）或"%%"（双百分号）来指定。

图 1-148 [2]+ Stopped 示例

图 1-149 jobs 命令示例

如果当前默认作业退出，就用一个"-"（减号）来标识将要成为默认作业的作业。这个作业标识也可以用"%-"（百分号、减号）来指定。

2. 系统状态监控

1）ps

ps 命令用于显示当前系统中运行的进程。其语法如下。

```
ps  -option
```

常用参数如下。

- -a：表示所有进程。
- -u：显示用户。
- -x：列出所有 tty 进程，tty 是当前所使用的虚拟终端。
- -e：表示所有进程，与 a 略有区别，这里暂不做具体区分。
- -f：完整显示进程信息。

ps 命令的参数比较多。下面仅对常用的两个命令——"ps aux"和"ps -ef"进行说明。

如果希望列出目前所有内存当中的程序，则可以使用"ps aux"命令，如图 1-150 所示。

```
[root@CentOS2015 ~]# ps aux
USER       PID %CPU %MEM    VSZ   RSS TTY      STAT START   TIME COMMAND
root         1  0.0  0.1   2900  1452 ?        Ss   09:37   0:01 /sbin/init
root         2  0.0  0.0      0     0 ?        S    09:37   0:00 [kthreadd]
root         3  0.0  0.0      0     0 ?        S    09:37   0:00 [migration/0]
root         4  0.0  0.0      0     0 ?        S    09:37   0:00 [ksoftirqd/0]
root         5  0.0  0.0      0     0 ?        S    09:37   0:00 [migration/0]
root         6  0.0  0.0      0     0 ?        S    09:37   0:00 [watchdog/0]
root         7  0.0  0.0      0     0 ?        S    09:37   0:00 [events/0]
root         8  0.0  0.0      0     0 ?        S    09:37   0:00 [cgroup]
root         9  0.0  0.0      0     0 ?        S    09:37   0:00 [khelper]
root        10  0.0  0.0      0     0 ?        S    09:37   0:00 [netns]
root        11  0.0  0.0      0     0 ?        S    09:37   0:00 [async/mgr]
root        12  0.0  0.0      0     0 ?        S    09:37   0:00 [pm]
root        13  0.0  0.0      0     0 ?        S    09:37   0:00 [sync_supers]
root        14  0.0  0.0      0     0 ?        S    09:37   0:00 [bdi-default]
root        15  0.0  0.0      0     0 ?        S    09:37   0:00 [kintegrityd/0]
root        16  0.0  0.0      0     0 ?        S    09:37   0:01 [kblockd/0]
root        17  0.0  0.0      0     0 ?        S    09:37   0:00 [kacpid]
```

图 1-150 列出内存中的程序

如果希望列出系统中的所有进程，则可以使用“ps -ef”命令，如图 1-151 所示。

```
[root@CentOS2015 ~]# ps -ef
UID        PID  PPID  C STIME TTY          TIME CMD
root         1     0  0 09:37 ?        00:00:02 /sbin/init
root         2     0  0 09:37 ?        00:00:00 [kthreadd]
root         3     2  0 09:37 ?        00:00:00 [migration/0]
root         4     2  0 09:37 ?        00:00:00 [ksoftirqd/0]
root         5     2  0 09:37 ?        00:00:00 [migration/0]
root         6     2  0 09:37 ?        00:00:00 [watchdog/0]
root         7     2  0 09:37 ?        00:00:01 [events/0]
root         8     2  0 09:37 ?        00:00:00 [cgroup]
root         9     2  0 09:37 ?        00:00:00 [khelper]
root        10     2  0 09:37 ?        00:00:00 [netns]
root        11     2  0 09:37 ?        00:00:00 [async/mgr]
root        12     2  0 09:37 ?        00:00:00 [pm]
root        13     2  0 09:37 ?        00:00:00 [sync_supers]
root        14     2  0 09:37 ?        00:00:00 [bdi-default]
root        15     2  0 09:37 ?        00:00:00 [kintegrityd/0]
root        16     2  0 09:37 ?        00:00:01 [kblockd/0]
root        17     2  0 09:37 ?        00:00:00 [kacpid]
root        18     2  0 09:37 ?        00:00:00 [kacpi_notify]
root        19     2  0 09:37 ?        00:00:00 [kacpi_hotplug]
root        20     2  0 09:37 ?        00:00:00 [ata/0]
root        21     2  0 09:37 ?        00:00:00 [ata_aux]
root        22     2  0 09:37 ?        00:00:00 [ksuspend_usbd]
root        23     2  0 09:37 ?        00:00:00 [khubd]
```

图 1-151 列出系统中的进程

注意，PID 是进程号，PPID 是父进程号。

2）w

w 命令用于查看当前系统负载。其语法如下。

```
w
```

该命令是 Linux 管理员最常用的命令，显示的信息如图 1-152 所示。

```
[root@CentOS2015 ~]# w
 11:47:10 up  2:09,  2 users,  load average: 0.00, 0.00, 0.00
USER     TTY      FROM              LOGIN@   IDLE   JCPU   PCPU WHAT
root     tty1     -                 09:47    1:43m  0.08s  0.27s login -- root
root     pts/0    172.16.200.104    10:04    0.00s  0.18s  0.00s w
```

图 1-152 查看当前系统负载

第 1 行从左面开始显示的信息依次为时间、系统运行时间、登录用户数、平均负载。第 2 行开始和下面所有的行指出了，当前登录的都有哪些用户，以及他们是从哪里登录的。其实，在这些信息当中，最应该关注的是第 1 行中的 "load average:" 后面的 3 个数值。

第 1 个数值表示 1min 内系统的平均负载值；第 2 个数值表示 5min 内系统的平均负载值；第 3 个数值表示 15min 内系统的平均负载值，这个值即单位时间段内 CPU 活动进程数。这个值越大，说明用户的服务器压力越大。一般情况下，这个值只要不超过用户服务器的 CPU 数量就没有影响。假设用户的服务器 CPU 数量为 8，如果这个值小于 8，就说明用户的服务器没有压力；否则，就要关注一下服务器的负载情况。

3）vmstat

vmstat 命令用于监控当前系统状态。其语法如下。

```
vmstat
```

通过 w 命令查看的是系统整体的负载，通过具体数值可以知道当前系统有没有压力，但是具体哪里（CPU、内存、磁盘等）有压力就无法判断了。通过 vmstat 命令就可以知道具体哪里有压力。vmstat 命令的输出结果共分为 6 部分——procs、memory、 swap、io、system、cpu，如图 1-153 所示。

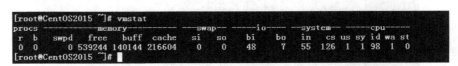

图 1-153　vmstat 命令示例

（1）procs 显示进程相关信息。

- r：运行和等待 CPU 时间片的进程数。若该数值长期大于服务器 CPU 个数，则说明 CPU 不够用。
- b：等待资源的进程数，如等待 I/O、内存等。如果该数值长时间大于 1，则用户需要关注一下相关信息。

（2）memory 显示内存相关信息。

- swpd：切换到交换分区中的内存数量。
- free：表示当前空闲的内存数量。
- buff：表示缓冲区大小（即将写入磁盘的）。
- cache：表示缓存大小（从磁盘中读取的）。

（3）swap 显示内存交换情况。

- si：表示由内存进入交换分区的数量。

- so：表示由交换分区进入内存的数量。

（4）io 显示磁盘使用情况。

- bi：表示从块设备读取数据的量（读磁盘）。

- bo：表示从块设备写入数据的量（写磁盘）。

（5）system 显示采集间隔内发生的中断次数。

- in：表示在某一时间间隔中观测到的每秒设备中断次数。

- cs：表示每秒产生的上下文切换次数。

（6）cpu 显示 CPU 的使用状态。

- us：表示用户占用 CPU 时间的百分比。

- sy：表示系统占用 CPU 时间的百分比。

- id：表示 CPU 处于空闲状态的时间百分比。

- wa：表示 I/O 等待所占用 CPU 时间的百分比。

- st：表示虚拟机占用 CPU 时间的百分比（一般为 0，不用关注）。

在以上各个参数中，需要经常关注 r 列、b 列和 wa 列。io 部分的 bi 及 bo 也是经常参考的对象，如果磁盘的 I/O 压力很大，则这两列的数值会比较高。另外，当 si、so 两列的数值比较高且在不断变化时，说明内存不够了，内存中的数据会频繁交换到交换区中，这往往对系统性能影响极大。

4）top

top 命令用于动态监控进程所占系统的资源，每隔 3s 更新一次。其语法如下。

```
top
```

这个命令的特点是把占用系统资源（CPU、内存、磁盘 I/O 等）最多的进程放到最前面。top 命令输出了很多信息，包括系统负载、进程数、CPU 使用情况、内存使用情况及交换分区使用情况。其实，上面这些信息可以通过其他命令来查看，用 top 命令重点查看的是进程使用系统资源的详细状况（见图 1-154）。这部分反映的信息比较多，用户需要重点关注的项有%CPU、%MEM、COMMAND。

使用 top 命令，屏幕只动态显示一页进程的情况，并不是所有进程的情况都显示了（实际上，系统进程不止这些）。如果要看下一页的进程情况，则可以按 ">" "<" 键进行翻页；如果要退出，则按 Q 键。

```
[root@CentOS2015 ~]# top
top - 11:56:47 up  2:19,  2 users,  load average: 0.00, 0.00, 0.00
Tasks: 105 total,   1 running, 100 sleeping,   4 stopped,   0 zombie
Cpu(s):  0.3%us,  0.0%sy,  0.0%ni, 99.3%id,  0.0%wa,  0.0%hi,  0.3%si,  0.0%st
Mem:   1030680k total,   492216k used,   538464k free,   140400k buffers
Swap:  2064376k total,        0k used,  2064376k free,   216668k cached

  PID USER      PR  NI  VIRT  RES  SHR S %CPU %MEM    TIME+  COMMAND
 8292 root      20   0  2688 1084  860 R  0.3  0.1   0:00.01 top
    1 root      20   0  2900 1452 1224 S  0.0  0.1   0:01.99 init
    2 root      20   0     0    0    0 S  0.0  0.0   0:00.00 kthreadd
    3 root      RT   0     0    0    0 S  0.0  0.0   0:00.00 migration/0
    4 root      20   0     0    0    0 S  0.0  0.0   0:00.14 ksoftirqd/0
    5 root      RT   0     0    0    0 S  0.0  0.0   0:00.00 migration/0
    6 root      RT   0     0    0    0 S  0.0  0.0   0:00.07 watchdog/0
    7 root      20   0     0    0    0 S  0.0  0.0   0:00.85 events/0
    8 root      20   0     0    0    0 S  0.0  0.0   0:00.00 cgroup
    9 root      20   0     0    0    0 S  0.0  0.0   0:00.01 khelper
   10 root      20   0     0    0    0 S  0.0  0.0   0:00.00 netns
   11 root      20   0     0    0    0 S  0.0  0.0   0:00.00 async/mgr
   12 root      20   0     0    0    0 S  0.0  0.0   0:00.00 pm
   13 root      20   0     0    0    0 S  0.0  0.0   0:00.05 sync_supers
   14 root      20   0     0    0    0 S  0.0  0.0   0:00.08 bdi-default
   15 root      20   0     0    0    0 S  0.0  0.0   0:00.00 kintegrityd/0
   16 root      20   0     0    0    0 S  0.0  0.0   0:01.09 kblockd/0
   17 root      20   0     0    0    0 S  0.0  0.0   0:00.00 kacpid
   18 root      20   0     0    0    0 S  0.0  0.0   0:00.00 kacpi_notify
   19 root      20   0     0    0    0 S  0.0  0.0   0:00.00 kacpi_hotplug
   20 root      20   0     0    0    0 S  0.0  0.0   0:00.01 ata/0
   21 root      20   0     0    0    0 S  0.0  0.0   0:00.00 ata_aux
```

图 1-154　top 命令示例

如果要得到静态结果（通常用于记录），则可以加上参数 top –bn1。

5）free

free 命令用于查看内存使用状况。其语法如下。

```
free [-option]
```

常用参数如下。

- -b：以字节为单位。
- -k：以 KB 为单位。
- -m：以 MB 为单位。
- -t：显示总计（total）值。

【例 1-51】 显示当前系统的内存使用情况（见图 1-155）。

```
[root@CentOS2015 ~]# free -m -t
             total       used       free     shared    buffers     cached
Mem:          1006        480        526          0        137        211
-/+ buffers/cache:        131        874
Swap:         2015          0       2015
Total:        3022        480       2542
[root@CentOS2015 ~]#
```

图 1-155　free 命令示例

Mem 行显示系统内存使用情况，表示目前内存已使用了 480MB，剩余 526MB。其实内存的真实使用情况是-/+ buffers/cache 行显示的，真正使用的内存是 131MB，剩余

874MB。这是因为系统在初始化时已经分配了很大一部分内存给缓存。这部分缓存用来随时供程序使用，如果程序不用，那么这部分内存就空闲。所以，要查看内存使用情况，请看−/+ buffers/cache 行的数据。

6）kill

kill 命令用于停止进程，可以通过 PID 或者任务编号来指定要操作的对象。其语法如下。

```
kill [-option] PID 或者任务号
```

常用参数如下。

- -l：信号，如果不加信号的编号参数，则使用 "-l" 参数会列出全部的信号名称。
- -a：当处理当前进程时，不限制命令名和进程号的对应关系。
- -p：指定 kill 命令只输出相关进程的进程号，而不发送任何信号。
- -s：指定发送的信号。
- -u：指定用户。

只有信号 9（SIGKILL）才可以无条件终止进程，对于其他信号，进程都可以忽略。下面是常用的信号。

- SIGHUP：信号 1，表示终端断线。
- SIGINT：信号 2，表示中断（作用同按 Ctrl+C 组合键）。
- SIGQUIT：信号 3，表示退出（作用同按 Ctrl+\组合键）。
- SIGTERM：信号 15，表示终止。
- SIGKILL：信号 9，表示强制终止。
- SIGCONT：信号 18，表示继续（与 STOP 相反）。
- SIGSTOP：信号 19，表示暂停（作用同按 Ctrl+Z 组合键）。

1.4.6 网络管理

下面介绍网络管理相关的命令。

1. ifconfig

ifconfig 命令用于显示或设置网卡。其语法如下。

```
ifconfig
```

ifconfig 命令类似于 Windows 系统的 ipconfig 命令，若不加任何选项和参数，则只输出当前网卡的 IP 相关信息（子网掩码、网关等），如图 1-156 所示。

```
[root@CentOS2015 ~]# ifconfig
eth0      Link encap:Ethernet  HWaddr 00:0C:29:F9:2A:6C
          inet addr:172.16.200.70  Bcast:172.16.255.255  Mask:255.255.0.0
          inet6 addr: fe80::20c:29ff:fef9:2a6c/64 Scope:Link
          UP BROADCAST RUNNING MULTICAST  MTU:1500  Metric:1
          RX packets:324057 errors:0 dropped:0 overruns:0 frame:0
          TX packets:2905 errors:0 dropped:0 overruns:0 carrier:0
          collisions:0 txqueuelen:1000
          RX bytes:30188095 (28.7 MiB)  TX bytes:1069137 (1.0 MiB)
          Interrupt:19 Base address:0x2024

lo        Link encap:Local Loopback
          inet addr:127.0.0.1  Mask:255.0.0.0
          inet6 addr: ::1/128 Scope:Host
          UP LOOPBACK RUNNING  MTU:16436  Metric:1
          RX packets:34 errors:0 dropped:0 overruns:0 frame:0
          TX packets:34 errors:0 dropped:0 overruns:0 carrier:0
          collisions:0 txqueuelen:0
          RX bytes:2388 (2.3 KiB)  TX bytes:2388 (2.3 KiB)

virbr0    Link encap:Ethernet  HWaddr 52:54:00:9A:F8:1F
          inet addr:192.168.122.1  Bcast:192.168.122.255  Mask:255.255.255.0
          UP BROADCAST RUNNING MULTICAST  MTU:1500  Metric:1
          RX packets:0 errors:0 dropped:0 overruns:0 frame:0
          TX packets:0 errors:0 dropped:0 overruns:0 carrier:0
          collisions:0 txqueuelen:0
          RX bytes:0 (0.0 b)  TX bytes:0 (0.0 b)

[root@CentOS2015 ~]#
```

图 1-156　ifconfig 示例

从输出结果可以看到 3 块网卡的信息。eth0 一般是这里使用的网卡；lo 为本地环回网卡，说明了为何 localhost 或者本地 IP 地址是 127.0.0.1；virbr0 为虚拟网卡，可以忽略。

ifconfig 命令后面可以直接带上设备名，表示仅查看指定的网卡设备，如图 1-157 所示。

```
[root@CentOS2015 ~]# ifconfig eth0
eth0      Link encap:Ethernet  HWaddr 00:0C:29:F9:2A:6C
          inet addr:172.16.200.70  Bcast:172.16.255.255  Mask:255.255.0.0
          inet6 addr: fe80::20c:29ff:fef9:2a6c/64 Scope:Link
          UP BROADCAST RUNNING MULTICAST  MTU:1500  Metric:1
          RX packets:338592 errors:0 dropped:0 overruns:0 frame:0
          TX packets:2980 errors:0 dropped:0 overruns:0 carrier:0
          collisions:0 txqueuelen:1000
          RX bytes:31529350 (30.0 MiB)  TX bytes:1088283 (1.0 MiB)
          Interrupt:19 Base address:0x2024

[root@CentOS2015 ~]#
```

图 1-157　ifconfig 命令后面加上设备名

如果要给网卡配置 IP 地址，则在网卡设备名后直接加上相应 IP 地址即可。

【例 1-52】　修改系统的 IP 地址为 172.16.200.72（见图 1-158）。

```
[root@CentOS2015 ~]# ifconfig eth0 172.16.200.72
[root@CentOS2015 ~]# _
```

图 1-158　修改系统 IP 地址

修改完毕后，查看 IP 地址，如图 1-159 所示。

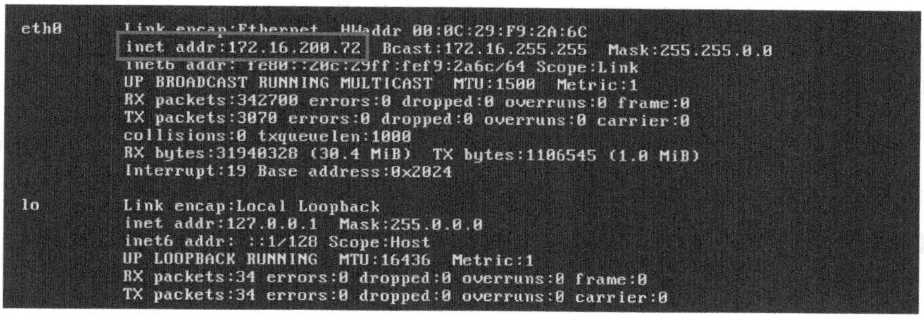

图 1-159　查看修改后的 IP 地址

之前在讲解远程登录 Linux 系统时修改了配置文件或者固定 IP 地址，这个方法和修改配置文件的效果是否一样呢？答案是不一样。"ifconfig eth0 172.16.200.72"只是暂时修改 IP 地址，网络服务重启或机器重启后，仍然会读配置文件中的 IP 地址。所以，之前修改配置文件的效果是永久的，而 ifconfig 的效果是暂时的。

通过配置文件修改 IP 地址的方法参见 1.3.4 节。

另外，还可以通过以下 up 命令和 down 命令来启用与禁用网卡。

```
ifconfig eth0 up          //启用 eth0 网卡
ifconfig eth0 down        //禁用 eth0 网卡
```

2. netstat

netstat 命令用于显示网络连接情况。其语法如下。

```
netstat [-option]
```

参数比较复杂，常用的是两种组合："netstat –lnp"用于显示当前系统启用哪些端口；"netstat –an"用于显示网络连接情况。

【例 1-53】要检查系统中是否有程序占用了 22 端口，可用"netstat –an|grep 22"命令实现（见图 1-160）。

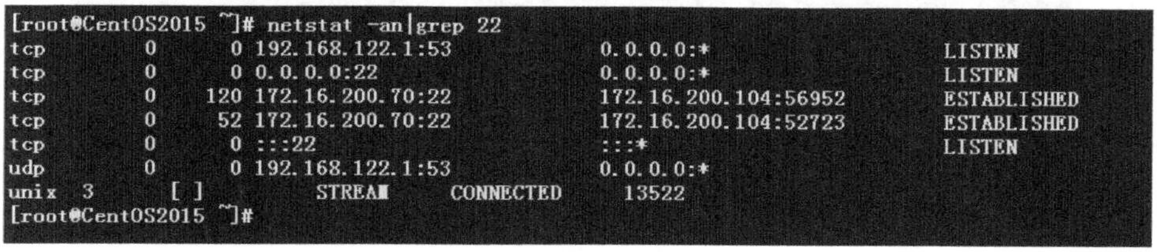

图 1-160　查看系统的端口占用情况

3. ping

ping 命令用于测试目标与本机的连接情况。其语法如下。

```
ping [-option] 目标
```

常用参数"-c 数字",用于指定测试多少次,如果不设置该参数,则系统将会无休止地进行测试,可通过按 Ctrl+C 组合键强行停止。

【例 1-54】 测试 172.16.200.189 这台计算机和 Linux 系统的连接是否正常(见图 1-161)。

```
[root@CentOS2015 ~]# ping -c 5 172.16.200.189
PING 172.16.200.189 (172.16.200.189) 56(84) bytes of data.
64 bytes from 172.16.200.189: icmp_seq=1 ttl=128 time=18.9 ms
64 bytes from 172.16.200.189: icmp_seq=2 ttl=128 time=1.19 ms
64 bytes from 172.16.200.189: icmp_seq=3 ttl=128 time=1.15 ms
64 bytes from 172.16.200.189: icmp_seq=4 ttl=128 time=1.22 ms
64 bytes from 172.16.200.189: icmp_seq=5 ttl=128 time=2.76 ms

--- 172.16.200.189 ping statistics ---
5 packets transmitted, 5 received, 0% packet loss, time 4010ms
rtt min/avg/max/mdev = 1.151/5.049/18.913/6.958 ms
[root@CentOS2015 ~]#
```

图 1-161　测试目标机与本机连接情况

结果显示这台计算机和 Linux 系统是连通的。

1.4.7　服务脚本

Windows 系统下有很多常驻后台的服务,如各类网络服务、防火墙、数据库、iis等,Linux 系统下同样有很多在后台运行着的服务,这些服务伴随着系统的启动而启动,这已经在前面介绍过了,这些服务的启动脚本均保存在/etc/init.d 目录下。其语法如下。

```
service 服务脚本名 脚本参数
```

service 命令用于执行/etc/init.d 目录下的服务脚本,如果要重启网络服务,则可以执行 service network restart,如图 1-162 所示。

```
[root@CentOS2015 ~]# service network restart
Shutting down interface eth0: Device state: 3 (disconnected)
                                                          [ OK ]
Shutting down loopback interface:                         [ OK ]
Bringing up loopback interface:                           [ OK ]
Bringing up interface eth0: Active connection state: activating
Active connection path: /org/freedesktop/NetworkManager/ActiveConnection/3
state: activated
Connection activated
                                                          [ OK ]
n[root@CentOS2015 ~]#
```

图 1-162　重启网络服务

服务脚本本身支持的参数比较统一，一般包括如下几个。

- start：启动服务。
- stop：结束服务。
- restart：重启服务。
- status：显示服务状态。

1.4.8　安全设置

下面介绍安全策略 SELinux 和防火墙 iptables。

1. 安全策略 SELinux

SELinux 是 RHEL/CentOS 系统特有的安全机制，类似于 Windows 系统下的安全策略。因为 SELinux 的限制太多，配置也特别麻烦，所以几乎没有人去真正应用它。安装完系统，一般要将 SELinux 关闭，以免引起不必要的麻烦。

因为这个安全机制不实用，所以这里只说明如何开启和关闭，不介绍其原理。

SELinux 伴随着 Linux 系统的启动而启动，如果要关闭 SELinux，不让它随着开机而启动，则需要修改配置文件/etc/selinux/config。将图 1-163 中的 SELINUX=enforcing 改成 SELINUX=disable，重启后，SELinux 就不会随开机而启动了。

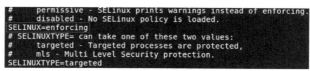

图 1-163　修改 SELinux 配置文件

使用以下命令可以在当前会话中关闭或打开 SELinux。

- setenforce

setenforce 命令用于设置 SELinux 的状态。其语法如下。

```
setenforce    number
```

通常用 setenforce 0 来关闭 SELinux，用 setenforce 1 来开启 SELinux。

- getenforce

getenforce 命令用于显示当前 SELinux 的状态（见图 1-164）。其语法如下。

```
getenforce
```

Enforcing 表示启用中，Permissive 表示关闭。

图 1-164 getenforce 命令示例

2. 防火墙 iptables

Linux 系统自带一个强大的防火墙——iptables。下面介绍这个防火墙机制。

首先，看一下 iptables 的 3 个表。

- filter：主要用于过滤包，是系统预设的表，这个表也是最常用的。内建 3 个链，即 INPUT、OUTPUT 及 FORWARD。其中，INPUT 作用于进入本机的包，OUTPUT 作用于本机送出的包，FORWARD 作用于那些与本机无关的包。
- nat：主要作用是进行网络地址转换，也有 3 个链。PREROUTING 链的作用是在包刚刚到达防火墙时改变它的目的地址（如果需要的话）。OUTPUT 链改变本地产生的包的目的地址。POSTROUTING 链在包就要离开防火墙之前改变其源地址。该表不常用。
- mangle：主要用于给数据包打标记，然后根据标记去操作包。这个表几乎不用。

然后，介绍 iptables 的语法。

- 查看规则的命令如下。

```
iptables  -nvL          //查看 filter 表的所有规则
iptables  -t nat -nvL   //查看 nat 表的所有规则
```

- 删除规则的命令如下。

```
iptables  -F            //清除 filter 表的所有规则，可以用-t 指定表
iptables  -Z            //流量计数器清零
```

- 添加/删除规则的命令如下。

```
iptables -A INPUT -s 172.16.1.219 -p tcp --sport 1234 -d 172.16.1.209 --dport
80 -j DROP              //添加一条规则，如果将-A 换成-D，则表示删除规则
```

常用参数如下。

- -t：要添加规则，可以使用-t 指定添加在那张表中，默认为 filter 表。
- -A：添加一条规则。
- -I：插入一条规则。
- -D：删除一条规则。
- INPUT：表示链名称，还可以是 OUTPUT 或者 FORWORD。

- **-s**：后跟源地址。
- **-p**：表示协议（TCP、UDP、ICMP）。
- **--sport/--dport**：后跟源端口/目标端口。
- **-d**：后跟目的 IP 地址（主要针对内网或者外网）。
- **-j**：后跟触发该规则后的动作（DROP 表示丢掉包，REJECT 表示拒绝包，ACCEPT 表示允许包）。

例如，一条防火墙的配置命令如图 1-165 所示。在 filter 表的 INPUT 链中添加一条规则，省略了源地址和目标地址的参数，那就表示所有源和所有目标，协议类型为 TCP 协议，目标端口为 22（SSH 协议需要 22 端口，注意，这是从 Windows 系统端发来的请求。对于这条请求来说，Windows 系统本机为源机，Linux 系统是目标机，需要访问 Linux 系统下的 22 端口，所以用 dport 参数），处理方式为接受（ACCEPT）。

```
[root@CentOS2015 local]# iptables -A INPUT -p tcp --dport 22 -j ACCEPT
```
图 1-165　防火墙的配置命令

关于 iptables 防火墙机制的启用和关闭，可以使用 "/etc/init.d" 目录下的 iptables 服务脚本实现，例如，可以用 "service iptables start" 开启防火墙，用 "service iptables stop" 关闭防火墙。

1.5　Web 服务器环境的搭建

关于 Web 服务器环境的搭建，较常见的案例是安装 LAMP 和安装 Tomcat。下面对其进行详细介绍。

1.5.1　安装 LAMP

首先部署 LAMP，然后在 Web 服务器上部署一个网站项目。

所谓 LAMP 就是 Linux 操作系统下的 Apache、MySQL 和 PHP，用这三者搭建目前比较流行的 Web 服务器。下面介绍具体操作步骤。

1. 登录 Linux 系统

使用 root 用户登录 Linux 系统。

2. 关闭防火墙

安装前需要临时关闭防火墙，命令如下。

```
# setenforce 0
```

3. 安装 Apache

Apache HTTP Server（简称 Apache）是 Apache 软件基金会的一个开放源码的网页服务器，可以在大多数计算机操作系统中运行。由于 Apache 的跨平台性和安全性，它是较流行的 Web 服务器端软件之一。

要安装 httpd，可以输入如下命令。

```
# yum install httpd
```

等待下载 httpd 的安装包及自动安装过程完成，在出现"Complete!"的提示后，即完成安装。

安装完毕后，要启动 Apache 的服务，可以输入如下命令。

```
# systemctl start httpd.service
```

4. 安装 MySQL

MySQL 是一个开放源码的小型关联式数据库管理系统。可以从 MySQL 官方网站下载相应版本，本书使用 mysql-5.7.24-1.el7.x86_64.rpm-bundle.tar 版本。使用 SecureFX 工具将 MySQL 安装包上传到 Linux 系统中，放在属主目录下。

因为 CentOS 7 中预先安装了 MariaDB 数据库，会和 MySQL 产生冲突，所以需要首先卸载 MariaDB 数据库。输入如下命令。

```
# yum remove mariadb-libs*
```

等待卸载完毕，在出现"Complete!"的提示后，即完成卸载。

要解压 MySQL 安装包，可以输入如下命令。

```
# tar -xvf mysql-5.7.24-1.el7.x86_64.rpm-bundle.tar
```

解压安装包后，会出现以下一系列安装包：

- mysql-community-common-5.7.24-1.el7.x86_64.rpm；
- mysql-community-minimal-debuginfo-5.7.24-1.el7.x86_64.rpm；
- mysql-community-embedded-compat-5.7.24-1.el7.x86_64.rpm；
- mysql-community-embedded-devel-5.7.24-1.el7.x86_64.rpm；
- mysql-community-embedded-5.7.24-1.el7.x86_64.rpm；

- mysql-community-libs-5.7.24-1.el7.x86_64.rpm；
- mysql-community-devel-5.7.24-1.el7.x86_64.rpm；
- mysql-community-server-5.7.24-1.el7.x86_64.rpm；
- mysql-community-libs-compat-5.7.24-1.el7.x86_64.rpm；
- mysql-community-client-5.7.24-1.el7.x86_64.rpm；
- mysql-community-server-minimal-5.7.24-1.el7.x86_64.rpm；
- mysql-community-test-5.7.24-1.el7.x86_64.rpm。

经过测试，对以上一系列安装包进行安装时，需要按照一定的顺序进行安装，否则会出现包依赖的问题。

首先，要安装 mysql-community-common-5.7.24-1.el7.x86_64.rpm 的组件，输入如下命令。

```
# rpm -ivh mysql-community-common-5.7.24-1.el7.x86_64.rpm
```

等待进度条达到 100%，即完成 common 组件的安装。

然后，要安装 lib 依赖包，命令如下。

```
# rpm -ivh mysql-community-libs-5.7.24-1.el7.x86_64.rpm
```

等待进度条达到 100%，再安装另外一个 lib 包，命令如下。

```
# rpm -ivh mysql-community-libs-compat-5.7.24-1.el7.x86_64.rpm
```

等待进度条达到 100%，开始安装 client，命令如下。

```
# rpm -ivh mysql-community-client-5.7.24-1.el7.x86_64.rpm
```

等待进度条达到 100%，开始安装 server，命令如下。

```
# rpm -ivh mysql-community-server-5.7.24-1.el7.x86_64.rpm
```

等待进度条达到 100%，安装 devel 包，命令如下。

```
# rpm -ivh mysql-community-devel-5.7.24-1.el7.x86_64.rpm
```

至此，MySQL 的所有安装包安装完毕。

接下来需要对 MySQL 的管理员密码进行配置。为了后续安装的方便，本示例中将 MySQL 的管理员密码设置为空。输入如下命令。

```
# vi /etc/my.cnf
```

在 my.cnf 的配置文件中找到如下内容。

```
# Disabling symbolic-links is recommended to prevent assorted security risks
```

在这句话后面另起一行，编写如下内容。

```
skip-grant-tables
```

保存并退出 my.cof 文件。密码配置工作完毕。

接着，输入如下命令，启动 MySQL 服务。

```
# systemctl start mysqld.service
```

为了验证 MySQL 安装的正确性，输入如下命令。

```
# mysql -u root -p
```

在上述命令中，参数-u 表示指定连接数据库的用户，-p 表示需要输入密码。这里的 root 并不是指 Linux 系统的系统管理员账号，而是 MySQL 下的数据库管理员账号（只不过和 Linux 系统下的系统管理员账号同名而已）。

在执行这条命令后，会出现需要输入管理员密码的提示，此时直接按 Enter 键，代表输入的是空密码。如果命令提示符变为"mysql>"，则表示已经正确进入 MySQL 数据库，即安装已成功。

执行 quit 命令退出 MySQL，回到 Linux 的命令提示符下。

```
mysql> quit
```

至此，MySQ 安装完毕。

5. 安装 PHP

PHP（Hypertext Preprocessor，超文本预处理器）是一种 HTML 内嵌式语言，是一种在服务器端执行的嵌入 HTML 文档的脚本语言，语言风格类似于 C 语言，被广泛地运用。本节要安装的是 PHP 解释器，用于使之前安装的 Apache 服务器支持 PHP。

首先，输入如下命令，安装 PHP 软件。

```
# yum install php
```

等待下载 PHP 安装包及自动安装过程完成，在出现"Complete!"的提示后，即完成安装。

然后，输入如下命令，安装 PHP 进程管理器。

```
# yum install php-fpm
```

等待下载 php-fpm 安装包及自动安装过程完成，在出现"Complete!"的提示后，即完成安装。

接下来，安装 PHP 和 MySQL 的配置工具，命令如下。

```
# yum install php-mysql
```

等待下载 php-mysql 安装包及自动安装过程完成，在出现"Complete!"的提示后，即完成安装。

至此，PHP 的安装过程已经完成。接下来需要对 PHP 进行配置，首先，开启 PHP 守护进程，命令如下。

```
# php-fpm -D
```

为了使 Apache 能正确调用 PHP，需要修改配置文件，命令如下。

```
# vi /etc/httpd/conf/httpd.conf
```

在这个配置文件中，需要做 3 件事。

（1）记住 Apache 的发布目录——/var/www/html，如图 1-166 所示。

（2）在 index.html 前面添加 index.php，如图 1-167 所示。

| 图 1-166 Apache 的发布目录 | 图 1-167 在 index.html 前面添加 index.php |

（3）找到"AddType application/x-gzip .gz .tgz"行，另起一行，输入"AddType application/x-httpd-php .php"，如图 1-168 所示。

图 1-168 添加 Apache 和 PHP 的配置信息

保存并退出这个配置文件。至此，Apache 调用 PHP 的配置已完成。

最后重启 PHP 的进程，命令如下。

```
# systemctl restart php-fpm.service
```

6. 重启服务

为保证 Apache 和 MySQL 都获取到最新的配置，重启两个服务，输入如下命令。

```
# systemctl restart httpd.service
# systemctl restart mysqld.service
```

7.　部署 Discuz!

Discuz!是由 Comsenz 公司推出的一个以社区为基础的专业建站平台,用于使论坛(BBS)、社交网络(SNS)、门户(portal)、群组(group)、开放平台(open platform)应用充分融为一体,帮助网站实现一站式服务。Discuz!集成在 UCenter 下,本节介绍如何部署 Discuz!。具体步骤如下。

(1)把 Discuz!安装包复制到 root 用户的属主目录下。输入如下命令,解压安装包。

```
# unzip Discuz_X2.5_SC_UTF8.zip
```

(2)输入如下命令,复制 Discuz!的主安装包文件夹 upload 到/var/www/html 下。

```
# cp -r upload /var/www/html
```

(3)从当前目录切换到/var/www/html 下后,给 upload 文件夹授予写权限。安装需要写权限,否则会报错。输入如下命令。

```
# chmod -R go+w upload
```

(4)获取 Linux 系统的 IP 地址,在宿主机中打开 Firefox 浏览器,在地址栏中输入"http://Linux 系统的 IP 地址/upload"会自动打开安装向导,如图 1-169 所示。

图 1-169　Discuz!安装向导

（5）同意协议后，进入安装环境检查环节，如图 1-170 所示。

目录、文件权限检查		
目录文件	所需状态	当前状态
./config/config_global.php	✔ 可写	✔ 可写
./config/config_ucenter.php	✔ 可写	✔ 可写
./config	✔ 可写	✔ 可写
./data	✔ 可写	✔ 可写
./data/cache	✔ 可写	✔ 可写
./data/avatar	✔ 可写	✔ 可写
./data/plugindata	✔ 可写	✔ 可写
./data/download	✔ 可写	✔ 可写
./data/addonmd5	✔ 可写	✔ 可写
./data/template	✔ 可写	✔ 可写
./data/threadcache	✔ 可写	✔ 可写
./data/attachment	✔ 可写	✔ 可写
./data/attachment/album	✔ 可写	✔ 可写
./data/attachment/forum	✔ 可写	✔ 可写
./data/attachment/group	✔ 可写	✔ 可写
./data/log	✔ 可写	✔ 可写
./uc_client/data/cache	✔ 可写	✔ 可写
./uc_server/data/	✔ 可写	✔ 可写
./uc_server/data/cache	✔ 可写	✔ 可写
./uc_server/data/avatar	✔ 可写	✔ 可写
./uc_server/data/backup	✔ 可写	✔ 可写
./uc_server/data/logs	✔ 可写	✔ 可写
./uc_server/data/tmp	✔ 可写	✔ 可写
./uc_server/data/view	✔ 可写	✔ 可写

图 1-170　安装环境正常

（6）设置运行环境，这里选择"全新安装 Discuz! X"单选按钮，单击"下一步"按钮，如图 1-171 所示。

Discuz!　安装向导

Discuz!X2.5 简体中文 UTF8 版 20120701

2. 设置运行环境
检测服务器环境以及设置 UCenter

检查安装环境　　设置运行环境　　创建数据库　　安装

◉ 全新安装 Discuz! X (含 UCenter Server)

○ 仅安装 Discuz! X (手工指定已经安装的 UCenter Server)

上一步　下一步

©2001 - 2012 Comsenz Inc.

图 1-171　设置运行环境

（7）创建数据库，数据库管理员密码设置为空，网站管理员密码随意设置，如图 1-172 所示。

图 1-172　创建数据库并配置

（8）按照 Discuz! 安装向导即可完成安装。安装成功后可自动跳转到 Discuz! 论坛首页，如图 1-173 所示。

图 1-173　Discuz! 论坛首页

1.5.2　安装 Tomcat

前面示例中搭建的环境只能解析 PHP 动态页面，无法解析 JSP 动态页面，所有基于

Java 的网站均无法部署，所以下面介绍如何部署支持 Java 架构的 Web 服务器 Tomcat。

Tomcat 服务器是一个免费的开放源码的 Web 应用服务器。Tomcat 是 Apache 软件基金会（Apache Software Foundation）的 Jakarta 项目中的一个核心项目，由 Apache、Sun 和其他一些公司及个人共同开发而成。由于有了 Sun 的参与和支持，最新的 Servlet 和 JSP 规范总是能在 Tomcat 中得到体现。因为 Tomcat 技术先进、性能稳定，而且免费，所以深受 Java 爱好者的喜爱并得到了部分软件开发商的认可，成为目前比较流行的 Web 应用服务器。Tomcat 是一个轻量级应用服务器，在中小型系统和并发访问用户不是很多的场合下被普遍使用，是开发和调试 JSP 程序的首选。

可以从 Tomcat 的官方网站下载最新版本的 Tomcat，本书使用的是 Tomcat 9 版本。具体操作步骤如下。

（1）CentOS 7 系统自带了 Java 运行环境，要查看 Java 的版本号，输入如下命令。

```
# Java -version
```

输出结果如下。

```
openjdk version "1.8.0_131"
OpenJDK Runtime Environment (build 1.8.0_131-b12)
OpenJDK 64-Bit Server VM (build 25.131-b12, mixed mode)
```

可以看到 CentOS 7 自带了 OpenJDK 1.8 版本。这样部署 Tomcat 就不需要再重新安装 JDK 了。

（2）复制 Tomcat 安装包到 root 用户的属主目录下。

（3）解压安装包。输入如下命令。

```
# tar -zxvf apache-tomcat-9.0.14.tar.gz
```

（4）查看 Tomcat 的默认端口。输入如下命令。

```
cd /root/apache-tomcat-9.0.14/conf
# vi server.xml
```

在配置文件中，找到如下内容，可以确定 Tomcat 的默认端口号为 8080。

```
<Connector port="8080" protocol="HTTP/1.1"
              connectionTimeout="20000"
              redirectPort="8443" />
```

（5）启动 Tomcat。在 Tomcat 的解压目录下有一个 bin 目录，在 bin 目录中找到 startup.sh 文件，执行这个文件。输入如下命令。

```
[root@localhost bin]# ./startup.sh
```

输出结果如下。

```
Using CATALINA_BASE:   /root/apache-tomcat-9.0.14
Using CATALINA_HOME:   /root/apache-tomcat-9.0.14
Using CATALINA_TMPDIR: /root/apache-tomcat-9.0.14/temp
Using JRE_HOME:        /usr
Using CLASSPATH:       /root/apache-tomcat-9.0.14/bin/bootstrap.jar:/root/apache-
tomcat-9.0.14/bin/tomcat-juli.jar
Tomcat started.
```

可以看到，Tomcat 已经成功启动。

（6）获取 Linux 系统的 IP 地址，在宿主机中打开 Firefox 浏览器，在地址栏中输入
"http://Linux 系统的 IP 地址:8080"。

如图 1-174 所示，在桌面版的 Linux 系统中直接打开 Firefox，在地址栏中输入
"http://localhost:8080"，可以看到 Tomcat 已经启动成功。

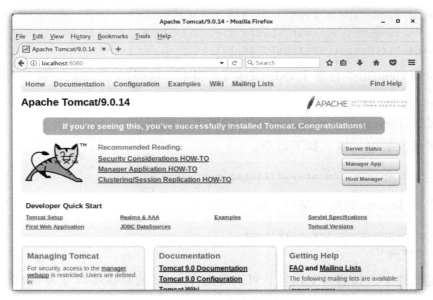

图 1-174　Tomcat 启动成功的提示

1.6　在 Linux 系统下安装 Oracle

本节介绍如何在 Linux 系统下安装 Oracle 数据库。这里使用的是 Oracle 11g 版本。

Linux 版的 Oracle 有 32 位和 64 位之分，根据所使用的 Linux 系统是 32 位还是 64 位决定下载什么版本，两者在 Oracle 网站都能下载到（见图 1-175）。查询 Linux 系统版本的命令是"uname -r"。

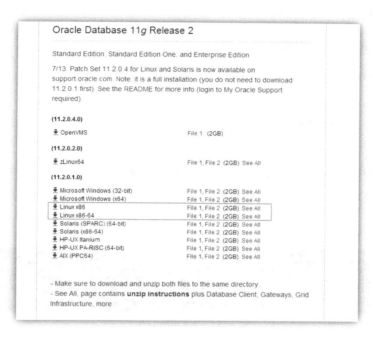

图 1-175　Linux 版 Oracle 的下载页面

1.6.1　安装数据库前的系统配置

以下这几个系统组件是安装 Oracle 时必须依赖的，先使用命令"rpm -q gcc make binutils openmotif glibc"查看其安装情况，运行结果如图 1-176 所示。

```
[root@CentOS2015 oracle]# rpm -q gcc make binutils openmotif glibc
gcc-4.4.7-3.el6.i686
make-3.81-20.el6.i686
binutils-2.20.51.0.2-5.36.el6.i686
openmotif-2.3.3-5.el6_3.i686
glibc-2.12-1.107.el6.i686
[root@CentOS2015 oracle]#
```

图 1-176　运行结果

可以看到，在实验的虚拟机环境中，组件都已经安装好了。如果有没有安装的组件，使用 yum 命令从 Linux 安装包中进行安装。例如：

```
yum install openmotif
```

1.6.2 创建 Oracle 用户和目录

下面需要添加 Oracle 组和用户，并完成用户目录的创建。

1. 添加组和用户

在任意目录的命令行中输入以下命令。

```
groupadd oinstall
groupadd dba
useradd -m -g oinstall -G dba oracle
//以上 3 个命令分别建立了两个组，又创建了一个 Oracle 用户，并加入了 oinstall 和 dba 组，其中
//oinstall 是主组
```

创建用户和用户组后，通过 id 命令查看用户。从图 1-177 所示的运行结果中可以看到 Oracle 用户的 ID 及所属的组。

```
id oracle
```

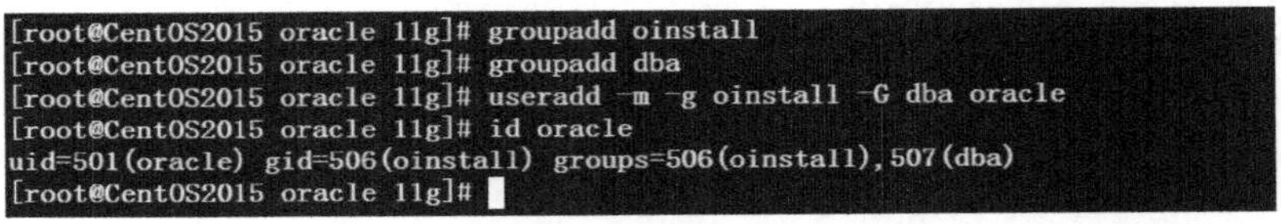

```
[root@CentOS2015 oracle 11g]# groupadd oinstall
[root@CentOS2015 oracle 11g]# groupadd dba
[root@CentOS2015 oracle 11g]# useradd -m -g oinstall -G dba oracle
[root@CentOS2015 oracle 11g]# id oracle
uid=501(oracle) gid=506(oinstall) groups=506(oinstall),507(dba)
[root@CentOS2015 oracle 11g]#
```

图 1-177 添加组和用户

通过以下命令设置用户的密码（运行结果见图 1-178）。

```
passwd oracle
```

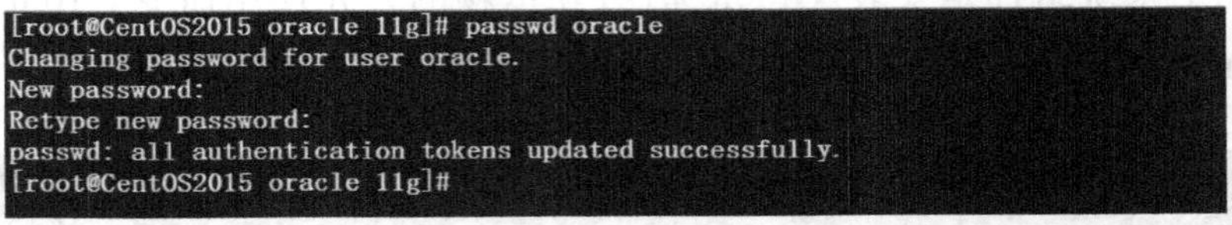

```
[root@CentOS2015 oracle 11g]# passwd oracle
Changing password for user oracle.
New password:
Retype new password:
passwd: all authentication tokens updated successfully.
[root@CentOS2015 oracle 11g]#
```

图 1-178 设置用户密码

2. 创建用户目录

通过以下命令创建用户目录（运行结果见图 1-179）。

```
mkdir -p /u01/app/oracle
mkdir -p /u02/oradata
chown -R oracle:oinstall /u01/app/oracle/ /u02/oradata/
chmod -R 755 /u01/app/oracle/ /u02/oradata/
```

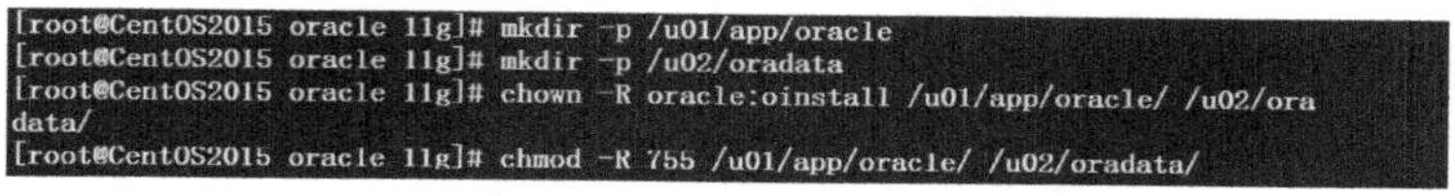

图 1-179　创建用户目录

1.6.3　修改环境变量

修改环境变量包括修改内核参数、配置 Oracle 用户下的环境变量、设置 Shell 限制、配置登录验证及添加 Oracle 用户默认脚本。下面分别介绍这些内容。

1. 修改内核参数

此步骤用于修改一些内核参数，如配置共享内存的大小，因为 Linux 内核的参数需要更广泛的适应性，如 Oracle 可能需要的内存更多，设置最大内存限制等。输入以下命令，修改内核参数。

```
vi /etc/sysctl.conf
```

在打开的配置文件的最后添加如下内容（注意，添加的内容前后都不能有空格）。

```
#root User add for ORACLE
kernel.shmall = 2097152
kernel.shmmax = 2147483648
kernel.shmmni = 4096
kernel.sem = 250 32000 100 128
fs.file-max = 65536
net.ipv4.ip_local_port_range = 1024 65000
net.core.rmem_default = 262144
net.core.rmem_max = 262144
net.core.wmem_default = 262144
net.core.wmem_max = 262144
```

修改后的内核参数如图 1-180 所示。

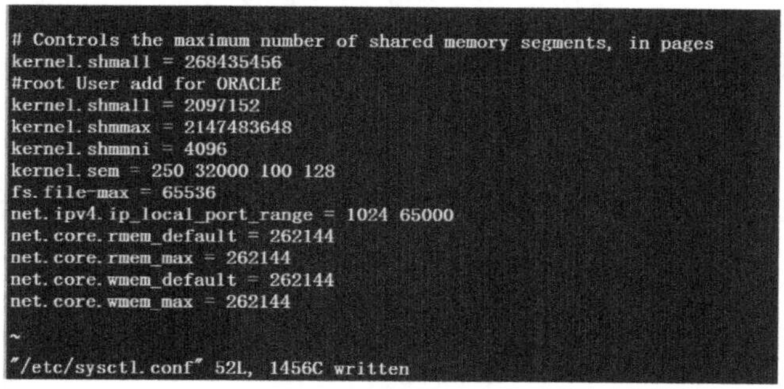

图 1-180　修改后的内核参数

重启或执行以下命令使参数生效。

```
/sbin/sysctl -p
```

运行结果如图 1-181 所示。

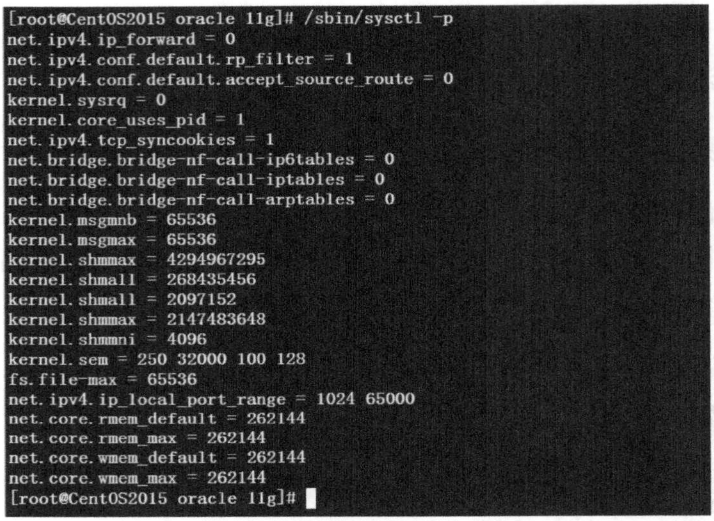

```
[root@CentOS2015 oracle 11g]# /sbin/sysctl -p
net.ipv4.ip_forward = 0
net.ipv4.conf.default.rp_filter = 1
net.ipv4.conf.default.accept_source_route = 0
kernel.sysrq = 0
kernel.core_uses_pid = 1
net.ipv4.tcp_syncookies = 1
net.bridge.bridge-nf-call-ip6tables = 0
net.bridge.bridge-nf-call-iptables = 0
net.bridge.bridge-nf-call-arptables = 0
kernel.msgmnb = 65536
kernel.msgmax = 65536
kernel.shmmax = 4294967295
kernel.shmall = 268435456
kernel.shmall = 2097152
kernel.shmmax = 2147483648
kernel.shmmni = 4096
kernel.sem = 250 32000 100 128
fs.file-max = 65536
net.ipv4.ip_local_port_range = 1024 65000
net.core.rmem_default = 262144
net.core.rmem_max = 262144
net.core.wmem_default = 262144
net.core.wmem_max = 262144
[root@CentOS2015 oracle 11g]#
```

图 1-181　重启使内核参数生效

2.　配置 Oracle 用户下的环境变量

首先，通过以下命令切换到 Oracle 用户（见图 1-182），并且使用 cd 命令切换到 Oracle 用户的属主目录。

```
su oracle
```

```
[root@CentOS2015 oracle 11g]# su oracle
[oracle@CentOS2015 oracle 11g]$
```

图 1-182　切换到 Oracle 用户

然后，通过以下命令修改环境变量。

```
vi .bash_profile
```

在打开的文件最后添加如下内容（同样要去掉前后的空格和空行）。

```
# oracle User add for ORACLE
export ORACLE_BASE=/u01/app/oracle
export ORACLE_HOME=$ORACLE_BASE/product/102
export ORACLE_SID=ORCL
```

```
PATH=$PATH:$HOME/bin:$ORACLE_HOME/bin
```

添加后保存文件并退出，如图 1-183 所示。

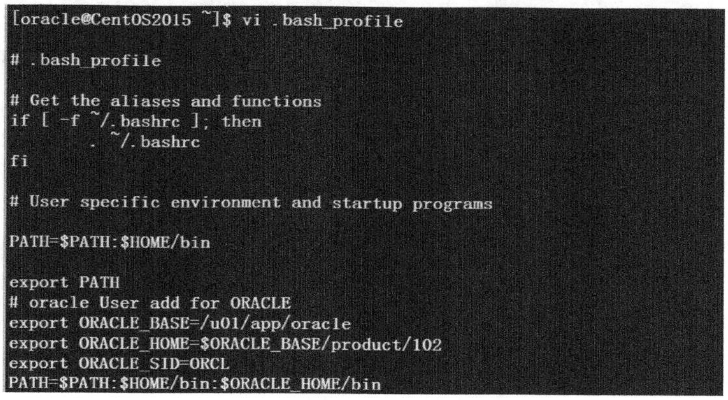

图 1-183 修改 Oracle 环境变量

3. 设置 Shell 限制

设置 Shell 限制的命令需要在 root 用户下运行，所以先用 exit 命令切换回 root 用户，如图 1-184 所示。

图 1-184 切换回 root 用户

然后输入如下命令。

```
vi /etc/security/limits.conf
```

在文件的最后一行前添加如下内容。

```
oracle          soft        nproc           2047
oracle          hard        nproc           16384
oracle          soft        nofile          1024
oracle          hard        nofile          65536
```

运行结果如图 1-185 所示。

4. 配置登录验证

使用如下命令配置登录验证。

```
vi /etc/pam.d/login
```

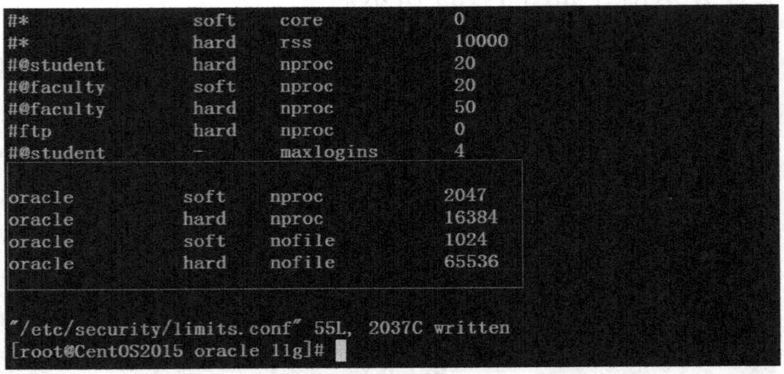

```
#*              soft    core            0
#*              hard    rss             10000
#@student       hard    nproc           20
#@faculty       soft    nproc           20
#@faculty       hard    nproc           50
#ftp            hard    nproc           0
#@student       -       maxlogins       4

oracle          soft    nproc           2047
oracle          hard    nproc           16384
oracle          soft    nofile          1024
oracle          hard    nofile          65536


"/etc/security/limits.conf" 55L, 2037C written
[root@CentOS2015 oracle 11g]#
```

图 1-185　设置 Shell 限制

在文档的最后添加如下内容。

```
session    required    pam_limits.so
```

运行结果如图 1-186 所示。

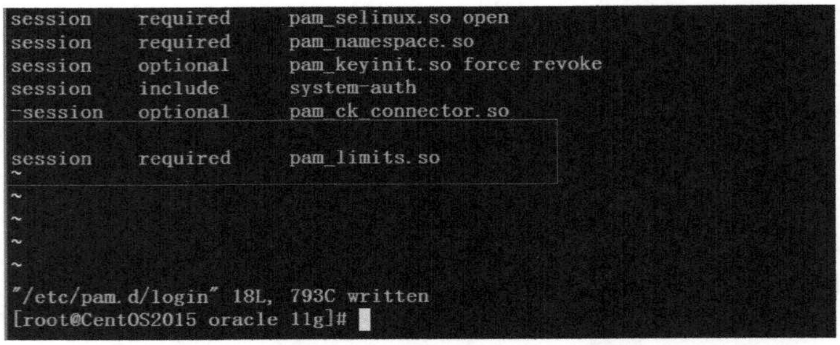

```
session     required    pam_selinux.so open
session     required    pam_namespace.so
session     optional    pam_keyinit.so force revoke
session     include     system-auth
-session    optional    pam_ck_connector.so

session     required    pam_limits.so
~
~
~
~
~
"/etc/pam.d/login" 18L, 793C written
[root@CentOS2015 oracle 11g]#
```

图 1-186　配置登录验证后的运行结果

5. 添加 Oracle 用户默认脚本

使用如下命令添加 Oracle 用户默认脚本。

```
vi /etc/profile
```

在文档的最后添加如下内容。

```
if [ $USER = "oracle" ]; then
   if [ $SHELL = "/bin/ksh" ]; then
   ulimit -p 16384
   ulimit -n 65536
```

```
    else
    ulimit -u 16384 -n 65536
    fi
fi
```

运行结果如图 1-187 所示。

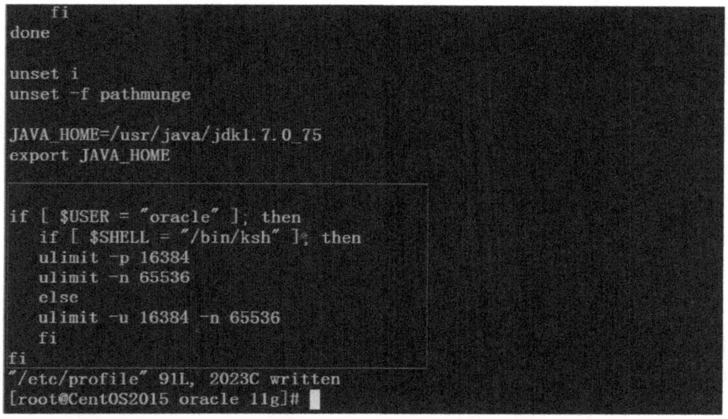

图 1-187　添加 Oracle 用户默认脚本和代码后的运行结果

1.6.4　传输 Oracle 安装包到 Linux 系统

因为安装 Oracle 需要使用 Oracle 用户来进行，root 用户是不能安装 Oracle 的，所以使用 Oracle 用户登录 SecureFX 并将 Oracle 11g 的两个安装包传输到属主目录下，如图 1-188 所示。

图 1-188　传输 Oracle 安装包到 Linux 系统

使用 unzip 解压安装包，会产生一个 database 文件夹。解压到同一个目录中的两个安装包会自动合并，如图 1-189 所示。

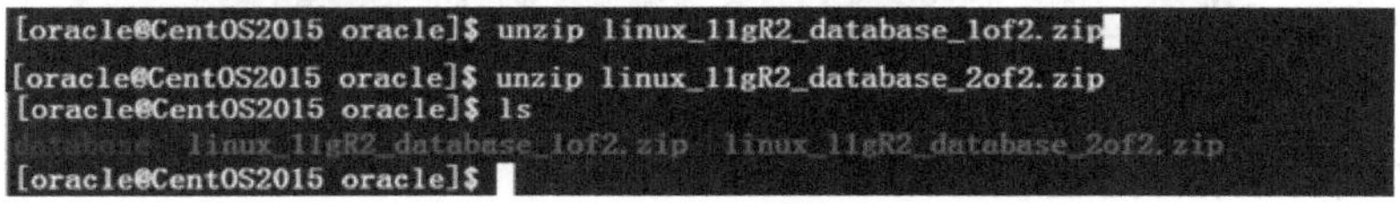

图 1-189　解压到同一目录中的两个安装包会自动合并

1.6.5　安装 Oracle

要成功安装 Oracle，Linux 系统虚拟机环境的磁盘空间至少要达到 3.88GB，内存为 1GB，否则安装到一半，系统就会报告空间不足的错误。如果空间不足，则可以先删除 Oracle 的安装压缩包，保留解压的 database 文件夹。安装 Oracle 具体的硬件要求如图 1-190 所示。

最小内存:1 GB

虚拟内存容量

可用 RAM	需要的交换空间
1 GB ～2 GB	RAM大小的1.5倍
2 GB ～16 GB	等于RAM
≥16 GB	16 GB

数据库软件硬盘空间需求

安装类型	软件文件的大小
企业版	3.95 GB
标准版	3.88 GB

数据文件硬盘空间需求

安装类型	软件文件的大小
企业版	1.7 GB
标准版	1.5 GB

图 1-190　安装 Oracle 的硬件要求

1. 修改系统语言

将系统的语言环境配置为 English(USA)。首先，使用如下命令。

```
vi /etc/sysconfig/i18n
```

然后，查看"LANG="en_US.UTF-8""，如果源文件中是"LANG="zh_CN.UTF-8""，那么将其修改成"LANG="en_US.UTF-8""，如图 1-191 所示。最后，保存并退出。

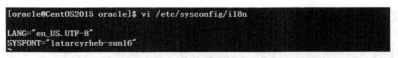

图 1-191　修改系统语言配置

2. 查看安装文件的完整性

切换到 database 目录下，查看安装文件的完整性，如图 1-192 所示。

```
[oracle@CentOS2015 oracle]$ cd database
[oracle@CentOS2015 database]$ ls
doc  install  response  rpm      runInstaller  sshsetup  stage  welcome.html
[oracle@CentOS2015 database]$
```

图 1-192　查看安装文件的完整性

3. 运行安装程序

因为在安装时使用图形化界面，所以先切换到图形化界面后再进行安装。

使用如下命令切换到图形化界面（要返回纯文本界面，使用 Ctrl+Alt+F7 组合键）。

```
startx
```

在进入图形化界面后，启动一个终端（Terminal），如图 1-193 所示。

图 1-193　启动终端

在终端中，使用如下命令（见图 1-194）。

```
./runInstaller
```

```
[oracle@CentOS2015 database]$ ls
doc  install  response  rpm  runInstaller  sshsetup  stage  welcome.html
[oracle@CentOS2015 database]$ ./runInstaller
Starting Oracle Universal Installer...

Checking Temp space: must be greater than 80 MB.  Actual 833 MB    Passed
Checking swap space: must be greater than 150 MB.  Actual 2015 MB    Passed
Checking monitor: must be configured to display at least 256 colors.   Actual 1
6777216    Passed
Preparing to launch Oracle Universal Installer from /tmp/OraInstall2015-07-21_05
-00-33PM. Please wait ...
```

图 1-194　运行安装程序

4. 开始安装 Oracle

如图 1-195 所示，开始安装 Oracle。进入 Configure Security Updates 界面（见图 1-196），可以选择不需要更新，直接单击 Next 按钮。

图 1-195　开始安装 Oracle

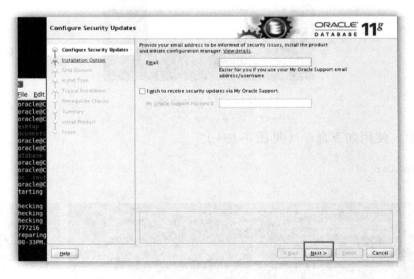

图 1-196　Configure Security Updates 界面

进入 Select Installation Option 界面，选中 Creat and configure a database 单选按钮（安装完数据库管理软件后，系统会自动创建一个数据库），单击 Next 按钮，如图 1-197 所示。

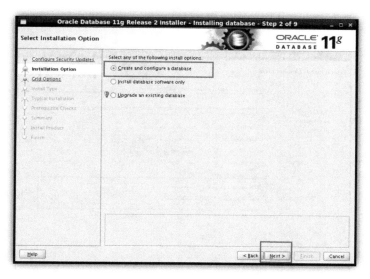

图 1-197　Select Installation Option 界面

进入 System Class 界面，这里直接选择默认的桌面类即可（若安装到的计算机是个人使用的计算机，则使用此选项），单击 Next 按钮，如图 1-198 所示。

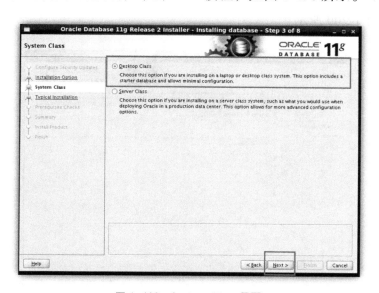

图 1-198　System Class 界面

进入 Typical Install Configuration 界面，如图 1-199 所示。建议目录路径不要包含中文或特殊字符。全局数据库名可以保持默认设置，密码必须要牢记。在输入密码时，密码要尽量符合 Oracle 的规则：必须包含大写字母、小写字母加数字，而且必须是 8 位以上。

单击 Next 按钮，进入 Create Inventory 界面。

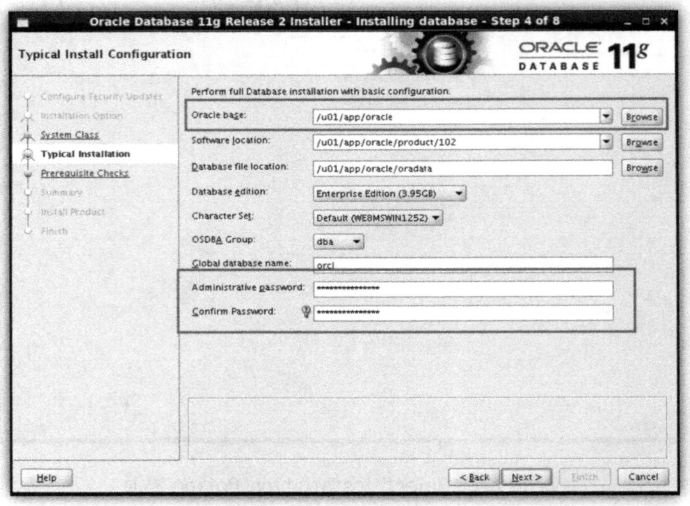

图 1-199　Typical Install Configuration 界面

修改 Inventory Directory 目录为/u01/app/oracle（Oracle 用户在此有写权限），单击 Next 按钮，如图 1-200 所示。

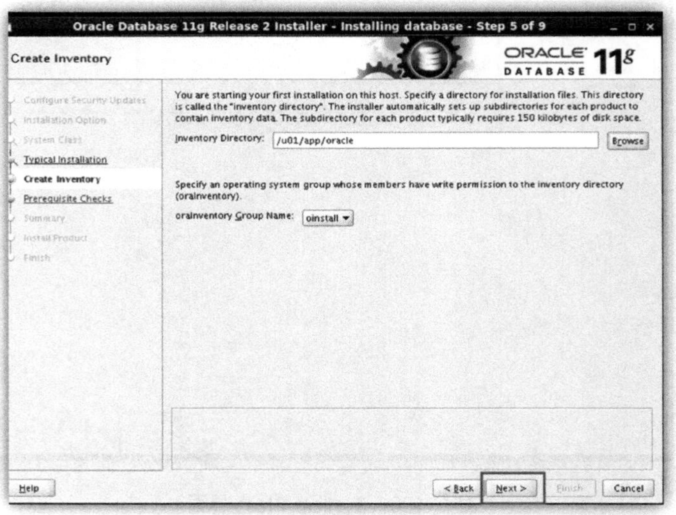

图 1-200　Create Inventory 界面

进入 Prerequisite Checks 界面。安装程序会检查软硬件系统是否满足安装此 Oracle 版本的最低要求。只要都成功，就直接单击 Next 按钮，进入 Summary 界面。

Summary 界面包含安装前的一些相关选择配置信息，可以保存响应文件或不保存文件，单击 Finish 按钮，如图 1-201 所示。

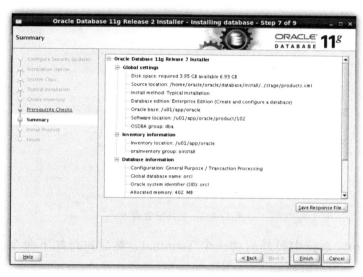

图 1-201　Summary 界面

接下来进入安装过程，如图 1-202 所示。安装过程 20min 左右完成。

图 1-202　正在安装 Oracle

在安装过程中，需要以 root 用户登录并执行以下脚本，如图 1-203 所示。

```
/u01/app/oracle/oraInventory/orainstRoot.sh
/u01/app/oracle/product/102/root.sh
```

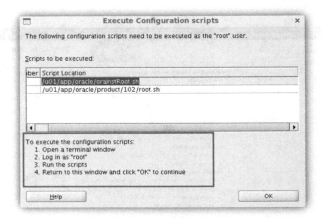

图 1-203　执行配置脚本

为此，在 Linux 系统中另外启动一个 Terminal，然后执行如下命令。

```
bash /u01/app/oracle/oraInventory/orainstRoot.sh
bash /u01/app/oracle/product/102/root.sh
```

1.6.6　测试是否成功安装 Oracle

Oracle 安装完毕之后，需要测试一下其安装是否成功。

1. 数据库启动和关闭测试

以 Oracle 用户登录，在执行 dbstart 命令时，系统会提示不能启动（见图 1-204），所以需要修改配置文件。

图 1-204　执行 dbstart 命令失败

先以 root 用户登录，编辑如下文件。

```
vi /etc/oratab
```

在文件的最后修改如下语句，将语句最后的 N 改为 Y 即可。

```
ORCL:/u01/app/oracle/product/102:Y
```

如果文件中没有这个语句，则直接添加上述语句即可。

切换回 oracle 用户。编辑如下文件。

```
vi $ORACLE_HOME/bin/dbstart
```

在文件大致第 79 行的位置（可能有行数差异，上下找一下即可），将 ORACLE_HOME_LISTNER=$1 改成 ORACLE_HOME_LISTNER=$ORACLE_HOME，如图 1-205 所示。修改完毕后，输入 wq，保存并退出。

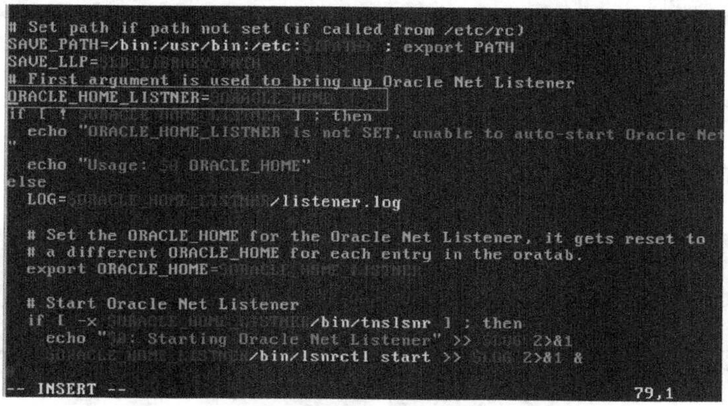

图 1-205　修改 dbstart 文件

同理，修改关闭数据库的配置文件。

```
vi $ORACLE_HOME/bin/dbshut
```

在文件的第 51 行，将 ORACLE_HOME_LISTNER=$1 改成 ORACLE_HOME_LISTNER=$ORACLE_HOME，如图 1-206 所示，保存并退出。

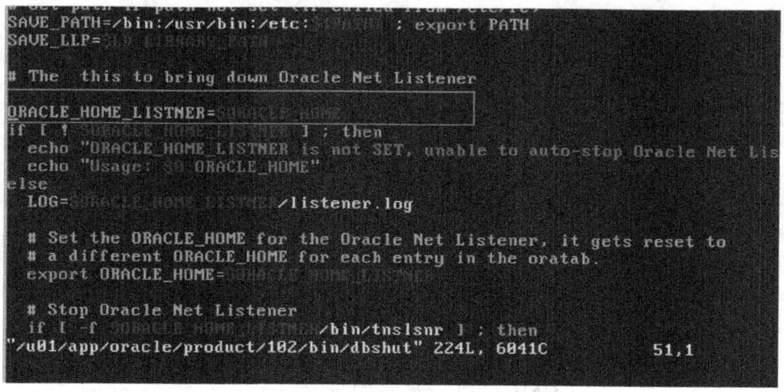

图 1-206　修改 dbshut 文件

然后启动数据库，执行命令 dbstart（见图 1-207）。

```
[oracle@CentOS2015 ~]$ dbstart
Processing Database instance "ORCL": log file /u01/app/oracle/product/102/startu
p.log
[oracle@CentOS2015 ~]$ _
```

图 1-207　执行 dbstart 命令

再尝试退出数据库，执行命令 dbshut（见图 1-208）。

```
[oracle@CentOS2015 ~]$ dbshut
Processing Database instance "ORCL": log file /u01/app/oracle/product/102/shutdo
wn.log
[oracle@CentOS2015 ~]$ _
```

图 1-208　执行 dbshut 命令

2. 监听启动测试

首先，输入命令"lsnrctl"进入侦听模式（见图 1-209）。

```
[oracle@CentOS2015 ~]$ lsnrctl

LSNRCTL for Linux: Version 11.2.0.1.0 - Production on 22-JUL-2015 15:15:50

Copyright (c) 1991, 2009, Oracle.  All rights reserved.

Welcome to LSNRCTL, type "help" for information.

LSNRCTL> _
```

图 1-209　执行 lsnrctl 命令

然后，查看侦听状态，在 LSNRCTL 命令提示符后输入命令 status 并执行（见图 1-210）。

```
LSNRCTL> status
Connecting to (DESCRIPTION=(ADDRESS=(PROTOCOL=IPC)(KEY=EXTPROC1521)))
STATUS of the LISTENER
------------------------
Alias                     LISTENER
Version                   TNSLSNR for Linux: Version 11.2.0.1.0 - Production
Start Date                22-JUL-2015 15:13:15
Uptime                    0 days 0 hr. 6 min. 15 sec
Trace Level               off
Security                  ON: Local OS Authentication
SNMP                      OFF
Listener Parameter File   /u01/app/oracle/product/102/network/admin/listener.ora
Listener Log File         /u01/app/oracle/diag/tnslsnr/CentOS2015/listener/alert
/log.xml
Listening Endpoints Summary...
  (DESCRIPTION=(ADDRESS=(PROTOCOL=ipc)(KEY=EXTPROC1521)))
  (DESCRIPTION=(ADDRESS=(PROTOCOL=tcp)(HOST=127.0.0.1)(PORT=1521)))
The listener supports no services
The command completed successfully
LSNRCTL> _
```

图 1-210　执行 status 命令

接下来，启动侦听模式，在 LSNRCTL 命令提示符后输入命令 start 并执行（见图 1-211）。

图 1-211 执行 start 命令

接下来，关闭侦听，在 LSNRCTL 命令提示符后输入命令 stop 并执行（见图 1-212）。

图 1-212 执行 stop 命令

最后，退出侦听，在 LSNRCTL 命令提示符后输入命令 exit 并执行（见图 1-213）。

图 1-213 执行 exit 命令

3. 连接测试

测试本地连接，执行以下命令（见图 1-214）。

```
$ sqlplus /nolog
SQL> conn /as sysdba
```

图 1-214 测试本地连接

第 2 章　Linux Shell 编程技术

　　Linux Shell 是用户使用 Linux 操作系统的桥梁，它是一种应用程序，为用户提供了操作界面。本章主要介绍 Linux Shell 基础知识及其基本应用。

2.1　Linux Shell 概述

　　本节主要介绍什么是 Linux Shell，它有哪些版本及其特点。

2.1.1　Shell

　　Shell 既是一种命令语言，又是一种程序设计语言。Shell 是指一种应用程序，这个应用程序提供了一个用户操作界面，用户通过这个界面可以访问操作系统内核的服务。举一个很形象的例子：如果把计算机硬件比作一个人的躯体，系统内核则是人的大脑，至于 Shell，把它比作人的五官似乎更加贴切。用户直接面对的不是计算机硬件而是 Shell，用户把指令告诉 Shell，然后 Shell 再传输给系统内核，接着内核再去支配计算机硬件执行各种操作，如图 2-1 所示。

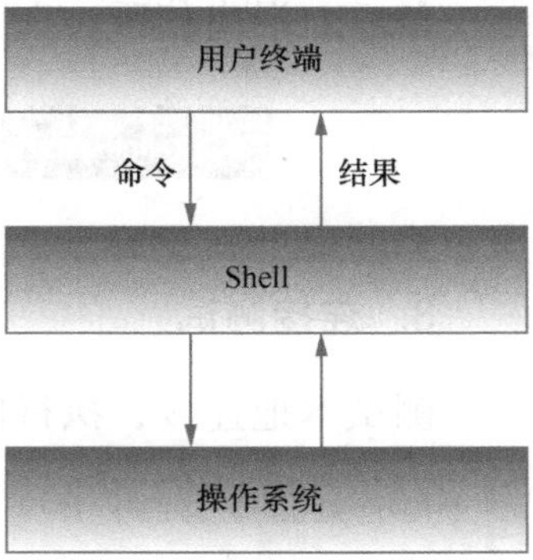

图 2-1　Shell 是用户使用操作系统的桥梁

2.1.2　Shell 脚本

　　Shell 脚本（Shell Script）是一种为 Shell 编写的脚本程序。业界所说的 Shell 通常是指 Shell 脚本，Shell 和 Shell 脚本是两个不同的概念。由于习惯的原因，简洁起见，本书中出现的"Shell 编程"均指 Shell 脚本编程，而不是指开发 Shell 自身。

　　Shell 脚本是利用 Shell 的功能所写的一个程序，这个程序使用纯文本文件，将一些 Shell 的语法与指令（含外部指令）写在里面，搭配正则表达式、管道命令与数据流重导向等功能，以达到我们所想要的处理目的。所以，Shell 脚本就像是早期 DOS 年代的批处理（.bat）文件，最简单的功能就是将许多指令汇总在一起，让使用者轻松地完成复杂的操作。

2.1.3 Shell 的版本区分

同 Linux 系统本身一样，Shell 也有多种不同的版本。目前主要有下列版本的 Shell。

- Bourne Shell：由贝尔实验室开发，是最早的 Shell。
- BASH：GNU 的 Bourne Again Shell，是 GNU 操作系统默认的 Shell。
- C Shell：Sun 公司 Shell 的 BSD 版本，采用的语法类似于 C 编程语言。
- Korn Shell：结合了 C Shell 的交互式特性，融入了 Bourne Shell 的语法，在大部分内容上与 Bourne Shell 兼容。
- TC Shell：CSH 的增强版，并且完全兼容 CSH。它不但具有 CSH 的全部功能，而且具有命令行编辑、拼写校正、可编程字符集、历史记录、作业控制等功能，以及 C 语言风格的语法结构。
- Z Shell：终极 Shell，集成了 BASH、KSH 的重要特性，同时增加了自己独有的特性。

2.1.4 BASH 的特点

本书采用 CentOS，CentOS 默认使用的 Shell 是 BASH，即 Bourne Again Shell，它是 Bourne Shell 的增强版本。

BASH 的特点如下。

1. 记录历史命令

对于用户用过的命令，Linux 系统是有记录的，预设可以记录 1000 条历史命令。这些命令保存在用户主目录中的.bash_history 文件中。有一点需要用户知道的是，只有当用户正常退出当前 Shell 时，在当前 Shell 中运行的命令才会保存至.bash_history 文件中。

与历史命令有关的一个字符是"!"，其常见应用如下。

- !!（连续两个"!"），表示执行上一条指令。
- !n（这里的 n 是数字），表示执行历史命令中的第 n 条指令。例如，!100 表示执行历史命令的第 100 条命令。
- !字符串（字符串长度大于或等于 1）。例如，!ta 表示执行历史命令中最近一次以"ta"为开头的指令。

2．指令和文件名补全

按 Tab 键可以帮用户补全一个指令，也可以帮用户补全一个路径或者一个文件名。连续按两次 Tab 键，系统会把所有的指令或者文件名都列出来。

3．别名

别名（alias）是 BASH 所特有的功能之一。我们可以通过 alias 给一个常用并且很长的指令指定一个易记的别名。如果不想用这个别名了，还可以用 unalias 解除别名。直接输入 "alias" 命令会看到目前系统预设的别名，如图 2-2 所示。

```
[root@MyCentOS test]# alias
alias cp='cp -i'
alias l.='ls -d .* --color=auto'
alias ll='ls -l --color=auto'
alias ls='ls --color=auto'
alias mv='mv -i'
alias rm='rm -i'
alias which='alias | /usr/bin/which --tty-only --read-alias --show-dot --show-tilde
```

图 2-2　系统预设的别名

可以看到，系统预设的 alias 指令并不多，我们用的 ll 命令其实是 ls -l 的别名。用户也可以自定义想要的指令别名。alias 语法很简单，具体如下。

```
alias [命令别名]=['具体的命令']
```

4．通配符

在 BASH 下，可以使用 "*" 匹配零个或多个字符，而用 "?" 匹配一个字符。

5．输入/输出重定向

输入重定向用于改变命令的输入，输出重定向用于改变命令的输出。输出重定向更常用，它经常用于将命令的结果输入文件中，而不是屏幕上。输入重定向的命令是 "<"，输出重定向的命令是 ">"。另外，还有错误重定向 "2>"，以及追加重定向 ">>"，稍后会详细介绍。

6．管道符

管道符 "|" 用于把前面命令的运行结果传递给后面的命令。典型的例子是 "|less"。

7．作业控制

当运行一个进程时，用户可以使它暂停（按 Ctrl+Z 组合键），然后使用 fg 命令恢复它，可以利用 bg 命令使它在后台运行，也可以使它终止（按 Ctrl+c 组合键）。

2.2　Shell 的 "hello world"

在本书中，我们借用 Java 的经验，用一个 "hello world" 来介绍 Shell 编程。具体步骤如下。

（1）登录 Linux 系统后，在 "～" 属主目录下，使用 vi 命令新建一个文本文件，文件的内容如下。

```
#!/bin/bash
echo "hello world !"
```

解释如下。

- "#!" 是一个约定的标记，它告诉系统这个脚本需要什么解释器来执行，即使用哪一种 Shell。
- echo 命令用于向窗口输出文本。

（2）保存文件后，需要改变文件的属性为可执行文件。

```
chmod +x test.sh
```

（3）执行./test.sh 脚本文件。运行结果如图 2-3 所示。

```
[root@mylinux myshell]# ./test.sh
hello world
[root@mylinux myshell]#
```

图 2-3　Shell 版 "hello world"

注意，一定要写成./test.sh，而不是 test.sh。运行其他二进制程序也一样。如果直接写 test.sh，Linux 系统会从 PATH 里寻找 test.sh，而只有/bin、/sbin、/usr/bin、/usr/sbin 等在 PATH 里，用户的当前目录通常不在 PATH 里，所以写成 test.sh 是会找不到命令的，要用./test.sh 告诉系统就在当前目录中找。"." 代表当前目录。

假如当前的例子 test.sh 在 myshell 目录下，myshell 目录在 "~" 属主目录下，那么在属主目录下怎么执行 test.sh 呢？具体方法如图 2-4 所示。

图 2-4　在 myshell 目录下执行 test.sh

2.3　echo 的应用

在 "hello world" 示例中，已经使用了 echo。因为下面有大量会用到 echo 的示例，所以在正式开始介绍 Shell 编程之前，先来了解一下 echo 命令。

Shell 的 echo 命令与 PHP 的 echo 命令类似，均用于字符串的输出。

通过以下命令，输出普通字符串。

```
echo "This is a string."
```

通过以下命令，输出一个带双引号的字符串。

```
echo "\"This is a string.\""
```

\c 实现不换行的输出（注意，要加一个-e 开启转义功能）。

```
echo -e "OK.\c"
echo "This is a string."
```

\n 实现换行的输出（注意，要加一个-e 开启转义功能）。

```
echo -e "this is \nthe sec line."
```

通过以下命令，显示当前日期。

```
echo `date`
```

注意，"`" 符号是使用键盘上图 2-5 所示方框标记的键输入的。

上面 5 个命令的执行结果如图 2-6 所示。

图 2-5　"`" 符号的输入方式

图 2-6　echo 命令的执行结果

2.4 Shell 变量

本节介绍 Shell 变量的相关知识，主要包括 Shell 变量的定义和使用、变量的删除、变量的只读设置及变量的类型。

2.4.1 变量的定义和使用

在定义变量时，变量名不加美元符号 "$"（PHP 语言中定义变量则需要），例如：

```
myString="hello world "
```

注意，变量名和等号之间不能有空格。同时，变量名的命名须遵循如下规则。
- 首个字符必须为字母（a~z、A~Z）。
- 中间不能有空格，可以使用下画线（_）。
- 不能使用标点符号。
- 不能使用 BASH 里的关键字（可用 help 命令查看保留关键字）。

要使用一个定义过的变量，只要在变量名前面加美元符号即可，例如：

```
myString="hello world"
echo $myString
echo ${myString}
```

变量名外面的 "{}" 是可选的，加大括号是为了帮助解释器识别变量的边界。为了保持良好的编程习惯，建议在使用变量时一律加上{}。

2.4.2 删除变量

使用 unset 命令可以删除变量。其语法如下。

```
unset variable_name
```

例如，把之前的 test.sh 文件的内容改成以下内容。

```
#!/bin/sh
myString="hello world"
echo ${myString}
unset myString
echo "Do you see ${myString}?"
```

当执行这个文件后，就会发现，第 3 行的 echo 还回显内容，第 5 行的 echo 已经不回显内容了。

```
hello world
Do you see ?
```

2.4.3　只读变量

使用 readonly 命令可以将变量定义为只读变量，只读变量的值不能改变。

下面的例子尝试更改只读变量，将 test.sh 的内容修改为如下内容。

```
#!/bin/bash
myString="hello world"
readonly myString
myString="Can it change?"
echo ${myString}
```

执行 test.sh，就会发现，当执行到 "myString="Can it change?"" 这一行时，系统会报错。后续输出的 myString 的值仍然是之前赋予的 "hello world"，如图 2-7 所示。

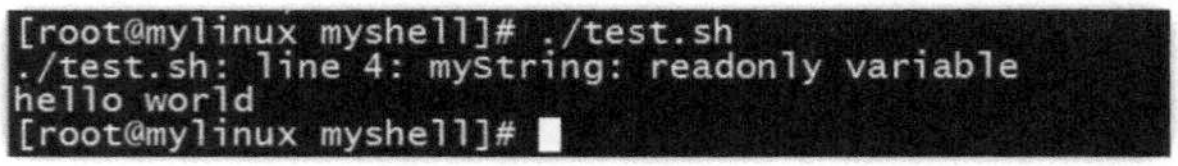

```
[root@mylinux myshell]# ./test.sh
./test.sh: line 4: myString: readonly variable
hello world
[root@mylinux myshell]#
```

图 2-7　只读变量的值不能改变

注意，unset 命令不能用于删除只读变量。

2.4.4　变量的类型

当运行 Shell 时，会同时存在以下 3 种变量。

● 局部变量

局部变量在脚本或命令中定义，仅在当前 Shell 实例中有效，其他 Shell 启动的程序不能访问局部变量。

● 环境变量

所有的程序（包括 Shell 启动的程序）都能访问环境变量，有些程序需要通过环境变量来保证其正常运行。必要的时候，Shell 脚本也可以定义环境变量。

● Shell 变量

Shell 变量是由 Shell 程序设置的特殊变量。在 Shell 变量中一部分是环境变量，一部分是局部变量，这些变量保证了 Shell 的正常运行。

2.5 Shell 的注释

以"#"开头的行就是注释，注释内容会被解释器忽略。例如，执行图 2-8 所示的命令，运行结果如图 2-9 所示，可以看到，第 2 个、第 4 个 echo 被忽略了。

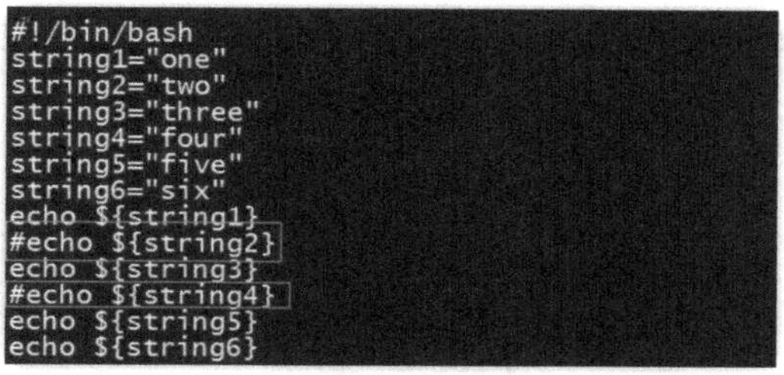

```
#!/bin/bash
string1="one"
string2="two"
string3="three"
string4="four"
string5="five"
string6="six"
echo ${string1}
#echo ${string2}
echo ${string3}
#echo ${string4}
echo ${string5}
echo ${string6}
```

图 2-8　Shell 注释示例

```
[root@mylinux myshell]# ./zhushi.sh
one
three
five
six
```

图 2-9　带注释的 Shell 脚本的运行结果

Shell 中没有多行注释符号，要注释多行内容，只能每一行加一个"#"。

若需要注释大段内容，则可以写成如下格式（其中的字符可以是数字或者字母）。

```
: <<字符
被注释语句 1
被注释语句 2
被注释语句 3
字符
```

例如，执行图 2-10 所示的命令，运行结果如图 2-11 所示，可以看到中间的第 2 个、第 3 个、第 4 个 echo 被忽略了。

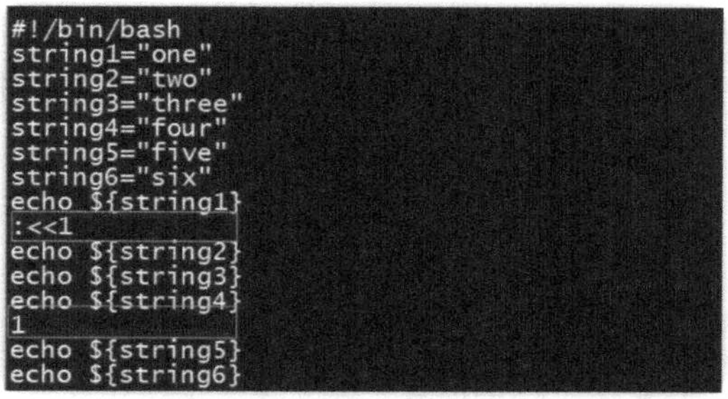

```
#!/bin/bash
string1="one"
string2="two"
string3="three"
string4="four"
string5="five"
string6="six"
echo ${string1}
:<<1
echo ${string2}
echo ${string3}
echo ${string4}
1
echo ${string5}
echo ${string6}
```

图 2-10　注释大段内容的 Shell 示例

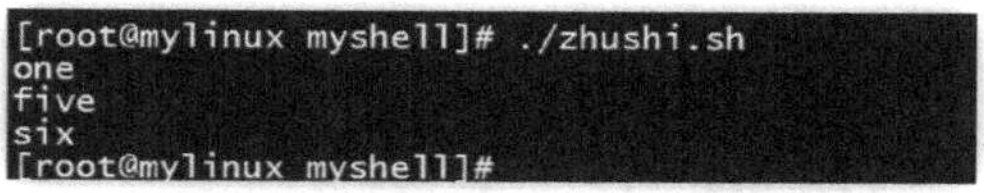

```
[root@mylinux myshell]# ./zhushi.sh
one
five
six
[root@mylinux myshell]#
```

图 2-11　注释大段内容的 Shell 示例的运行结果

2.6 Shell 编程中常用的数据类型

Shell 编程中常见的数据类型包括字符串和 Shell 数组。下面分别对其进行详细介绍。

2.6.1　字符串

下面讲解如何定义字符串、拼接字符串如何输出及如何计算字符串的长度。

1．定义字符串

定义字符串可以用单引号，也可以用双引号，也可以不用引号，如图 2-12 所示。

在这个示例中，变量 name 不使用引号，greeting 使用单引号，greeting_1 使用双引号。最后输出这 3 个变量，运行结果如图 2-13 所示。

```
#!/bin/bash
name=boweifeng
greeting='Hello,${name}!'
greeting_1="Hello too,${name}!"
echo ${greeting}
echo ${greeting_1}
```

```
[root@mylinux myshell]# ./char.sh
Hello,${name}!
Hello too,boweifeng!
[root@mylinux myshell]#
```

图 2-12　定义字符串 　　　　　　　　　　　　　图 2-13　字符串脚本运行结果

从运行结果可知，name 字符串变量可以不使用引号，但是不推荐这种用法，毕竟这种用法不符合大量 C 和 Java 程序员的编程习惯。greeting 单引号中的字符串变量是无效的，它把${name}原样输出了。greeting_1 变量中的 name 变量是可以替换的。

关于单引号和双引号的总结如下。

- 单引号：强调是什么就是什么，不替换任何内容，会忽略任何引用值，即屏蔽单引号内的特殊字符的原本含义。
- 双引号：弱引用，引号中的值若又包含变量，那么在赋值的时候，立即替换这些变量。

2．拼接字符串输出

有时多个字符串在输出时需要组成一个句子。在上一个例子中，两个变量写在两条 echo 语句中，其实两个变量可以写在一条 echo 语句中，如图 2-14 所示。

运行结果如图 2-15 所示。

```
#!/bin/bash
name=boweifeng
greeting='Hello,${name}!'
greeting_1="Hello too,${name}!"
echo ${greeting} ${greeting_1}
```

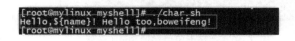

图 2-14　字符串拼接 　　　　　　　　　　　图 2-15　字符串拼接命令的运行结果

3．计算字符串长度

可以使用"#"来计算字符串的长度，如图 2-16 所示。

运行结果如图 2-17 所示。我们可以看到，在运行结果中，空格和标点符号的长度也包含在内。

图 2-16　计算字符串长度

图 2-17　"#" 命令的运行结果

2.6.2　Shell 数组

BASH 支持一维数组（不支持多维数组），并且没有限定数组的大小。类似于 C 语言，数组元素的下标从 0 开始编号。获取数组中的元素要利用下标，下标可以是整数或算术表达式，其值应大于或等于 0。

1. 定义数组

Shell 数组用括号来表示，元素用"空格"符号分隔开，语法格式如下。

```
array_name=(value1 ... valuen)
```

也可以使用下标来定义数组。

```
array_name[0]=value0
array_name[1]=value1
array_name[2]=value2
```

2. 读取数组

和读取变量值的方式一样，使用"$"和"{}"读取数组，语法如下。

```
${array_name[index]}
```

示例如图 2-18 所示。

```
#!/bin/bash
array1=(ONE TWO THREE FOUR)
array2[0]=A
array2[1]=B
array2[2]=C
array2[3]=D
echo ${array1[0]},${array1[1]},${array1[2]},${array1[3]}
echo ${array2[0]},${array2[1]},${array2[2]},${array2[3]}
```

图 2-18　定义数组的示例

在上述示例中，我们使用两种不同的方式创建了两个数组，并输出。其运行结果如

图 2-19 所示。

图 2-19　定义数组示例的输出

3. 获取数组的全部元素

——列出所要输出的数组的全部元素，是一件很麻烦的事情，其实只要用一个 "@"下标就能解决问题。

例如，要获取范围的全部元素，可以在前一个例子的最后添加以 "@" 为下标的数组变量，如图 2-20 所示。

图 2-20　获取数组的全部元素

输出结果如图 2-21 所示。

图 2-21　获取数组的全部元素的输出结果

4. 获取数组的长度

获取数组长度的方法和获取字符串长度是一样的——使用 "#" 号，如图 2-22 所示。

图 2-22　获取数组长度的示例

其中，"echo ${#array1[@]}" 用来获取数组中的元素个数；"echo ${#array1[2]}" 用来获取 array1 数组中下标为 2 的字符串长度。运行结果如图 2-23 所示。

```
[root@mylinux myshell]# ./array1.sh
4
5
[root@mylinux myshell]#
```

图 2-23 获取数组长度示例的输出

2.7 在 Shell 中传递参数

下面介绍脚本参数的写法和调用方法，以及常用的“$”参数。

1. 脚本参数的写法和调用方法

在执行 Shell 脚本时，向脚本传递参数，脚本内获取参数的格式为“$n”。*n* 代表一个数字，1 为执行脚本的第一个参数，2 为执行脚本的第二个参数，依次类推，如图 2-24 所示。

```
/path/to/scriptname  opt1  opt2  opt3  opt4
       $0             $1    $2    $3    $4
```

图 2-24 脚本参数格式

对脚本参数格式的解释如下。

- 向脚本传递参数，在执行脚本的时候，只需要在文件名 scriptname.sh 后直接加上参数 opt1，opt2，…，参数之间用空格分开。

例如：

```
./demo.sh AAA BBB CCC        #AAA、BBB 和 CCC 是 3 个参数
```

- 在脚本中，$0 表示文件名，$1 代表第 1 个参数，$2 代表第 2 个参数。

例如：

```
echo "The file name is:$0"     #显示执行的 Shell 文件名 demo.sh
echo "First para is:$1"        #显示第一个参数 AAA
```

2. 常用的“$”参数

常用的“$”参数如表 2-1 所示。

表 2-1 常用的“$”参数

参数处理	说明
$#	传递到脚本的参数个数

参 数 处 理	说　　　明
$*	以一个单字符串显示所有向脚本传递的参数，以"$1 $2…$n"的形式输出所有参数
$$	脚本运行的当前进程 ID
$!	后台运行的最后一个进程的 ID
$@	与$*相同，但是在使用时加引号，并在引号中返回每个参数，以"$1""$2"…"$n"的形式输出所有参数
$-	显示 Shell 使用的当前选项，与 set 命令的功能相同
$?	显示最后命令的退出状态。0 表示没有错误，其他任何值表示有错误

2.8　Shell 基本运算符

Shell 和其他编程语言一样，支持多种运算符。接下来着重介绍以下常用的 4 种运算符：

- 算术运算符；
- 关系运算符；
- 布尔运算符；
- 字符串运算符。

2.8.1　算术运算符

原生 BASH 不支持简单的数学运算，所以我们经常用 expr 这款表达式计算工具来完成表达式的求值。

在属主目录下，用 vi 命令创建一个 Shell 脚本文件。

```
#!/bin/bash
val=`expr 2 + 2`
echo "The sum of two number is:${val}"
```

运行脚本文件，如图 2-25 所示。

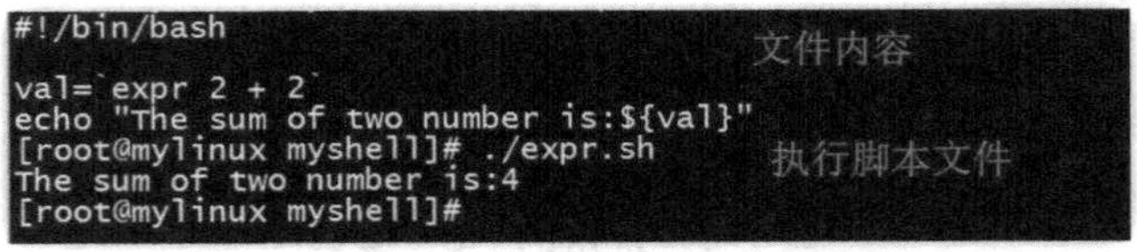

图 2-25　算术运算符

对上述脚本的解释如下。

- 表达式和运算符之间要有空格，例如，"2+2"是不对的，必须写成"2 + 2"。
- 完整的表达式要被"` `"包含，注意，这个字符不是常用的单引号。

常用的算术运算符如表 2-2 所示（假定变量 a 为 10，变量 b 为 20）。

表 2-2　常用的算术运算符

运算符	说明	举例
+	加法	`expr $a + $b`的结果为 30
−	减法	`expr $a - $b`的结果为−10
*	乘法	`expr $a \* $b`的结果为 200
/	除法	`expr $b / $a`的结果为 2
%	取余	`expr $b % $a`的结果为 0
=	赋值	a=$b 把变量 b 的值赋给 a
==	相等	[$a == $b]返回 false
!=	不相等	[$a != $b]返回 true

关于 Shell 算术运算符的示例脚本如下。

```
#!/bin/bash
a=10
b=20
val=`expr ${a} + ${b}`
echo "a+b=${val}"

val=`expr ${a} - ${b}`
echo "a-b=${val}"

val=`expr ${a} \* ${b}`
echo "a*b=${val}"

val=`expr ${b} / ${a}`
echo "b/a=${val}"

val=`expr ${b} % ${a}`
echo "b%a=${val}"

if [ ${a} == ${b} ]
then
   echo "a is equal to b"
fi
```

```
if [ ${a} != ${b} ]
then
    echo "a is not equal to b"
fi
```

示例脚本的输出结果如图 2-26 所示。

图 2-26　关于 Shell 算术运算符的示例脚本的输出结果

2.8.2　关系运算符

关系运算符用于等于、大于、小于等数字关系的比较，所以关系运算符只支持数字，不支持字符串。BASH 不支持 "<" ">" "=" 等数学符号，只能用一些英语的简写来表示关系运算符，如表 2-3 所示（假定变量 a 为 10，变量 b 为 20）。

表 2-3　关系运算符

运　算　符	说　　明	举　　例
-eq	判断两个数是否相等，如果相等，则返回 true	[$a -eq $b] 返回 false
-ne	判断两个数是否相等，如果不相等，则返回 true	[$a -ne $b] 返回 true
-gt	判断左边的数是否大于右边的数，如果大于，则返回 true	[$a -gt $b] 返回 false
-lt	判断左边的数是否小于右边的数，如果小于，则返回 true	[$a -lt $b] 返回 true
-ge	判断左边的数是否大于或等于右边的数，如果大于或等于，则返回 true	[$a -ge $b] 返回 false
-le	检测左边的数是否小于或等于右边的数，如果小于或等于，则返回 true	[$a -le $b] 返回 true

为了方便记忆，可对关系运算符进行简化，如表 2-4 所示。

表 2-4　关系运算符简化版

关系运算符的简化版	全拼	符号	关系运算符的简化版	全拼	符号
eq	equal	==	ne	not equal	!=
gt	greater than	>	lt	less than	<
ge	greater equal	>=	le	less equal	<=

【**例 2-1**】　a=10，b=20，比较一下 a、b 是否相等。

（1）在属主目录下使用 vi 命令新建一个 Shell 脚本文件。输入以下内容。

```
#!/bin/bash
a=10
b=20
if [ ${a} -eq ${b} ]
then
    echo "${a} -eq ${b}:a is equal to b"
else
    echo "${a} -eq ${b}:a is not equal to b"
fi
```

（2）运行脚本文件，输出结果如图 2-27 所示。

【**例 2-2**】　使用关系运算符实现图 2-28 所示输出。

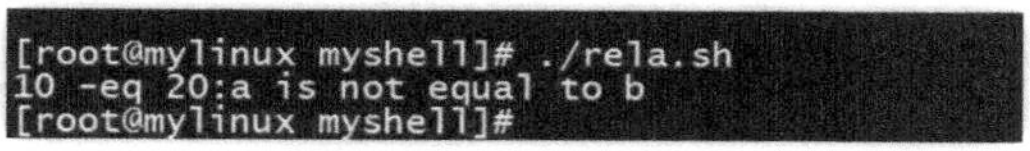

图 2-27　关系运算符示例的输出结果

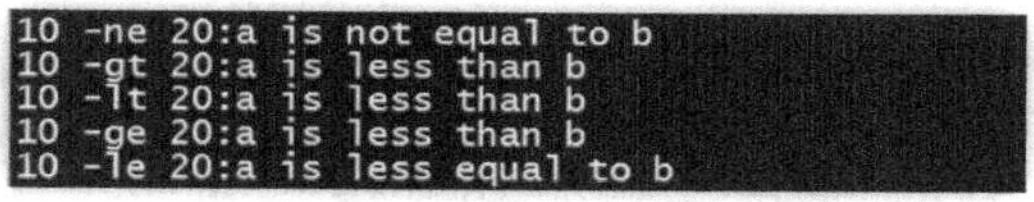

图 2-28　关系运算符示例的输出

在属主目录下使用 vi 命令新建一个 Shell 脚本文件。输入以下内容。

```
#!/bin/bash
a=10
b=20
if [ ${a} -ne ${b} ]
then
    echo "${a} -ne ${b}:a is not equal to b"
else
    echo "${a} -ne ${b}:a is equal to b"
fi

if [ ${a} -gt ${b} ]
then
    echo "${a} -gt ${b}:a is greater than b"
else
    echo "${a} -gt ${b}:a is less than b"
fi

if [ ${a} -lt ${b} ]
then
```

```
    echo "${a} -lt ${b}:a is less than b"
else
    echo "${a} -lt ${b}:a is greater than b"
fi

if [ ${a} -ge ${b} ]
then
    echo "${a} -ge ${b}:a is greater equal to b"
else
    echo "${a} -ge ${b}:a is less than b"
fi

if [ ${a} -le ${b} ]
then
    echo "${a} -le ${b}:a is less equal to b"
else
    echo "${a} -le ${b}:a is greater than b"
fi
```

2.8.3　布尔运算符和逻辑运算符

布尔运算符 "!" 用于是非运算。如果表达式为真，执行非运算后返回假；否则，返回真。例如：

```
#!/bin/bash
a=10
b=20
if [ ${a} != ${b} ]
then
    echo "${a} != ${b}:a not equal b"
else
    echo "${a} != ${b}:a equal b"
fi
```

运行结果如图 2-29 所示。

```
[root@mylinux myshell]# ./bool.sh
10 != 20:a not equal b
```

图 2-29　布尔运算符示例的运行结果

下面介绍两个逻辑运算符——"&&" 和 "||"。"&&" 表示逻辑与，当符号两边的表达式都为真时，输出结果才为真。"||" 表示逻辑或，只要符号两边的表达式中有一个为真，输出结果就为真。需要注意的是，在使用逻辑符号 "&&" 和 "||" 时，两边要加两

个方括号。示例代码如下。

```
a=10
b=20
if [[ ${a} -lt 11 && ${b} -gt 19 ]]
then
    echo "${a} -lt 11 && ${b} -gt 19:Return True"
else
    echo "${a} -lt 11 && ${b} -gt 19:Return False"
fi
if [[ ${a} -lt 11 || ${b} -gt 20 ]]
then
    echo "${a} -lt 11 || ${b} -gt 19:Return True"
else
    echo "${a} -lt 11 || ${b} -gt 19:Return False"
fi
```

运行结果如图 2-30 所示。

```
10 -lt 11 && 20 -gt 19:Return True
10 -lt 11 || 20 -gt 19:Return True
```

图 2-30　逻辑运算符示例的运行结果

在布尔运算符中，逻辑与和逻辑或也有表达方式，如表 2-5 所示。

表 2-5　布尔运算符中的逻辑与和逻辑或

运算符	说　　明	举　　例
-o	或运算，只要有一个表达式为 true，就返回 true	[$a -lt 20 -o $b -gt 100] 返回 true
-a	与运算，只有两个表达式都为 true，才返回 true	[$a -lt 20 -a $b -gt 100] 返回 false

2.8.4　字符串运算符

常用的字符串运算符如表 2-6 所示。

表 2-6　常用的字符串运算符

运算符	说　　明	举　　例
=	判断两个字符串是否相等，若相等，则返回 true	[$a = $b] 返回 false
!=	判断两个字符串是否不相等，若不相等，则返回 true	[$a != $b] 返回 true
-z	判断字符串长度是否为 0，若为 0，则返回 true	[-z $a] 返回 false
-n	判断字符串长度是否不为 0，若不为 0，则返回 true	[-n $a] 返回 true
str	判断字符串是否为空，若不为空，则返回 true	[$a] 返回 true

例如：

```
#!/bin/bash
a="abc"
b="def"
if [ ${a} = ${b} ]
then
    echo "${a} = ${b}:a is equal to b"
else
    echo "${a} = ${b}:a is not equal to b"
fi
```

运行结果如图 2-31 所示。

```
[root@mylinux myshell]# ./tfchar.sh
abc = def:a is not equal to b
```

图 2-31　字符串运算符的运行结果

下面通过一个综合示例来进一步展示字符串运算符的运用。使用字符串表达式判断输入的两个字符串长度是否为 0，若两个字符串的长度都不是 0，则使用 !=符号判断两个字符串是否相同（此示例仅考虑两个参数都输入或都不输入的情况，不考虑两个参数中仅输入一个的情况）。

Shell 脚本如下。

```
#!/bin/bash
a=$1
b=$2
if [[ -z ${a} && -z ${b} ]]
then
    echo "The length of the two string is 0."
else
    if [ ${a} != ${b} ]
    then
        echo "${a} != ${b} :a is not equal to b"
    else
        echo "${a} != ${b} :a is equal to b"
    fi
fi
```

运行脚本，分别测试两个字符串都不输入、输入两个相同字符串和输入两个不同字符串的场景，运行结果如图 2-32 所示。

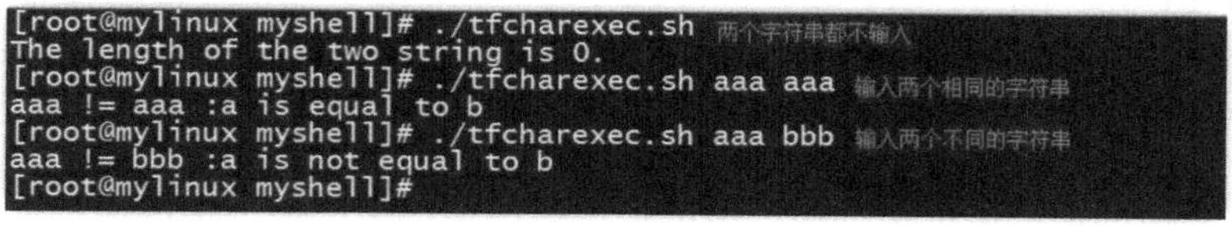

图 2-32　综合示例的运行结果

2.9 Shell 的 printf 命令

Shell 也有 printf 命令，这个命令模仿 C 程序库（library）里的 printf()程序。另外，使用 printf 的脚本比使用 echo 的脚本的移植性好。其另一个优势是，熟悉 C 语言的人对这个命令的使用相当顺手。

printf 命令的语法如下。

```
printf  format-string  [arguments...]
```

参数说明如下。

- format-string：表示格式控制字符串。
- arguments：表示参数列表。

【例 2-3】　对比 echo 和 printf 的区别。

使用 vi 命令创建一个 Shell 脚本文件，其内容如下。

```
#!/bin/bash
echo "This is first line."
echo "This is second line."
printf "This is third line."
printf "This is forth line."
```

运行脚本，结果如图 2-33 所示。

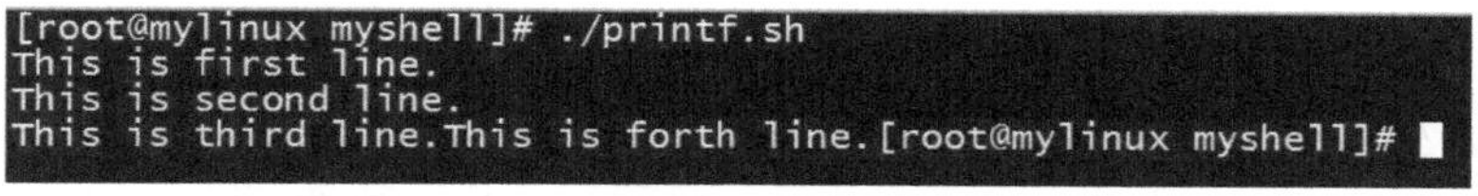

图 2-33　echo 和 prinf 的区别（一）

可以看到，echo 命令会在每一条命令后面自动添加一个回车符；而 printf 命令则不会，需要用户自己手动添加\n 实现分行。命令修改如下。

```
#!/bin/bash
echo "This is first line."
```

```
echo "This is second line."
printf "This is third line.\n"
printf "This is forth line.\n"
```

从图 2-34 所示运行结果可以看到，printf 命令的输出已完成分行，命令提示符也另起一行了。

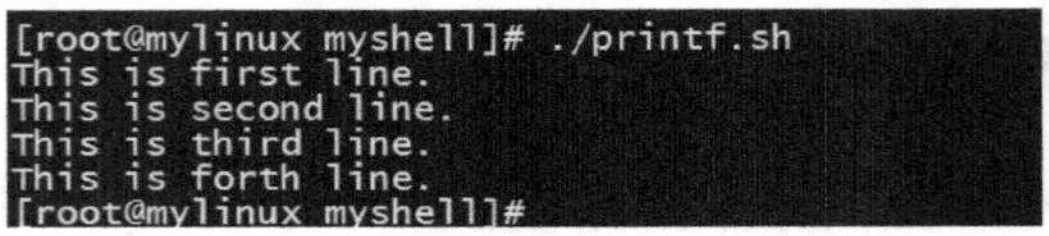

```
[root@mylinux myshell]# ./printf.sh
This is first line.
This is second line.
This is third line.
This is forth line.
[root@mylinux myshell]#
```

图 2-34　echo 和 printf 的区别（二）

【例 2-4】　使用 printf 命令让输出结果表格化对齐。

使用 vi 命令新建一个 Shell 脚本文件。命令如下。

```
#!/bin/bash
printf "%-5s %-8s %-4s\n" No. Name Score
printf "%-5s %-8s %-4.2f\n" 1 Alice 85.5
printf "%-5s %-8s %-4.2f\n" 2 Mike 76.5
printf "%-5s %-8s %-4.2f\n" 3 Jessie 92.5
```

运行结果如图 2-35 所示。

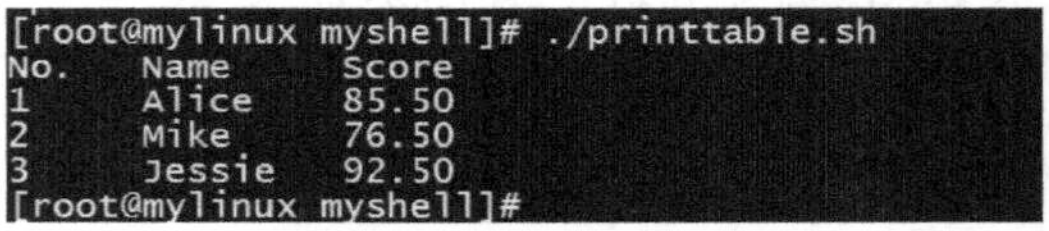

```
[root@mylinux myshell]# ./printtable.sh
No.   Name     Score
1     Alice    85.50
2     Mike     76.50
3     Jessie   92.50
[root@mylinux myshell]#
```

图 2-35　输出结果表格化对齐

脚本的释义如下。

- %-5s 指定一个宽度为 5 的字符。任何字符都会显示在 5 个字符宽的字符内。如果字符宽度不足 5 个字符，则自动以空格填充；如果字符宽度超过 5 个字符，则内容全部显示出来。
- -表示左对齐，没有-则表示右对齐。
- %-4.2f 将数据格式化为小数，其中 ".2" 表示保留两位小数。本例中原数据为 85.5，格式化后输出结果是 85.50。

2.10　Shell 流程控制

下面介绍 if 条件控制、for 循环控制、while 循环控制、until 循环及 case 语句。

2.10.1　if…else 条件控制

if 语句的语法格式如图 2-36 所示。

if…else 语句的语法格式如图 2-37 所示。

if…else…if…else 语句的语法格式如图 2-38 所示。

```
if condition
then
    command1
    command2
      :
    commandN
fi
```

```
if condition
then
    command1
    command2
      :
    commandN
else
    command
fi
```

```
if condition1
then
    command1
elif condition2
then
    command2
else
      :
    commandN
fi
```

图 2-36　if 语句的语法格式　　图 2-37　if…else 语句的语法格式　　图 2-38　if…else…if…else 语句的语法格式

需要特别注意 if…else…if…else 的语法格式。如果不写成 elif 的形式，仍然使用 else if 的嵌套形式，也是可以的，但是每一个 if 后都要跟上 fi；否则，系统就会报告语法错误。

2.10.2　for 循环

for 循环的一般格式如图 2-39 所示。

```
for var in item1 item2 ... itemN
do
    command1
    command2
      :
    commandN
done
```

图 2-39　for 循环的一般格式

【例 2-5】　通过 for 循环输出字母 A、B、C、D、E。

（1）通过 vi 命令新建一个 Shell 脚本文件。

（2）脚本文件内容如下。

```
#!/bin/bash
for var1 in A B C D E
do
```

```
echo "Now print :${var1}"
done
```

（3）运行脚本，结果如图 2-40 所示。

```
[root@mylinux myshell]# ./testfor.sh
Now print :A
Now print :B
Now print :C
Now print :D
Now print :E
```

图 2-40　for 循环示例的运行结果（一）

（4）脚本释义如下。

for 命令后的 var1 是一个变量名，in 代表这个变量在 A、B、C、D、E 中循环。然后每循环一个值，执行一次 echo 语句，所以 echo 最终执行了 5 次。

【例 2-6】　通过 for 循环输出一个字符串。

（1）通过 vi 命令新建一个 Shell 的脚本文件。

（2）脚本文件内容如下。

```
#!/bin/bash
for var2 in "Today is a happy day!"
do
  echo ${var2}
done
```

（3）运行脚本，结果如图 2-41 所示。

```
[root@mylinux myshell]# ./testfor.sh
Today is a happy day!
```

图 2-41　for 循环示例的运行结果（二）

2.10.3　while 循环

while 循环的语法格式如图 2-42 所示。

```
while condition
do
    command
done
```

图 2-42　while 循环的语法格式

【例 2-7】　用 while 循环实现一个变量的自增输出。

```
#!/bin/bash
```

```
int=1
while((${int}<=5))
do
  echo ${int}
  let "int++"
done
```

运行结果如图 2-43 所示。

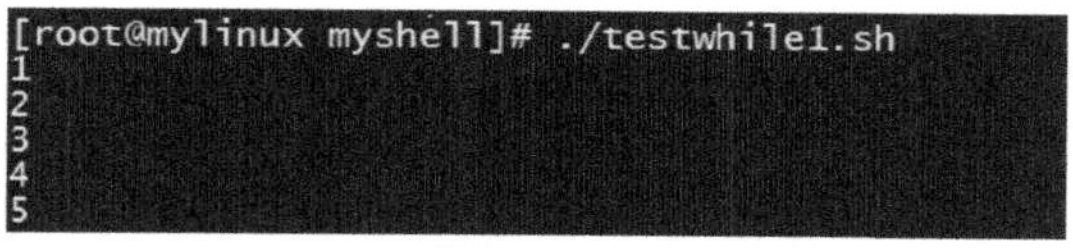

图 2-43　while 循环示例的运行结果（一）

脚本释义如下。

```
while((${int}<=5))
```

while 后面有两对圆括号，用圆括号括起来的是一个数学表达式。

```
let "int++"
```

let 命令是 BASH 中用于计算的工具，用于计算一个或多个表达式，变量计算中不需要加上$来表示变量。如果表达式包含空格或其他特殊字符，则必须引起来。int++表示 int 变量自增 1，和 C 语言中的自增概念相同。

【例 2-8】　使用 while 循环读取键盘信息。

```
#!/bin/bash
echo "Press ctrl-D to exit."
echo -n "PLease input your favourate song's name:"
while read KEYBOARD
do
    echo "Yahoo!${KEYBOARD} is a fantastic song!"
done
```

运行结果如图 2-44 所示。

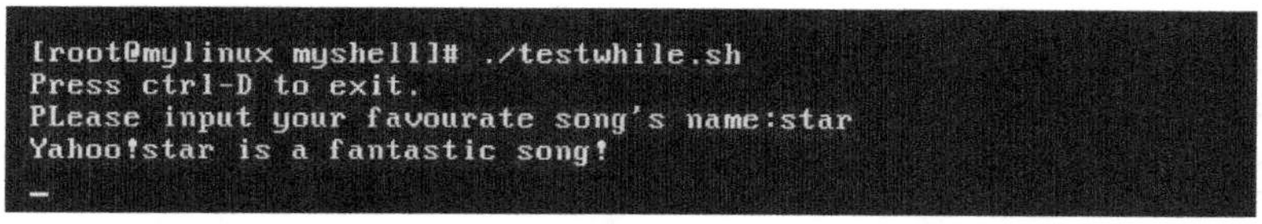

图 2-44　while 循环示例的运行结果（二）

2.10.4　case 语句

在 Shell 中 case 语句为多选语句。可以用 case 语句匹配一个值与一个模式，如果匹配成功，则执行相匹配的命令。case 语句的格式如下。

```
case 值 in
模式1)
    command1
    command2
    ...
    commandN
    ;;
模式2)
    command1
    command2
    ...
    commandN
    ;;
esac
```

【例 2-9】　从键盘输入不同的内容，输出不同的结果。

```
#!/bin/bash
echo "Please input a lower case from 'a' to 'd':"
echo "The case is :"
read myChar
case $myChar in
    a)   echo "You input 'a'"
    ;;
    b)   echo "You input 'b'"
    ;;
    c)   echo "You input 'c'"
    ;;
    d)   echo "You input 'd'"
    ;;
    *)   echo "You didn't input lower case from 'a' to 'd'!"
    ;;
esac
```

运行结果如图 2-45 所示。

结果释义如下。

（1）脚本运行了两次，第一次输入的结果符合 case 模式，第二次输入的结果不符合

2.10 Shell 流程控制

case 模式。

```
[root@mylinux myshell]# ./testCase.sh
Please input a lower case from 'a' to 'd':
The case is :
a
You input 'a'
[root@mylinux myshell]# ./testCase.sh
Please input a lower case from 'a' to 'd':
The case is :
e
You didn't input lower case from 'a' to 'd'!
```

图 2-45　case 语句示例的运行结果

（2）当脚本运行到 "read myChar" 时，脚本会等待用户输入一个字母。当用户输入字母并按 Enter 键后，脚本继续执行。

（3）当输入小写字母 "a" 时，其符合 case 的模式 1，所以输出 "You input 'a'" 的结果。

每一个模式必须以右圆括号结束。取值可以为变量或常数。发现取值符合某一模式后，其间的所有命令开始执行，直至 ";;"。

（4）第二次运行时，输入了 "e"，不符合 case 模式。使用星号捕获该值，再执行后面的命令。

（5）case 的语法和 C 语言中的差别比较大，前者需要以一个 esac（case 反过来）作为结束标记，每个 case 分支用右圆括号列出，在下一行用两个分号表示 break，如图 2-46 所示。

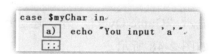

图 2-46　用两个分号表示 break

2.10.5　跳出循环

在循环过程中，有时候需要在未达到循环结束条件时强制跳出循环，Shell 使用 break 和 continue 两个命令来实现该功能。

- break 命令可用于跳出循环，后面可以是数字，指定跳出的层次。
- continue 命令可用于跳出当次循环，进入下一轮循环。

【例 2-10】　continue 和 break 的应用。

```
#!/bin/bash
while :
do
    echo -n "Please input a num from 1 to 5:"
    read aNum
    case ${aNum} in
        1|2|3|4|5) echo "The num you input is :${aNum}"
```

133

```
        ;;
        *) echo "I don't know this num!"
           echo "Game Over!"
           break;
#continue;
        ;;
    esac
done
```

运行结果分析如下。

（1）若在 case 段中使用 break 语句，那么执行后，一旦不符合 case 模式，就会退出循环，如图 2-47 所示。

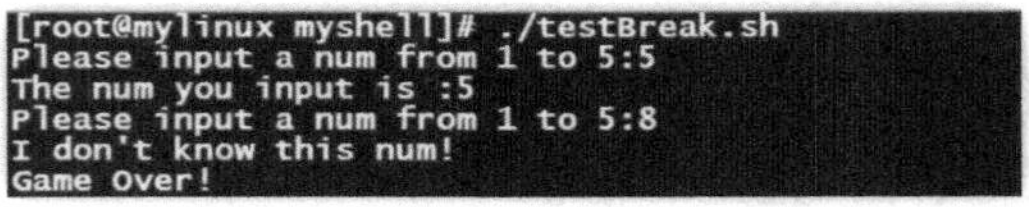

图 2-47　在 case 段中使用 break 语句

（2）若在 case 段中使用 continue 语句，那么执行后，一旦不符合 case 模式，除了会显示 "Game Over!" 外，还会继续进入循环。只能通过按 Ctrl+C 组合键来中断死循环，如图 2-48 所示。

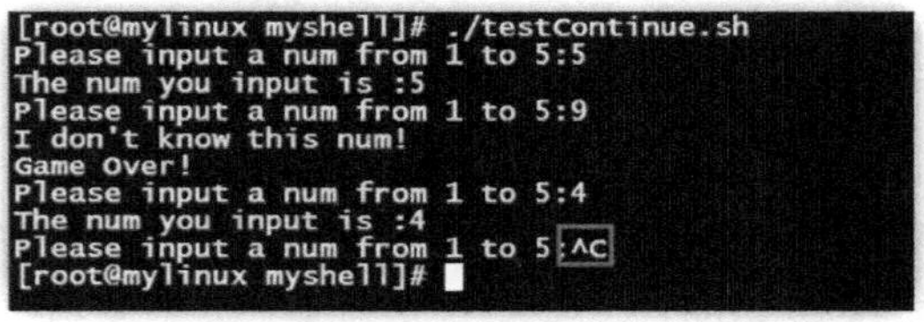

图 2-48　在 case 段中使用 continue 语句

在了解了几种循环结构后，下面通过一个综合示例来加深对循环结构的理解。

【例 2-11】　使用 Shell 脚本输出一个正三角形。

第一种实现方式如下。

```
#!/bin/bash
line=0
echo -n "Enter a Number between (3~6):"
read line
 if[[ ${line} -lt 3 || ${line} -gt 6 ]]
```

```
  then
    echo "Please enter number between (3~6),Try Again"
    exit 1
  fi

for((i=1;i<=${line};i++))
 do
   for((j=${line};j>i;j--))
    do
      echo -n " "
    done
   for((k=1;k<=2*i-1;k++))
    do
      echo -n "*"
    done
  echo
 done

echo "The END"
```

第二种实现方式如下。

```
#!/bin/bash
read -p "please input the longs:" long
for((i=1;i<=${long};i++))
do
    for((j=${long};j>i;j--))
      do
        echo -n " "
      done
    for m in `seq 1 $i`
      do
        echo -n "*"
      done

    for n in `seq 2 $i`
      do
        echo -n "*"
      done
    echo
done
echo "The END"
```

2.11 Shell 函数

函数的定义语法如图 2-49 所示。

语法解释如下。

- [ ] 中为可选项，function 关键字可有可无。
- 需要返回值，因此要加上 return。return 后跟整数 n(0～255)。
- Shell 的函数需要先定义再使用。也就是说，必须将函数定义放在脚本开始部分，直至 Shell 解释器首次发现它时，才可以使用。调用函数仅使用其函数名即可。

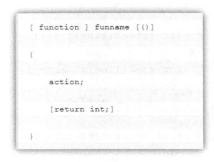

图 2-49 函数的定义语法

接下来，使用 3 个示例来说明无返回值、有返回值、带参数的函数调用。

2.11.1 无返回值的函数调用示例

无返回值的函数调用示例如下。

```
#!/bin/bash
demoFun(){
    echo "Hello World!"
}
echo "-----Start-----"
demoFun
echo "-----End-----"
```

执行过程如下。

（1）使用 vi 命令创建 fun.sh 文件，输入以上代码，并修改其可执行属性。

（2）通过 ./fun.sh 执行。

（3）运行结果如图 2-50 所示。

图 2-50 无返回值的函数调用示例的运行结果

2.11.2 有返回值的函数调用示例

有返回值的函数调用示例如下。

```
#!/bin/bash
funWithReturn(){
    echo "Input 1st number:"
    read aNum
    echo "Input 2nd number: "
    read bNum
    echo "Two number is ${aNum} and ${bNum} !"
    return $((${aNum}+${bNum}))
}
funWithReturn
echo "The sum of two number is $? !"
```

执行过程如下。

（1）使用 vi 命令创建 returnfun.sh 文件，输入以上代码，并修改其可执行属性。

（2）通过 ./returnfun.sh 执行。

（3）运行结果如图 2-51 所示。

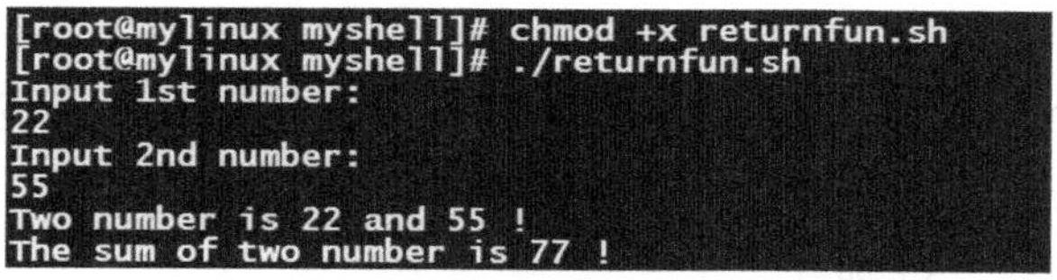

图 2-51　有返回值的函数调用示例的运行结果

2.11.3　带参数的函数调用示例

带参数的函数调用示例如下。

```
#!/bin/bash
funWithParam(){
    echo "para1 is: $1 !"
    echo "para2 is: $2 !"
    echo "para3 is: $10 !"
    echo "para10 is: ${10} !"
    echo "para11: ${11} !"
    echo "Now I have $# parameters!"
    echo "All parameters are: $* !"
}
funWithParam 1 2 3 4 5 6 7 8 9 22 33
```

代码解释如下。

- 在 Shell 中，在调用函数时可以向其传递参数。

- 在函数体内部，通过 $n 的形式来获取参数的值，例如，$1 表示第一个参数，$2

表示第二个参数，……当 $n \geq 10$ 时，需要使用\${n}来获取参数。例如，为了获取第 10 个参数，需要使用\${10}。

- 其余符号的使用规则如表 2-7 所示。

表 2-7　其余符号的使用规则

参 数 处 理	说　明
\$#	传递到脚本的参数个数
\$*	以一个单字符串显示所有向脚本传递的参数
\$\$	脚本运行的当前进程 ID
\$!	后台运行的最后一个进程的 ID
\$@	与\$*相同，但是在使用时加引号，并在引号中返回每个参数
\$-	显示 Shell 使用的当前选项，与 set 命令的功能相同
\$?	显示最后命令的退出状态：0 表示没有错误，其他任何值表示有错误

执行过程如下。

（1）使用 vi 命令创建 parafun.sh 文件，输入以上代码，并修改其可执行属性。

（2）通过./parafun.sh 执行。

（3）运行结果如图 2-52 所示。

```
[root@mylinux myshell]# chmod +x parafun.sh
[root@mylinux myshell]# ./parafun.sh
para1 is: 1 !
para2 is: 2 !
para3 is: 10 !
para10 is: 22 !
para11: 33 !
Now I have 11 parameters!
All parameters are: 1 2 3 4 5 6 7 8 9 22 33 !
```

图 2-52　带参数的函数调用示例的运行结果

2.12　Shell 输入/输出重定向

重定向的含义是系统原本从用户的终端接受输入并将所产生的输出发送回用户的终端。这个终端就是标准的键盘和屏幕，现在在重定向中，这个终端也可以是文件。

常用重定向命令如表 2-8 所示。

表 2-8　常用重定向命令

命　令	说　明
command > file	将输出重定向到 file
command < file	将输入重定向到 file

续表

命　　令	说　　明
command >> file	将输出以追加的方式重定向到 file
n > file	将文件描述符为 *n* 的文件重定向到 file
n >> file	将文件描述符为 *n* 的文件以追加的方式重定向到 file
n >& *m*	将输出文件 *m* 和 *n* 合并
n <& *m*	将输入文件 *m* 和 *n* 合并
<< tag	以开始标记和结束标记之间的内容作为输入

在表 2-8 中，有文件描述符。对于文件描述符，0 通常表示标准输入（STDIN），1 表示标准输出（STDOUT），2 表示标准错误输出（STDERR）。

2.12.1　输出重定向

通过表 2-8 可知，输出重定向有两种：一种是直接输出到文件，覆盖原来文件内容；另一种是追加到原来文件后面，继续写。下面对这两种输出重定向进行举例说明。

直接在命令符下操作，过程如下。

（1）查看原有文件 datefile 的内容，其中有两行日期信息，如图 2-53 所示。

图 2-53　查看 datefile 文件的内容

（2）输入命令 date > datefile，直接输出到 datefile 文件中，并且覆盖原有内容，如图 2-54 所示。

图 2-54　第一种输出重定向示例

（3）输入命令 date >> datefile，新生成的时间日期信息会以追加的方式重定向到 datefile，如图 2-55 所示。

图 2-55　第二种输出重定向示例

2.12.2　输入重定向

输入重定向就是本来需要从键盘获取输入的命令会从文件读取内容。

注意，输出重定向使用大于号（>），输入重定向使用小于号（<）。

【例 2-12】 对一个文件中的数字进行排序。

（1）查看文本文件 num.txt 的内容，其内容是倒序的数字，如图 2-56 所示。

```
[root@mylinux myshell]# cat num.txt
9
8
7
6
5
4
3
2
1
```

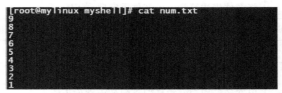

图 2-56　查看 num.txt 的内容

（2）输入命令 sort<num.txt，执行后发现，原来 num.txt 文件中的倒序数字都变成正序了，如图 2-57 所示。此时 num.txt 中的内容并没有改变。

```
[root@mylinux myshell]# sort<num.txt
1
2
3
4
5
6
7
8
9
```

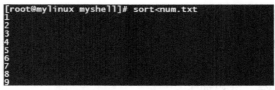

图 2-57　正序排列的数字

（3）输入命令 sort<num.txt>num1.txt。会发现，sort 命令从 num.txt 文件中读入数据并进行排序，排序的结果直接输出到 num1.txt 文件中，如图 2-58 所示。

```
[root@mylinux myshell]# sort<num.txt>num1.txt
[root@mylinux myshell]# cat num1.txt
1
2
3
4
5
6
7
8
9
```

图 2-58　将排序结果输出到 num1.txt 文件

【例 2-13】 多行导入文件。

（1）输入命令 cat<<EOF>redir.txt，然后输入 3 行内容，最后以 EOF 结尾，如图 2-59 所示。

```
[root@mylinux myshell]# cat<<EOF>redir.txt
> one
> two
> three
> EOF
```

图 2-59　输入内容

（2）查看 redir.txt 文件的内容，如图 2-60 所示。

图 2-60 查看 redir.txt 文件的内容

这就是多行导入的用法，多行导入主要用于快速新建文件或者覆盖文件内容。

2.12.3 Here Document

在例 2-13 中，这种使用 EOF 进行标记的方法也称为 Here Document 方法，它是 Shell 中一种特殊的重定向方式，用来将输入重定向到一个交互式 Shell 脚本或程序。Here Document 的语法如图 2-61 所示，其中，delimiter 指的是分隔符。

```
command << delimiter
    document
delimiter
```

图 2-61 Here Document 的语法

这个分隔符经常用 EOF 或 END 标记，也可以使用其他字母进行标记，大小写不限。具体示例如图 2-62 所示。

图 2-62 Here Document 的示例

注意事项如下。

- 结尾的分隔符一定要顶格写，前面不能有任何字符，后面也不能有任何字符，包括空格和制表符。
- 开始的分隔符前后的空格会被忽略掉。

- 如果 cat 命令后面不跟 EOF，那么可按 Ctrl+D 组合键来代替 EOF。

2.12.4　/dev/null 文件

如果希望执行某个命令，但又不希望在屏幕上显示输出结果，那么可以将输出重定向到/dev/null。

如图 2-63 所示，"ls -w"是一个错误的命令，系统将报一些错误。如果将报错消息重定向到/dev/null 文件，那么就可以屏蔽错误消息的输出。

```
[root@mylinux myshell]# ls -w
ls: option requires an argument -- 'w'
Try 'ls --help' for more information.
[root@mylinux myshell]# ls -w 2>/dev/null
[root@mylinux myshell]#
```

图 2-63　将报错消息重定向到/dev/null 文件

/dev/null 是一个特殊的文件，写入它的内容都会丢弃。如果尝试从该文件读取内容，那么什么也读不到。

图 2-63 中的 2 代表标准错误输出（STDERR），原来要输出到标准输出（STDOUT），即屏幕上，现在放到文件里面了。

2.12.5　输入/输出重定向的应用示例

【例 2-14】　使用输入/输出重定向功能向一个文件输入第一首诗歌，再次使用输入/输出重定向功能将第二首诗歌追加在第一首诗歌后面。

第一首诗歌的内容如下。

```
Rain is falling all around,
It falls on field and tree.
```

第二首诗歌的内容如下。

```
It rains on the umbrella here,
And on the ships at sea.
```

操作步骤如下。

（1）输入第一首诗歌，如图 2-64 所示。

```
[root@mylinux myshell]# cat<<EOF>redirexec.txt
> Rain is falling all around,
> It falls on field and tree.
> EOF
[root@mylinux myshell]#
```

图 2-64　输入第一首诗歌

（2）输入第二首诗歌，如图 2-65 所示。

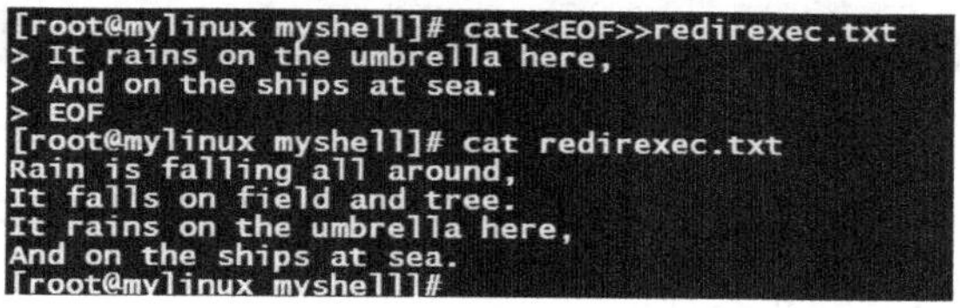

图 2-65　输入第二首诗歌

2.13　Shell 文件的包含

Shell 脚本可以在一个文件中，包含外部脚本，这样可以很方便地封装一些公用代码作为一个独立的文件。

包含 Shell 文件的两种语法格式如下。

```
.filename
source filename
```

不过常用的格式还是第一种，它相对比较简单。

【例 2-15】　创建两个 Shell 文件，即 file1 和 file2，其中 file2 包含 file1。

（1）创建 file1.sh 文件，输入命令 vi file1.sh，如图 2-66 所示。

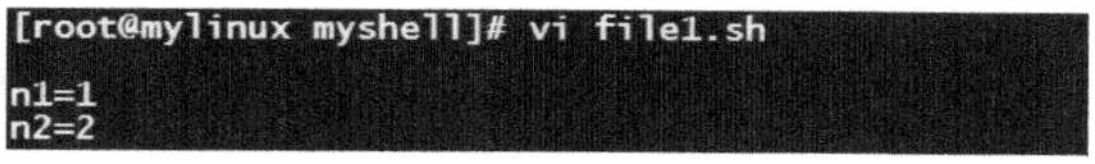

图 2-66　创建 file1.sh 文件

文件内容如下。

```
n1=1
n2=2
```

（2）创建 file2.sh 文件，输入命令 vi file2.sh。

文件内容如下。

```
#!/bin/bash
. ./file1.sh                #请注意，这里的两个.中间必须有空格
#或者使用 source ./file1.sh
echo "num1="$n1
echo "num2="$n2
```

（3）给 file2.sh 文件授予可执行权限，并执行，如图 2-67 所示。

```
[root@mylinux myshell]# chmod +x file2.sh
[root@mylinux myshell]# ./file2.sh
num1=1
num2=2
```

图 2-67　授予 file2.sh 文件可执行权限

从执行过程可以看到，file1.sh 文件是不需要可执行权限的，甚至不需要“#! /bin/bash”，因为最终执行的文件是 file2.sh 文件。

从执行结果可以看到，在 file2.sh 文件中，没有定义过的 num1 和 num2 都获得了值，这些定义均来自 file1.sh，由此证明了 file2 文件包含 file1 文件。

第3章　Oracle 的使用

数据库是数据管理的最新技术，是计算机科学的重要分支。今天，信息资源已成为各个部门或机构的重要财富和资源，小到日常生活，大到国家经济，无不依赖于数据库系统。我们随手便可以举出无数个用到数据库的地方——身份证、银行卡、学历、通信、GPS（Global Positioning System，全球定位系统）、股票交易、电子商务……我们每一个人每天都生活在一个充满数据的环境中，数据无处不在。因此，作为信息系统核心和基础的数据库技术必定会得到越来越广泛的应用，从小型单项事务处理到大型信息系统处理，从联机事务处理（On-Line Transaction Processing，OLTP）到联机分析处理（On-Line Analytical Processing，OLAP），从一般企业管理到计算机辅助设计（Computer Aided Design，CAD）或计算机辅助制造（Computer Aided Manufacturing，CAM）、办公信息系统（Office Information System，OIS）、地理信息系统（Geographic Information System，GIS）等，越来越多新的应用领域采用数据库存储和处理它们的信息资源。因此，每一个 IT 从业人员都必须掌握数据库的相关技术。

3.1　数据库原理

本节主要从数据库的基本概念、常见的数据库产品、数据库模型及关系数据库等方面对数据库原理做基本的介绍。

3.1.1　基本概念

数据库相关的基本概念包括数据、数据库、数据库管理系统及数据库系统。下面分别介绍这些概念。

1. 数据

数据（data）是数据库中存储的基本对象。大多数人对数据的第一个反应就是数字，其实数字只是一种最简单的数据，是对数据的一种传统和狭义的理解。从广义的角度理解，数据的种类很多，文字、图形、图像、声音、学生的档案记录及货物的运输情况等都是数据。

数据是描述事物的符号记录。为了了解世界、交流信息，人们需要描述这些事物。在日常生活中，人们直接用自然语言（如汉语）描述。在计算机中，为了存储和处理这些事物，需要抽取对这些事物感兴趣的特征，并将其组成一个记录来描述。例如，在学生档案中，我们比较感兴趣的是学生的姓名、性别、年龄、出生年月、籍贯、系别、入学时间，因此可以这样来描述这些学生的基本信息。

（张三，男，30，1988，江苏省苏州市，计算机系，2008）

这里的学生记录就是数据。对于上面这条学生记录，了解其含义的人会得到如下信息：张三是一个大学生，1988 年出生，男，江苏省苏州市人，2008 年考入计算机系。而不了解其含义的人则可能无法理解这条学生记录。可见，数据的形式还不能完全表达其内容，需要经过解释。所以，数据和对数据的解释是不可分的。

2. 数据库

顾名思义，数据库（Database，DB）是存储数据的仓库。只不过这个仓库位于计算机存储设备上，而且数据是按一定的格式存放的。

人们收集并抽取出一个应用所需要的大量数据后，应将其保存起来以供进一步加工处理，进一步抽取有用的信息。在科学技术飞速发展的今天，人们的视野越来越广，数据量急剧增加。过去人们把数据存放在文件柜里，现在人们借助计算机和数据库技术科学地保存与管理大量复杂的数据，以便方便和充分地利用这些宝贵的信息资源。

数据库是指长期存储在计算机内的、有组织、可共享的数据集合。数据库中的数据按一定的数据模型组织、描述和存储，具有较小的冗余度、较高的数据独立性，并且非常容易扩展，同时可为各种用户所共享。

3. 数据库管理系统

了解了数据和数据库的概念之后，就要了解如何科学地组织和存储数据，如何高效地获取和维护数据，完成这两个任务使用的是一个系统软件——数据库管理系统（Database Management System，DBMS）。DBMS 是位于用户与操作系统之间的一个数据管理软件，其主要目标是使数据作为一种可管理的资源来处理，主要功能如下。

- 数据定义功能

DBMS 提供数据定义语言（Data Definition Language，DDL），用户通过它可以方便地对数据库中的数据对象进行定义。

- 数据操纵功能

DBMS 提供数据操作语言（Data Manipulation Language，DML），供用户实现对数据的基本操作，如查询、插入、删除和修改等。

- 数据库的运行管理

数据库的运行管理功能是 DBMS 的运行控制、管理功能，包括多用户环境下的并发控制、安全性检查和存取限制控制、完整性检查和执行、运行日志的组织管理、事务的管理和自动恢复。这些功能保证了数据库系统的正常运行。

- 数据组织、存储与管理

DBMS 要分类组织、存储和管理各种数据，包括数据字典、用户数据、存取路径等，需要确定以何种文件结构和存取方式在存储级上组织这些数据，如何实现数据之间的联系。数据组织和存储的基本目标是提高存储空间的利用率，选择合适的存取方法以提高存取效率。

- 对数据库的保护

数据库中的数据是信息社会的战略资源，所以对数据的保护至关重要。DBMS 对数据库的保护从 4 个方面——数据库的恢复、数据库的并发控制、数据库的完整性控制、数据库安全性控制来实现。DBMS 的其他保护功能还有系统缓冲区的管理及数据存储的某些自适应调节机制等。

- 数据库的维护

数据库的维护包括数据库的数据载入、转换、转储，数据库的重组和重构及性能监控等功能，这些功能分别由各个实用程序来完成。

- 通信

DBMS 具有与操作系统的联机处理、分时系统及远程作业输入的相关接口，负责处理数据的传送。网络环境下的数据库系统还应该包括 DBMS 与网络中其他软件系统的通信功能及数据库之间的交互操作。

4. 数据库系统

数据库系统（Database System，DBS）是由数据库及其管理软件组成的系统。它是为适应数据处理的需要而发展起来的一种较理想的数据处理系统。它是一个实际可运行的并且为存储、维护和应用系统提供数据的软件系统，是存储介质、处理对象和管理系统的集合体。它通常由软件、数据库和数据管理员组成。其软件主要包括操作系统、各种宿主语言、实用程序及 DBMS。数据库由 DBMS 统一管理，数据的插入、修改和检索均需要通过 DBMS 进行。数据管理员负责创建、监控和维护整个数据库，使数据能被任何有权限的人使用。数据库管理员一般由业务水平较高、资历较深的人员担任。

3.1.2　常见的数据库产品

常见的数据库产品如表 3-1 所示。

表 3-1　常见的数据库产品

数据库	描述	优点	缺点
Oracle	由 Oracle 公司推出的、使用最广泛的关系数据库管理系统	具有高稳定性、高可靠性、优秀的安全机制，采用标准的 SQL，支持大型数据库，数据类型支持数字、字符、大至 2GB 的二进制数据，为数据库的面向对象存储提供数据支持	价格高，对硬件要求很高，对数据库管理员的经验要求较高
Microsoft SQL Server	Microsoft 公司的关系数据库管理系统	真正的客户机/服务器体系结构，具有图形用户界面，使系统管理和数据库管理更加直观、简单；具有丰富的编程接口工具，为用户编程提供了更大的选择余地。与 Windows NT 完全集成，提供数据仓库功能和商务智能分析等功能	价格高，不支持跨平台，安全性也相对不高
MySQL	开源的关系数据库管理系统	开源软件，版本更新较快，性能高，价格便宜	缺乏一些存储程序的功能，技术更新目前几乎进入停滞状态
IBM DB2	IBM 公司的大型关系数据库管理系统	主要应用于大型应用系统，具有较好的可伸缩性，可应用于所有常见的服务器操作系统下。DB2 提供了高层次的数据完整性、安全性、可恢复性，以及小规模到大规模应用程序的执行能力，具有与平台无关的基本功能和 SQL 命令	管理工具比较简陋，价格高
MongoDB	开源、流行的文档型 NoSQL 数据库	关系数据库和非关系数据库之间的产物，其功能丰富，能够支持复杂的数据类型，但仍然保留着关系数据库的一些属性（查询、索引）	在国内流行度不是很高，相关技术资料比较缺乏
PostgreSQL	先进的 SQL 型开源 objective-RDBMS	稳定性极强，比 MySQL 的性能和负载能力更强、更稳定，在 GIS 领域处于优势地位	普及度不够高
Cassandra	开源、流行的列存储 NoSQL 数据库	混合型的非关系数据库，在网络社交云计算方面应用较多，读操作比写操作快很多，适用于银行、金融、数据分析等领域	技术推广有难度
SQLite	内嵌的关系数据库管理系统	基于文件，很容易迁移，支持标准化迁移，简洁	没有用户管理功能，不支持额外的性能优化
Redis	开源的内存键-值对型 NoSQL 数据库	有各种丰富的数据结构，支持数据持久化	内存优化有待进一步提升

3.1.3　数据库模型

当前常见的数据库模型有 4 种——网状模型（network model）、层次模型（hierarchical model）、关系模型（relational model）和面向对象模型（object oriented model）。它们的区别在于记录之间联系的表示方式不同。其中，关系模型是目前应用最广泛的模型，市面上绝大多数 DBMS 是关系型的。

1．网状模型

在计算机诞生的初期，数据处理通过穿孔卡片进行。这时的数据管理只对卡片进行物理存储和处理，并且极其麻烦和复杂，根本无法体现出高效性。1956 年 9 月 13 日，美国加利福尼亚州圣何塞的一小组 IBM 项目工程师向世人展示了一款新产品——305 RAMAC（Random Access Method of Accounting and Control，统计控制随机存取法），这是世界上第一款计算机磁盘存储系统，是存储历史上的里程碑，真正开启了存储和 IT 领域的大门，从而引发了数据管理的革命。此后，出现了最早版本的数据库，即网状数据库管理系统，由通用电气公司的 Charles Bachman 于 1961 年开发成功。其 IDS（Integrated Data Store，集成数据存储）是世界上第一个网状数据库管理系统，也是第一个数据库管理系统。但是它只能运行于通用电气公司的主机上，数据库只有一个文件，所有的表必须通过手工编码生成，有极大的局限性。

网状模型采用网状结构表示实体及其联系。网状结构的每一个节点表一个记录类型，记录类型可包含若干字段，记录之间的联系用链接指针表示。

网状模型的特征是：允许一个以上的节点没有父节点，一个节点可以有多于一个的父节点。由于网状模型比较复杂，因此一般实际的网状数据库管理系统对网状都有一些具体的限制。在使用网状数据库时需要一些转换。

网状模型提供了很大的灵活性，能更直接地描述现实世界，性能和效率也比较高。网状模型的缺点是结构复杂，用户不易掌握，记录之间的联系变动涉及链接指针的调整，扩充和维护都比较复杂。

2．层次模型

层次数据库是紧随网络数据库而出现的。最著名、最典型的层次数据库系统之一是 IBM 公司在 1968 年开发的信息管理系统（Information Management System，IMS）。1966 年，IBM 公司、Rockwell 公司和 Caterpillar 公司合作开发新型数据库，帮助美国国家航空航天局管理阿波罗计划中的大量资料，并在 1968 年完成。1969 年，该数据库作为 IBM 产品发布，更名为 IMS。1969 年，成功发射了阿波罗 11 号和实现人类首次登月之后，美国国家航空航天局继续在其航天飞机计划中使用该产品。

层次模型是数据库系统中最早使用的模型。它的数据结构类似一棵倒置的树，每个节点表示一个记录类型，记录之间的联系是一对多的联系。基本特征如下。

- 一定有一个并且只有一个位于树根的节点，泛节点称为根节点。
- 一个节点下面可以没有节点，即向下没有分支，这样的节点称为叶节点。
- 一个节点可以有一个或多个叶节点，前者称为父节点，后者称为子节点。
- 同一父节点的子节点称为兄弟节点。
- 除了根节点外，其他任何节点有且只有一个父节点。

在层次模型中，每个记录类型可以包含多个字段，不同记录类型之间、同一记录类型的不同字段之间不能同名。如果要存取某一类型的记录，就要从根节点开始，按照树的层次逐层向下查找，查找路径就是存取路径。

层次模型结构简单，容易实现，对于某些特定的应用系统效率很高，但当需要动态访问数据（如增加或修改记录类型）时，其效率并不高。另外，对于一些非层次性结构（如多对多联系），层次模型表达起来比较麻烦且不直观。

3. 关系模型

网状数据库与层次数据库已经很好地解决了数据的集中和共享问题，但是在数据独立性和抽象级别上仍有很大欠缺。当采用这两种数据库存取数据时，用户仍然需要明确数据的存储结构，指出存取路径。

1970 年，圣何塞 IBM 实验室的高级研究员 Edgar Frank Codd 在刊物 *Communication of the ACM* 上发表了一篇名为"大型共享数据库数据的关系模型"（A Relational Model of Data for Large Shared Data Banks）的论文，首次明确而清晰地为数据库系统提出了一种崭新的模型，即关系模型，奠定了关系模型的理论基础。这篇论文是数据库系统历史上具有划时代意义的里程碑。

关系模型有严格的数学基础，抽象级别比较高，而且简单清晰，便于理解和使用。但是当时有人认为关系模型是理想化的数据模型，用来实现数据库管理系统是不现实的，尤其担心关系数据库的性能。关系模型不可避免地受到网状模型与层次模型支持者的抵制。为了加深对问题的理解，1974 年美国计算机协会牵头组织了一次研讨会，会上展开了以 Edgar Frank Codd 和 Charles Bachman 分别为首的两派辩论。而这次辩论也推动了关系数据库的发展，使其最终成为现代数据库产品的主流。

Edgar Frank Codd 于 1981 年获得美国计算机协会的最高荣誉图灵奖，被誉为"关系数据库之父"。1970 年关系模型建立之后，圣何塞的 IBM 实验室的更多人员开始研究关系数据库，这个项目就是著名的 System R。其目标是论证一个全功能关系数据库的可行性。1974 年，IBM 研究员 Don Chamberlin 和 Ray Boyce 通过 System R 项目的实践，发表了论文"SEQUEL：A Structured English Query Language"。论文提出的 SEQUEL 是一套比关系微积分与关系代数更适合最终用户使用的非程序化查询语言，我们现在所熟知的 SQL 就是基于 SEQUEL 发展起来的。但是此时 IBM 的 IMS 层次数据库已有规模，由于公司体系庞大，又一向重视信誉与质量，众多原因阻止了 System R 投产的脚步，一直到 1980 年之后 System R 才作为一个产品正式推向市场。

1973 年，加利福尼亚大学伯克利分校的 Michael Stonebraker 和 Eugene Wong 利用 System R 已发布的信息开发了自己的数据库系统 Ingres，并使用 QUEL（Query Language，由 Michael Stonebraker 发明）作为查询语言。不过 QUEL 与 IBM 的 SQL 并不兼容。虽然与 IBM SQL 相比，QUEL 在某些方面还有优势，但由于学院派的 Michael Stonebraker 考虑到会扼杀创新精神，不主张将 QUEL 作为标准，IBM 担心 Ingres 把 QUEL 变成标准会对自己不利，决定把自己的 SQL 提交给数据库标准委员会。System R 和 Ingres 系统双双获得美国计算机协会的 1988 年"软件系统奖"。

1977 年 6 月，Larry Ellison、Bob Miner 和 Ed Oates 在硅谷共同创办了一家名为 Software Development Laboratories（SDL）的计算机公司，同样也利用 System R 开发的商用数据库产品。这就是后来的 Oracle，Oracle 成功利用了 IBM 关系数据库产品的空隙，以及 IBM 确立的 SQL 标准，发展成全球数一数二的数据库厂商。

关系模型是目前应用最多、最重要的一种数据模型。关系模型建立在严格的数学概念基础上，采用二维表格结构来表示实体和实体之间的联系。二维表由行和列组成。关系模型中没有层次模型中的链接指针，记录之间的联系是通过不同关系中的同名属性来实现的。

关系模型的基本特征如下。

- 建立在关系数据理论之上，有可靠的数据基础。
- 可以描述一对一、一对多和多对多的联系。
- 具有表示的一致性。实体本身和实体间联系都使用关系描述。
- 关系的每个分量具有不可分性，即不允许表中表。
- 概念清晰，结构简单，实体、实体联系和查询结果都采用关系表示。
- 比较容易理解。

另外，关系模型的存取路径对用户是透明的，程序员不用关心具体的存取过程，减轻了程序员的工作负担，具有较好的数据独立性和安全保密性。

关系模型也有一些缺点，在某些实际应用中，关系模型的查询效率有时不如层次模型和网状模型。为了提高查询的效率，有时需要对查询进行一些特别的优化。

4. 面向对象模型

关系数据库以其简单、易学和坚实的理论基础目前已取代层次型数据库和网状型数据库，成为当今市场中的主流产品。然而，随着计算机应用领域的扩展和多媒体计算的普及，以二维表格见长的关系数据库已不能满足需求。

关系数据库在管理信息系统和相关领域获得了巨大成功，因为这些领域涉及的数据类型少，数据之间关系简单，很适合用表格来处理和操作。目前计算机的应用领域在不断扩大，已从管理信息系统向非管理信息系统发展，所涉及的数据也已从简单的字符、整型、浮点型数据发展到图形、图像、声音、超文本、空间几何数据等非常规数据类型，并且它们之间还增加了继承、包含等复杂的关系。据统计，现实世界中 90% 的数据为非常规数据，如果把它们看成一个个独立存在而又有联系的对象，迫切需要使用面向对象的数据库技术进行管理。

面向对象模型是采用面向对象的观点来描述现实世界中实体及其联系的模型，现实世界中的实体都被抽象为对象，同类对象的共同属性和方法被抽象为类。面向对象模型是一种接近现实世界的模型，可以定义复杂数据关系。由于具有继承特性，面向对象模型提供了快速创建各种变种记录类型的能力。面向对象模型的缺点是查询功能相对比较弱。

3.1.4　关系数据库

关于关系数据库，我们需要了解关系模型、Codd 十二条法则、关系数据库常用术语、关键码及数据库范式。下面分别介绍这些内容。

1. 关系模型

为了了解一个关系数据库管理系统是由什么构成的，我们必须进一步了解关系模型。在一个关系模型中，数据的基础项是关系，在表上执行的操作只产生关系。

什么是关系？关系是一个描述两个集合的元素如何相互联系或如何一一对应的数学概念。因此，关系模型是建立在数学基础上的。然而，关系只是一个有一些特殊属性的表，一个关系模型把数据组织到表中，而且仅在表中。如果客户、数据库设计者、数据库系统管理员和用户均以同样的方式从表中查看数据，那么表就是关系模型的近义词。

一个关系表有一组命名的属性（attribute）或列，以及一组元组（tuple）或行。有时列称为字段，行称为记录，列和行的交集通常称为单元。列标识位置，有作用域或数据类型，如字符或整数，行就是数据，如图 3-1 所示。

制造商	模型品牌	价格
Toyota	Camry	25000 美元
Honda	Accord	23000 美元
Ford	Taurus	20000 美元
Volkswagen	Passat	20000 美元

图 3-1 关于汽车的行和列

一个关系表必须符合某些特定条件，才能成为关系模型的一部分。

- 存储在单元中的数据必须是原子的，即每个单元只能存储一条数据，这也称为信息原则（information principle）。
- 存储在列下的数据必须具有相同的数据类型。
- 每行是唯一的（没有完全相同的行）。
- 列没有顺序。
- 行没有顺序。
- 列有一个唯一的名称。

除了表及其属性之外，关系模型有自己特殊的操作。不需要深入研究关系型数学，只须说明这些操作可能包括列的子集、行的子集、表的连接及其他数学集合操作（如联合）等就足够了。真正要知道的事情是这些操作把表当作输入，而将产生的表作为输出。

关系模型要求遵循两个基础的完整性原则，即是实体完整性原则（entity integrity rule）和引用完整性原则（referential integrity rule）。首先，介绍以下两个定义。

- 主键（primary key）是能唯一标识行的一列或一组列的集合。有时，多列或多组列可以当作主键。
- 由多个列构成的主键称为连接键（concatenated key）、组合键（compound key），或者更常称为复合键（composite key）。

数据库设计者决定哪些列的组合能够最准确和有效地反映业务情形，这并不意味着其他数据未存储，只是那一组列被选作主键而已。

剩余有可能被选为主键的列称为候选键（candidate key）或替代键（alternate key）。外键（foreign key）是一个表中的一列或一组列，这些列在其他表中作为主键而存在。

一个表中的外键是对另一个表中主键的引用。实体完整性原则简洁地表明主键不能全部或部分空缺，引用完整性原则简洁地表明一个外键必须为空或者与它所引用的主键当前存在的值一致。

RDBMS 就是一个建立在前面这些关系模型基础上的并且能满足上面提到的全部要求的 DBMS。但是，在 20 世纪 70 年代末到 80 年代初，RDBMS 开始销售的时候，SQL 超越了本质为非关系型的系统，受到普遍欢迎，并被称作关系型系统。这引发了一些修正活动——诞生了 Codd 十二条法则（1985 年）。

2．Codd 十二条法则

DBMS 应该遵循 EF Codd 提出的十二条法则，才能属于完全关系型的系统。

（1）信息法则。信息表现为存储在单元中的数据。

（2）授权存取法。每一个数据项必须通过一个"表名+行主键+列名"的组合形式访问。例如，如果用户用数组或指针访问一列，就违反了这条规则。

（3）必须以一致的方式使用空值。如果由于缺少数字值，空值（Null）被当作 0 来处理，或者由于缺少字符值而被当作一个空格处理，那么这就违反了这条规则。空值仅仅是指缺少数据而且没有任何数值。如果缺少的数据需要值，软件提供商通常通过提供使用默认值达到这一目的。

（4）一个活跃的在线数据字典应作为关系型表存储，并且该字典可以通过常规的数据存取语言访问。如果数据字典的任何部分存储在操作系统文件里，那么这就违反了这条规则。

（5）除了可能的低级存取例程外，数据存取语言必须提供所有的存取方式，并且是仅有的存取方式。如果用户能通过一个实用程序而不是一个 SQL 接口来存取支持一个表的文件，就有可能违反了本规则。参见规则 12。

（6）所有能更新的视图是可更新的。例如，如果用户能将 3 个表连接起来，作为一个视图的基础，但不能更新这个视图，就违反了本规则。

（7）必须有集合级的插入、更新和删除。目前，大多数 RDBMS 提供商在某种程度上提供了这种能力。

（8）物理数据的独立性。应用不能依赖于物理结构，一个支持某表的文件从一张盘移动到其他盘上或重命名，不应该对应用产生影响。

（9）逻辑数据的独立性。应用不应依赖于逻辑结构。如果一个表必须分成两部分，那么应该提供一个视图，以把两部分连接在一起，以便不会对应用产生影响。

（10）完整性的独立性。完整性规则应该存储在数据字典中。主键约束、外键约束、检查约束、触发器等都应该存储在数据字典中。

（11）分布独立性。一个数据库即使是分布式的，也应该能继续工作。这是规则 8 的一个扩展，一个数据库不仅能分布在一个本地的系统中，而且能分布在通过系统的网络（远程的）中。

（12）非破坏性法则。如果允许低级存取，一定不能绕过安全性或完整性规则，这些规则是常规的数据存取语言所遵守的。例如，一个备份或载入工具不能绕过验证、约束和锁来备份或载入数据。然而，软件供应商出于速度的原因，通常提供这些功能。因此，数据库系统管理员就有责任确保数据的安全性和完整性，如果瞬间出现问题，应该立即恢复。

如果一个 DBMS 能满足本章讨论的所有基本原则和这 12 条法则，那么它就可以被当作一个 RDBMS。Codd 用他的法则总结了这一切：“对于一个有资格成为 RDBMS 的系统来说，该系统必须排他地使用它的关系型工具来管理数据库。”

3. 关系数据库常用术语

关系数据库是现在最流行的数据模型之一。请看下面两张二维表。

学生信息表如表 3-2 所示。

表 3-2　学生信息表

学号	姓名	性别	班级
SH0101	张三	男	一班
SH0102	李四	男	一班
SH0201	王五	女	二班
SH0202	赵六	女	二班

老师信息表如表 3-3 所示。

表 3-3　老师信息表

编号	姓名	职位	研究方向
SHT001	陈风	讲师	LoadRunner
SHT002	宋江	主任	QTP
SHT003	吴晓	讲师	单元测试
SHT004	周红	讲师	系统测试

关系数据库常用术语主要有以下这些。

- 关系（表）：关系就是一张表，如老师信息表和学生信息表。
- 元组：表的一行为一个元组（不包括表头），有时也叫记录。
- 属性：表的一列为一个属性。
- 主码（或关键字）：可以唯一确定一个元组和其他元组不同的属性组。
- 关系模式：对关系的描述，一般表示为关系名（属性 1，属性 2，…，属性 n ）。

4. 关键码

- 超键

在关系模式中，能唯一标识元组的属性集称为超键（super key）。例如，在整个地球上能唯一标识一个人的属性是 DNA，通过 DNA，我们可以唯一确定一个人，因此 DNA 就是地球人的超键。超键一般由 DBMS 管理。

- 候选键

如果一个属性集能唯一标识元组，且又不含多余属性，那么这个属性集称为候选键（candidate key）。在地球上除了 DNA 以外还能通过什么来唯一识别一个人？例如，在中国可以通过身份证来确定一个人，在美国可以通过社保卡号来确定一个人，通过"国籍+本国编号"也可以唯一识别一个人。

- 主键

在关系模式中，用户正在使用的候选键称为主键（primary key）。在中国这个关系模型中，身份证号码就是主键，用来唯一标识记录。

- 外键

如果关系模式 R 中的某属性集是其他模式的候选键，那么该属性对于模型 R 而言是外键。

5. 数据库范式

关系数据库中的关系必须满足一定的要求，即满足不同的范式（Normal Format, NF）。范式为设计数据库中表内关系、表与表之间的关系提供了规范和标准，任何按照范式设计的表结构将是最优结构，同时也可以避免数据冗余，减少数据库的存储空间，减少维护数据完整性的麻烦。

目前关系数据库有 6 种范式，分别是第一范式（1NF）、第二范式（2NF）、第三范式（3NF）、第四范式（4NF）、第五范式（5NF）和第六范式（6NF）。满足最低要求的范式是第一范式（1NF）。在第一范式的基础上进一步满足更多要求的称为第二范式（2NF），其余范式依次类推。一般来说，数据库只需要满足第三范式（3NF）即可。

- 第一范式：无重复的列

第一范式是指数据库表的每一列都是不可分割的基本数据项，同一列中不能有多个值，即实体中的某个属性不能有多个值或者不能有重复的属性。如果出现重复的属性，就可能需要定义一个新的实体，新的实体由重复的属性构成，新实体与原实体之间为一对多关系。在第一范式中，表的每一行只包含一个实例的信息。简而言之，第一范式就表示无重复的列。

需要指出的是，在任何一个关系数据库中，第一范式是对关系模式的基本要求，不满足第一范式的数据库就不是关系数据库。

- 第二范式：无重复的行

第二范式是在第一范式的基础上建立起来的，即满足第二范式必须先满足第一范式。第二范式要求数据库表中的每个实例或行必须具有唯一性。为了实现区分，通常需要为表加上一列，以存储各个实例的唯一标识。例如，员工信息表中加上了员工编号（emp_id）列，因为每个员工的员工编号是唯一的，所以每个员工具有唯一性。这个唯一的属性列称为主关键字或主键、主码。

第二范式要求实体的属性完全依赖于主键。完全依赖是指不能存在仅依赖主键一部分的属性，如果存在，那么这个属性和主键的这一部分应该分离出来以形成一个新的实体，新实体与原实体之间是一对多的关系。为了实现区分，通常需要为表加上一列，以存储各个实例的唯一标识。简而言之，第二范式就表示属性完全依赖于主键。

- 第三范式：主表与外表

为了满足第三范式必须先满足第二范式。简而言之，第三范式要求一个数据库表不包含其他表已包含的非主键信息。如果存在一个部门信息表，其中每个部门有部门编号（dept_id）、部门名称、部门简介等信息，那么在员工信息表中列出部门编号后就不能再将部门名称、部门简介等与部门有关的信息加入员工信息表中。如果不存在部门信息表，则根据第三范式也应该构建它；否则，就会有大量的数据冗余。简而言之，第三范式就表示属性不依赖于其他非主属性。

6. 范式应用举例

下面以一个学校的学生系统为例来说明这几个范式的应用。

1）第一范式实例分析

某个单一的属性由基本类型构成，包括整型、实数、字符型、逻辑型、日期型等。在当前的任何 DBMS 中，不可能设计出不符合第一范式的数据库，因为这些 DBMS 不允许用户把数据库表的一列再分成两列或多列。因此，用户想在现有的 DBMS 中设计出不符合第一范式的数据库是不可能的。

首先确定一下要设计的内容，包括学号、姓名、年龄、性别、课程名称、课程学分、系别、学科成绩、系办地址、系办电话等信息。为了简单起见，我们暂时只考虑这些字段信息。对于这些信息，关心的问题有如下几个方面。

- 学生有哪些基本信息？
- 学生选了哪些课？成绩是多少？
- 每门课的学分是多少？
- 学生属于哪个系？系的基本信息是什么？

2）第二范式实例分析

首先把所有这些信息（学号，姓名、年龄、性别、课程名称、课程学分、系别、学科成绩、系办地址、系办电话）放到一个表中，这将会产生以下问题。

- 数据冗余。

同一门课程由 n 个学生选修，"学分"就重复 $n-1$ 次；同一个学生选修了 m 门课程，姓名和年龄就重复了 $m-1$ 次。

- 更新异常。

若调整了某门课程的学分，则数据表中所有行的"学分"值都要更新；否则，会出现同一门课程学分不同的情况。假设要开设一门新的课程，暂时还没有人选修，由于还没有"学号"关键字，课程名称和学分也无法记录入数据库。

- 删除异常。

假设一批学生已经完成课程的选修，这些选修记录就应该从数据库表中删除。然而，与此同时，课程名称和学分信息也被删除了。很显然，这也会导致插入异常。

分析所有字段，发现它们之间存在如下依赖关系。

- 姓名、年龄、性别、系别、系办地址、系办电话依赖于学号。
- 学分依赖于课程名称。
- 学科成绩依赖于学号和课程。

因此，可以把选课关系表 StudentCourse 改为如下 3 个表。

- 学生表：Student（学号，姓名，年龄，性别，系别，系办地址，系办电话）。
- 课程表：Course（课程名称，学分）。
- 选课关系表：Score（学号，课程名称，成绩）。

3）第三范式实例分析

接着看学生表 Student（学号，姓名，年龄，性别，系别，系办地址，系办电话），其关键字为单一关键字"学号",因为存在如下决定关系。

（学号）→（姓名，年龄，性别，系别，系办地址，系办电话）

还存在如下决定关系。

（学号）→（所在学院）→（学院地点，学院电话）

即存在非关键字段"学院地点""学院电话"对关键字段"学号"的传递函数依赖。因此,学生表也会存在数据冗余、更新异常、插入异常和删除异常的情况。把学生关系表分为如下两个表就可以满足第三范式了。

- 学生表：Student（学号，姓名，年龄，性别，系别）。
- 系别表：Dept（系别，系办地址，系办电话）。

因此,上面的数据库表符合第一范式、第二范式和第三范式,消除了数据冗余、更新异常、插入异常和删除异常。

7. 数据库关系

数据库关系有如下 3 种。

- 一对一关系。

从 Student 表中,我们可以看到一个学生只能有一个学号,一个学号只指向一个学生,这种逻辑关系便属于一对一关系,通常用 1:1 表示。

- 一对多关系。

对于学生表和系别表的关系来说,一个学生只能选择一个系别,而一个系别可以有多个学生,这种关系称为一对多关系,通常用 1:N 表示。

- 多对多关系。

对于学生表和课程表来说,一个学生可以选择多门课程,而一门课程同样可以由多个学生选择,这种关系称为多对多关系,通常用 $M:N$ 表示。

3.2 Oracle 的安装与配置

Oracle 的安装与配置包括 Oracle 所支持的平台、安装过程、数据库的创建、安装的确认、常用管理命令和数据库体系结构等内容。下面详细介绍这些内容。

3.2.1 支持的平台

Oracle 支持各类操作系统及硬件平台,CPU 芯片类型包括 Intel 公司典型的 x86、x64、IA64 平台,Sun 公司的 SPARC,HP 公司的 PA-RISC 及 IBM 公司的 PPC64 平台等。而对于操作系统来说，Oracle 支持几乎当今见到的所有通用操作系统，如 Windows 系列、Linux 各发行版本、UNIX 操作系统（对 Solaris、HP-UX、AIX 均提供支持）。可以说，Oracle 对软硬件平台的支持和兼容超越了其他所有软件产品。

3.2.2　安装过程

Oracle 的具体安装步骤如下。

（1）单击安装包下的 setup.exe，进入 Oracle 安装界面首页（见图 3-2）。设置是否通过 MyOracle SUPPORT 接收安全更新：如果接收安全更新，则需要提供"My Oracle Support"口令，如果不接收安全更新，则直接取消勾选"我希望通过 My Oracle Support 接收安全更新"复选框。这里选择不接收安全更新。

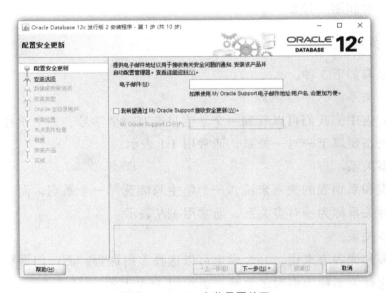

图 3-2　Oracle 安装界面首页

（2）选择安装选项。

安装选项有以下 3 个。

● 创建和配置数据库：安装数据库软件并创建一个数据库实例。

● 仅安装数据库软件：安装数据库软件，不会创建数据库实例。

● 升级现有的数据库：升级低版本的 Oracle 数据库。

这里选择"创建和配置数据库"（见图 3-3）。如果不想创建数据库，则可以选择第二项。

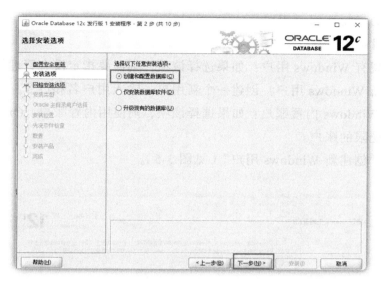

图 3-3 选择安装选项

（3）选择系统类。

系统类有以下两个选项。

● 桌面类：表示在普通的计算机或桌面类系统上进行安装。

● 服务器类：表示在专业的服务器上进行安装。

这里选择"桌面类"（见图 3-4）。

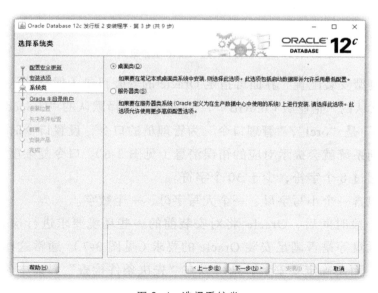

图 3-4 选择系统类

（4）指定 Oracle 主目录用户。

Oracle 主目录用户有以下 3 个选项。

● 　使用现有 Windows 用户：如果选择该项，则需要指定没有管理权限的用户。

● 　创建新 Windows 用户：创建一个新用户，输入用户名和口令，确认口令。

● 　使用 Windows 内置账户：如果选择该项，则使用内置账户。Oracle 也建议使用
　　权限受限的账户。

这里选择"创建新 Windows 用户"（见图 3-5）。

图 3-5　指定 Oracle 主目录用户

（5）在"典型安装配置"界面可指定 Oracle 的安装目录（保持默认就可以），"数据
库版本"选择默认的"企业版（6.0GB）"，"字符集"选择默认的"Unicode(AL32UTF8)"，
"全局数据库名"是"orcl"，"管理口令"为管理员的口令，设置口令时必须符合口令复
杂度要求，否则系统就会提示对应的错误消息（见图 3-6）。口令复杂度要求如下。

● 　必须超过 8 个字符，少于 30 个字符。

● 　至少包含一个小写字母、一个大写字母、一个数字。

（6）稍等一段时间后，Oracle 将对安装前的一些环境要求进行检查，检查当前的
计算机内存、磁盘等是否满足安装 Oracle 的要求（见图 3-7）。通常这些检查都会通过，
如果检查失败，而又确定要安装，则可以在"先决条件检查"界面中勾选"全部忽略"
复选框。

图 3-6 口令设置不符合标准

图 3-7 检查先决条件

（7）先决条件检查通过之后，单击"下一步"按钮进入"概要"界面，该界面会显示一些 Oracle 安装的基本信息，这里直接单击"安装"按钮，就会正式安装 Oracle 软件并且创建数据库（见图 3-8），直至安装完成。

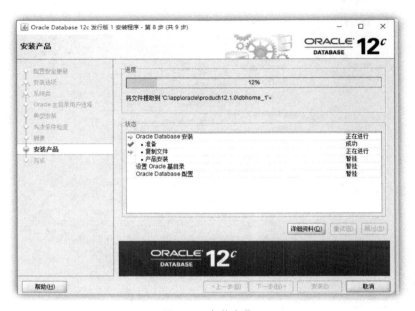

图 3-8 安装产品

3.2.3 创建数据库

如果在安装过程中没有选择"创建启动数据库"选项，或需要在计算机上创建另一个数据库，请参考本节的操作；否则，可跳过本节内容。要创建数据库，需要使用 Oracle 自带的 Database Configuration Assistant（DBCA）应用程序。从 Windows 系统的"开始"菜单中的 Oracle 子菜单项下启动 Database Configuration Assistant 将打开 DBCA。创建数据库的步骤如下。

（1）"选择数据库操作"界面中有"创建数据库""删除数据库""配置现有数据库"等核心选项（见图 3-9），这里选择"创建数据库"。单击"下一步"按钮，进入"选择数据库创建模式"界面。

（2）在"选择数据库创建模式"界面中，保持与前面安装时一样的配置，但是全局数据库名要唯一（见图 3-10），然后单击"下一步"按钮，进入"概要"界面。

（3）"概要"界面显示新创建的数据库的一些基本信息（见图 3-11），单击"完成"按钮，进入"进度页"界面，开始创建数据库，直至创建完成（见图 3-12）。

图 3-9 "选择数据库操作"界面

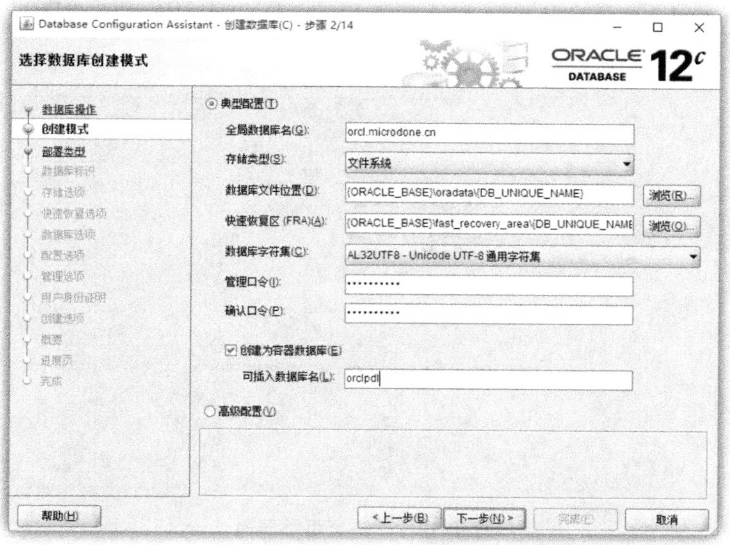

图 3-10 "选择数据库创建模式"界面

图 3-11　"概要"界面

图 3-12　"进度页"界面

3.2.4　确认安装

　　到目前为止，Oracle 已经安装成功并且为其创建了数据库，现在就需要确认一下刚才安装的 Oracle 数据库管理系统能否正常工作。我们按照如下 4 个步骤来进行验证。

1. 检查 Oracle 系统服务

当 Oracle 安装成功并且成功创建一个数据库后，在 Windows 系统中将会注册并默认自动启动 3 个关键的服务。可以在 Windows 系统中运行命令"services.msc"，打开 Windows 系统的"服务"窗口，检查图 3-13 中框起来的 3 个服务是否正常启动。

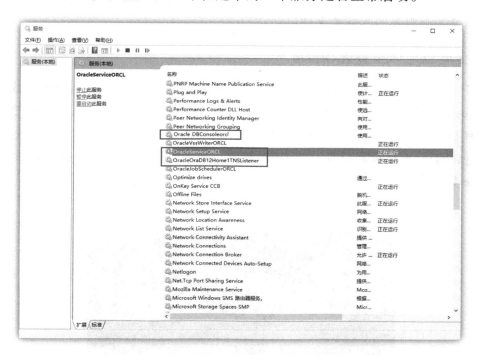

图 3-13　注册和自动启动的 3 个 Oracle 服务

- Oracle DBConsoleorcl

Oracle DBConsoleorcl 即 Oracle 数据库的管理控制台，提供一个 Web 系统，用于可视化操作 Oracle 数据库，如创建表空间、创建表、创建用户、授权等。其命名规则为"OracleDBConsole+数据库名称"。

- OracleOraDB12Home1TNSListener

OracleOraDB12Home1TNSListener 即 Oracle 服务器端口侦听服务，用于侦听 1521 端口（Oracle 默认端口，也可使用 Net Configuration Assistant 程序配置侦听其他端口）。如果该服务不能正常启动，即使 Oracle 数据库正常启动，也无法提供服务给其他客户端。

- OracleServiceORCL

OracleServiceORCL 即 Oracle 的数据库服务。当创建一个数据库后，系统中就会注册一个新的服务，该服务处于启动状态表明其对应的数据库已经启动，可以提供各类服务。其命名规则为"OracleService+数据库名称"。

可以尝试重启这 3 个服务，检查其是否能正常启动。只有这 3 个服务均能正常启动（启动时间在 10min 以内），才可以进入后续的操作。

建议将这 3 个服务设置为手动启动，这样将会显著缩短计算机的启动时间，从而在需要使用这 3 个服务的时候才手动启动它们。

2. 使用 SQL Plus 登录 Oracle

打开 Windows 命令行窗口，运行命令"sqlplus sys/Test123456 as sysdba"（或"sqlplus system/Test123456"，其中"Test123456"为先前设置的密码）。在 Oracle 系统中，如果账户具有 DBA 权限，如 sys，则在连接时需要明确指定以 sysdba 的角色进行连接，这便是"as sysdba"；而如果账户具有非 DBA 权限，则不能指定以 sysdba 权限登录。成功登录 Oracle 数据库系统后会出现图 3-14 所示界面。

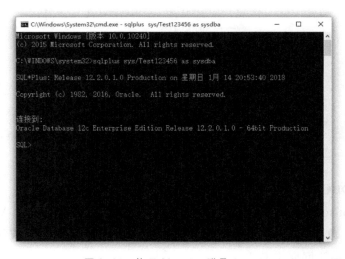

图 3-14　使用 SQL Plus 登录 Oracle

3. 使用 DBConsole 管理 Oracle

打开浏览器，在地址栏中输入"https://localhost:5500/em"，尝试进入 DBConsole，如果能成功访问该页面，则表明 DBConsole 运行正常，可以使用它进行日常管理操作。

如果以 sys 超级管理员登录系统，则需要指定连接身份为 sysdba；如果以 system 普通管理员登录，则其身份为 normal。登录之后的界面如图 3-15 所示。

图 3-15　登录之后的界面

4. 使用 SQL Plus 远程访问 Oracle

通过前面 3 步可以确认 Oracle 数据库及 DBConsole 正常提供服务，TNSListener 端口正常监听。由于当今的数据库管理系统最基本的功能是提供远程分布式服务，因此还需要确认是否可以使用工具远程连接 Oracle，使用 Oracle 的各项功能。

为了保证环境的可靠性，必须使用另外一台计算机作为客户端来访问 Oracle 服务器。客户端必须首先安装 Oracle 客户端程序，该安装程序只安装访问 Oracle 服务器的一些必要组件，其安装过程不再赘述。另外，如果客户端已经安装了 Oracle 服务器程序，则可直接使用，无须重新安装客户端程序。当客户端程序安装就绪后，需要做的最重要的一件事情就是配置 Net Manager 使客户端连接到 Oracle 服务器端。

1）配置 Net Manager

（1）选择客户端机器上"配置和移植工具"菜单项下的 Net Manager，打开 Oracle Net Manager 窗口（见图 3-16）。注意，客户端/服务器端只是相对而言的，被访问端为服务器端，访问端为客户端。如果访问端也安装了 Oracle 服务器程序，则该客户端也可作为服务器端被其他客户端访问。本书以下示例中的客户端为 Windows 10，上面安装了 Oracle 客户端程序，服务器端为虚拟机，数据库名为 orcl，服务器端 IP 地址为 192.168.32.131。

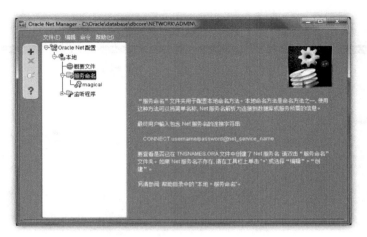

图 3-16　Oracle Net Manager 窗口

（2）单击"+"号或从"编辑"菜单中选择"创建"选项，开始添加一个新的服务。如图 3-17 所示，设置"网络服务名"，该名称可以任意选择，通常使用目标服务器上的数据库名称作为该服务名，以避免名称不一致导致后续理解上的困难。单击"下一步"按钮，进入"协议"界面。

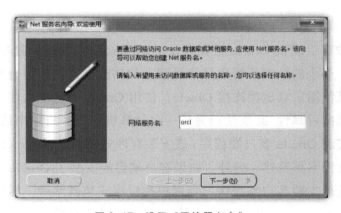

图 3-17　设置"网络服务名"

（3）选择"TCP/IP（Internet）协议"（见图 3-18），单击"下一步"按钮，进入"协议设置"界面。

（4）设置目标数据库服务器的"主机名"和"端口号"（见图 3-19），单击"下一步"按钮，进入"服务"界面。

（5）设置目标数据库服务器的"服务名"，此处设置为 orcl（见图 3-20），单击"下一步"按钮，进入"测试"界面。

图 3-18　选择"TCP/IP（Internet 协议）"

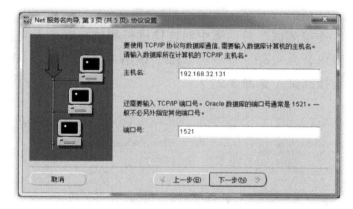

图 3-19　设置"主机名"和"端口号"

图 3-20　设置"服务名"

（6）创建服务后，单击"测试"按钮（见图 3-21）。

图 3-21　测试连接

（7）在弹出的"连接测试"对话框中对连接进行测试，看是否能正常访问服务器端默认情况下，测试用户名为 scott，口令为 tiger，该用户名从 Oracle 10g 开始默认已经锁定，所以无法完成连接测试（见图 3-22）。

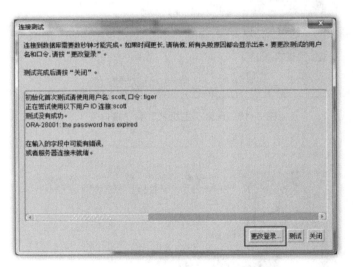

图 3-22　默认用户名无法完成连接测试

（8）单击"更改登录"按钮，修改测试用户名和口令，使用 system/Test123456 进行测试（见图 3-23）。注意，此处只能使用普通账号进行测试，不能使用 sys 超级管理员账号进行测试。

（9）如果连接正常，则会提示连接测试成功（见图 3-24）。

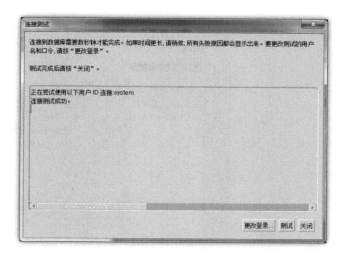

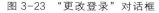

图 3-23　"更改登录"对话框

图 3-24　连接测试成功

（10）关闭"连接测试"对话框，完成服务的添加。在 Oracle Net Manager 主界面上，我们将会看到一个新的服务"orcl"添加成功（见图 3-25）。

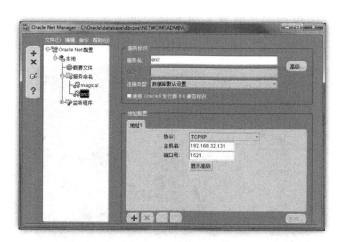

图 3-25　orcl 服务添加成功

（11）选择"文件"→"保存网络配置"（见图 3-26），保存网络配置，让添加的服务生效。

2）使用 SQL Plus 远程登录 Oracle

当完成 Net Manager 配置后，表明客户端现在已经可以正常访问服务器端了。此时我们可以使用客户端自带的 SQL Plus 命令尝试登录服务器端。

打开 Windows 10 客户端的命令行窗口并输入 sqlplus sys/Test123456@orcl as sysdba 或 sqlplus system/Test123456@orcl 命令后，将显示连接成功的界面（见图 3-27）。

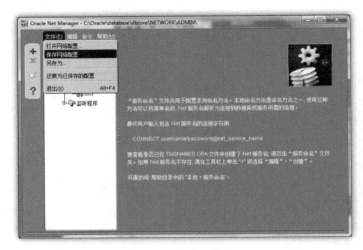

图 3-26　保存网络配置

注意，此处输入的命令中必须加上@orcl，表明让 sqlplus 连接服务名为 orcl 的数据库，这里的 orcl 即 Net Manager 中的服务名。如果用户的服务名与目标数据库的名称不一致，那么需要注意这里指的是服务名而不是数据库名。

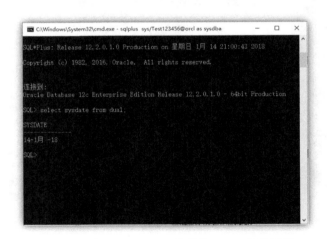

图 3-27　使用 SQL Plus 远程登录 Oracle 后的界面

至此，整个 Oracle 的安装和配置过程结束，可以继续进行下面的操作来深入学习 Oracle 这一强大数据库管理系统的各种功能。

3.2.5　数据库常用管理命令

为了更好地对数据库进行管理，Oracle 提供了常用的数据库管理命令。下面详细介绍这些命令。

1. 数据库启动与停止命令

首先，在 Windows 命令行窗口下输入命令"sqlplus/nolog"，无须登录即可在服务器本机上进入 SQL Plus 控制台。在 SQL Plus 命令行窗口中输入"connect /as sysdba"连接到数据库服务器。

启动数据库的命令格式为"startup 启动选项"。

停止数据库的命令格式为"shutdown 停止选项"。

1）启动选项

（1）nomount。只创建例程，不挂载数据库，能与数据库进行通信，但不能使用数据库中的任何文件。如果要"重建控制文件"或"运行一个创建新数据库的脚本"，就必须选择该模式。

（2）mount。不但创建例程，而且挂载数据库，但不打开数据库。在该模式下，仅数据库管理员可通过部分命令修改数据库，用户无法访问数据库。

（3）open。不但创建例程，而且挂载数据库，并打开数据库，这是正常启动模式，也是默认选项。

（4）force。如果以正常方式启动数据库时遇到困难，则可使用该选项强制启动数据库。与正常模式的差别在于无论数据库处于什么模式，都可以使用该选项。该选项首先异常关闭数据库，然后重新启动它，而不需要事先用"shutdown"语句关闭数据库。

（5）restrict。启动数据库并将其置于 open 模式，但此时只有拥有 restricted session 权限的用户才能访问数据库。

（6）pfile=filename。指定一个初始化参数文件来启动数据库，Oracle 中的参数文件通常是以".ora"结尾的一系列文件，下一节会介绍相关内容。

2）停止选项

（1）normal。以正常方式关闭数据库，此时 Oracle 将执行如下操作。

- 阻止任何用户建立新的连接。
- 等待当前所有正在连接的用户主动断开连接。正在连接的用户能够继续他们当前的工作甚至提交新的事务。
- 一旦所有用户都断开连接，才关闭、卸载数据库，并终止例程。

（2）transactional。该选项比 normal 选项稍微主动一些，能在尽可能短的时间内关闭数据库。此时 Oracle 将执行如下操作。

- 阻止任何用户建立新的连接，同时阻止当前连接的用户开始新的事务。
- 等待所有当前未提交的活动事务提交完毕，并立即断开用户的连接。
- 一旦所有的用户都断开连接，立即关闭、卸载数据库，并终止例程。

（3）immediate。在尽可能短的时间内关闭数据库。对于一些比较紧急的情况，如即停电或由于数据库本身的异常需要关闭或重启，可以采用此选项。Oracle 在关闭时将执行如下操作。

- 阻止任何用户建立新的连接，同时阻止当前连接的用户开始新的事务。
- 回退任何当前未提交的事务。
- Oracle 不再等待用户主动断开连接，而直接关闭、卸载数据库，并终止例程。

（4）abort。如果以上 3 种情况都无法关闭数据库，就说明数据库存在严重错误，只能使用 abort 选项强行关闭数据库。在使用该选项时，Oracle 将执行如下操作。

- 阻止任何用户建立新的连接，同时阻止当前连接的用户开始新的事务。
- 立即结束当前正在执行的 SQL 语句。
- 立即断开所有用户的连接，直接关闭、卸载数据库，并终止例程。

3）转换启动模式

例如，可以使用命令 "alter database open" 将数据从 mount 模式转换为 open 模式，提供正常服务。

注意，如果只是正常启动和停止数据库，不需要任何特殊的管理操作，直接在 Windows 系统的服务控制面板中启动和停止数据库服务即可。

2. 端口侦听命令

侦听端口的操作主要包括查看状态、启动和停止这 3 种，这 3 种操作使用一条 Windows 命令 lsnrctl 即可完成。

- lsnrctl start：启动侦听端口，与启动服务中的 OracleOraDB12Home1TNSListener 效果一样。
- lsnrctl stop：停止侦听端口，与停止服务中的 OracleOraDB12Home1TNSListener 效果一样。
- lsnrctl status：查看当前侦听器的状态是否正常。

3. 控制台操作命令

DB Console 或者 Oracle Enterprise Manager 的相关命令如下。

- 启动控制台的命令如下。

```
emctl start dbconsole
```

- 停止控制台的命令如下。

```
emctl stop dbconsole
```

- 查看控制台状态的命令如下。

```
emctl startus dbconsole
```

4. SQL Plus 常用命令

SQL Plus 是 Oracle 自带的一个与 Oracle 数据库进行交互操作的应用程序，功能非常强大。通过 SQL Plus 实用程序，我们可以运行各种 SQL 语句或者 SQL 脚本，对 Oracle 进行各类管理操作。下面对常用的一些 SQL Plus 命令做一个简单总结。在真正学习的时候，我们完全可以使用功能更强大、界面更友好的工具来代替 SQL Plus，如 PLSQL Developer、SQL Developer、TOAD 等。

登录 SQL Plus 的命令如下。

- 作为普通用户登录的命令如下。

```
sqlplus tester/T123456@orcl
```

- 作为超级管理员登录的命令如下。

```
sqlplus sys/Test123456@orcl as sysdba
```

- 在本地登录的命令如下。

```
sqlplus/as sysdba
```

此时不用指定用户名和口令。

常用功能列举如下。

- SQL> @文件名.sql——运行一个 SQL 文件（批处理运行方式）。
- SQL> spool 文件名——将屏幕上的所有输出保存到文件中，直到运行 spool off。
- SQL> desc 用户名.表名——描述表的结构。
- SQL> help 命令——查看某个命令的用法。
- SQL> column 列名 format A20——设置列名的显示宽度为 20 个字符。
- SQL> column 列名 heading 新列名——修改列名的显示名称。

- SQL> set linesize 100——将 SQL Plus 中每行的显示宽度设置为 100 个字符，默认为 80 个字符。
- SQL> set autocommit on | off——设置当前 SQL 语句是否自动提交（如插入或修改一条数据），如果不自动提交，则需要通过 commit 命令手动提交，让 SQL 语句生效。
- SQL> show 参数名——显示当前系统中各类参数的值，包括系统初始化参数。
- SQL> alter session set nls_date_format = 'yyyy-mm-dd hh24:mi:ss' ——修改时间格式。
- SQL> alter session set nls_date_language='american' ——修改日期格式为美国标准日期格式。
- SQL> select sysdate from dual ——显示服务器当前时间。
- SQL> select to_char(sysdate, 'yyyy-mm-dd hh24:mi:ss') from dual ——格式化日期时间的显示。

5. Dual 表

Oracle Dual 表比较特殊，是一个系统表，只有一个名为 Dummy 的字符型字段，因为 Oracle 要求 SQL 语句必须完整，所以我们需要在查询一些非表数据时加上 Dual 表，如"select sysdate from dual"。

3.2.6　数据库体系结构

数据库体系结构涉及 sys 和 system 模式、数据库组件、数据字典及其他数据库对象。下面分别介绍这些内容。

1. sys 和 system 模式

sys 和 system 是每个 Oracle 数据库默认安装的两个账户。sys 模式是所有内部数据库表、结构、供给包、过程等的拥有者，它还拥有所有的 V$ 和数据字典视图，并创建所有封装的数据库角色（dba、connect、resource 等）。sys 是一个 Oracle 数据库的根用户或系统管理员。由于 sys 账户具有全能的性质，应尽量避免以 sys 账户注册和登录。当以 sys 账户注册和登录时，即使一个简单的输入错误，也有可能造成毁灭性的灾难。

sys 账户是唯一能够访问特定内部数据字典表的用户，因为它拥有所有的数据字典结构。为了将数据字典对象明确地授权给其他模式，sys 也是用户必须登录的账户。当用户使用数据字典视图和表编写存储过程或触发器时，也必须使用 sys 账户。当首次安装当数据库时，sys 账户的默认口令是 change_on_install，并且数据库系统管理员会立即更改这个口令。

system 模式是在数据库创建时安装的，是用于 dba 任务的默认账户。system 对所有的数据库对象拥有完全的权限，而且许多第三方工具软件依赖于 system 模式的存在及特权。system 账户的默认口令是 MANAGER，并且像 sys 账户的口令一样，在数据库创建后应该立即更改。许多数据库系统管理员使用 system 模式执行数据库管理任务，但它更适于创建一个特殊的用户来完成数据库管理员的任务，这就确保了一个特殊的账户与一个特定的人相连，而那个特定的用户则对全部数据库的修改负责。

因为这些模式都存在于每个 Oracle 数据库中，所以在安装完数据库后立即更改它们的默认口令是很重要的，这样可以防止对账户未经授权的访问。如果安全性是一个主要的问题，用户或许还应该考虑使这些账户不可登录，只有在需要登录时，才设置合法的口令。

2. 数据库组件

可以把数据库对象划分成两种不同的类型：一类是由 RDBMS 内部使用的对象，称为系统数据库对象（system database object）；另一类是可以通过任何程序访问的对象，称为用户数据库对象（user database object）。

1）系统数据库对象

当提到系统数据库对象时，指的是 RDBMS 用于支持内部数据库功能的数据库对象。这些对象是由数据库系统管理员或服务器本身配置和创建的，并且不显式地用于用户数据库事务。

系统数据库对象有初始化参数文件、控制文件、重做日志文件、数据文件、追踪文件、ROWID 和 Oracle 块。下面分别详细介绍。

（1）初始化参数文件（initialization parameter file）。初始化参数文件或 init.ora 是 RDBMS 主要的配置点，它是配置键码和数值的集合，每一个配置键码与数值都控制或修改数据库和实例操作的某个方面。

初始化参数文件是一个 ASCII 文本文件，可以在 UNIX 服务器上的$ORACLE_HOME/dbs 目录下和 NT 服务器上的$ORACLE_HOME/database 下找到它。默认情况下，文件的名字为 initSID.ora，在这里，SID 相当于它所控制的数据库的名称。在一个 UNIX 服务器上，如果在命令行上没有显式地指定一个 init.ora 文件，当启动一个数据库时，这就是 Oracle 服务器所要寻找的文件名（这里 SID 等于$ORACLE_SID 环境变量的值）。每个 Oracle 数据库和实例都有自己唯一的 init.ora 文件。

当数据库启动时，在创建实例或读取控制文件之前，先读取 init.ora 文件。init.ora

文件中的值决定着数据库和实例的特性，如共享池、缓存、重做日志缓存分配、后台进程的自动启动、控制文件的读取、自动联机回滚段等。直到数据库关闭并重新启动，对 init.ora 文件中参数的更改才被承认。

　　在 Oracle RDBMS 中，默认的 init.ora 文件位于 $ORACLE_HOME/database 目录下，带有针对小、中、大型数据库所预先设置的基本 init.ora 参数和不同的推荐（任意的）值。当用户创建新数据库和实例时，这个文件可复制和重命名。

　　通过查询 V$PARAMETER 视图，可以从数据库内部观察 init.ora 文件中的配置参数集。V$PARAMETER 视图把所有的 init.ora 参数和它们的值都列出来，并且每一个值都有一个标记符，用于指明参数值是否为服务器默认值。

　　默认 init.ora 文件中的参数如表 3-4 所示。

表 3-4　默认 init.ora 文件中的参数

参　数　名	作　用
audit_trail	允许或禁止写记录到审计追踪文件中。注意，这里只允许审计，审计的动作必须分别配置
background_dump_dest	Oracle 后台进程追踪文件的最终目录，包括 alert.log
compatible	指定数据库的兼容性。能够防止使用比所使用数据库版本参数值高的数据库特性
control_files	表示数据库的控制文件
db_block_buffers	包含在缓存中的数据库块数目。db_block_buffers×db_block_size 表示数据库缓存的大小，单位为字节
db_block_size	表示 Oracle 数据库块的大小。在数据库建立后，这个值就不能改变了
db_files	能够打开的数据库文件的最大数目
db_name	可选择的数据库的名字。如果使用该参数，则它必须与 create database 语句中的数据库名称相一致
db_file_multiblock_read_count	一次 I/O 操作所能读取数据库块的最大数，用于顺序搜索。当调整全表搜索时，该参数是非常重要的
dml_locks	表示所有数据库用户用于全部表的 DML 锁的最大数目
log_archive_dest	归档重做日志文件的最终位置
log_archive_start	允许或禁止自动归档。如果允许，则当实例启动时，ARCH 进程自动启动
log_buffer	分配给重做日志缓冲区的字节数
log_checkpoint_interval	触发一个检测点需要填充的重做日志文件块数
max_dump_file	Oracle 追踪文件操作系统块的最大尺寸
processes	能与数据库连接的操作系统进程的最大数目，其中包括后台进程。当在 UNIX 服务器上调整共享内存时，这是很重要的

续表

参 数 名	作 用
remote_login_passwordfile	确定一个口令文件是否用于远程内部验证，并指定有多少数据库可以使用一个口令文件。它可以设置为 none、shared 和 exclusive
rollback_segments	在数据库启动时，自动联机回滚段的列表
sequence_cache_entries	能够缓存在系统全局区中的序列数。它应当设置成实例中随时能用的最大序列数
shared_pool_size	共享池的大小，用字节表示
snapshot_refresh_processes	在实例启动时，启动的 SNP 进程数目。SNP 进程负责刷新快照，以及执行由 DBMS_JOB 提交的数据库工作
timed_statistics	允许或禁止收集数据库的实时统计信息。虽然把该参数设置成真会导致性能开销，但是在数据库调整时有更大的灵活性
user_dump_dest	用户追踪文件的最终目录，包括通过设置 sql_trace 为真所产生的那些文件

（2）控制文件。控制文件以"ctl"或"ctrl"为扩展名。控制文件维护数据库的全局物理结构，记录数据库中所有文件的控制信息。每个数据库至少要有一个控制文件，建议用户使用两个或更多控制文件，并存放在不同的磁盘上。Oracle 系统通过控制文件保持数据库的完整性，以及决定恢复数据时使用哪些重做日志。

控制文件是数据库的心脏，它包含数据库的数据文件和重做日志文件信息，数据库中的数据应该以何种字符集存储的信息，数据库中每个数据文件的状态和版本信息及其他的重要信息。包含在控制文件中的大部分参数是在数据库创建过程中设定的，并且相对来说是静态的，也就是说，它们不是经常改变的。控制文件采用二进制格式，并且是不可读或手动编辑的。

控制文件是在创建数据库时创建的。大多数数据库可以操作多个控制文件。特定控制文件的创建是在 init.ora 参数 CONTROL_FILES 中指定的，在"create database"子句中指定的数据库创建参数存储在这些文件中。

如果没有合适的控制文件，则数据库不能打开。如果由于某种原因控制文件无效或毁坏，则数据库将无法启动，并且存储在数据库中的数据信息将无法访问。因此，控制文件的镜像备份功能是被 Oracle 服务器内部支持的，并且也是大力推荐的。如果要将控制文件的镜像备份到一个新的数据库中，则只需要在发出"create database"命令之前，为 CONTROL_FILES 指定一个以上的参数值。要将控制文件镜像备份到一个现有数据库中，用户必须关闭数据库，将当前的控制文件复制到用户想要备份的目录当中，编辑 CONTROL_FILES 参数，以指定新的控制文件的位置，然后启动数据库。

（3）重做日志文件。重做日志文件以"rdo"为扩展名。重做日志文件包含对数据库所做的更改记录，这样万一出现故障可以启用数据恢复功能。一个数据库至少需要两个重做日志文件，用来做轮询：当第一个重做日志文件达到一定容量时，就会停止写入，而会转向第二个重做日志文件；当第二个重做日志文件也满时，就会转向第三个重做日志文件。当第三个重做日志文件满时，就会往第一个重做日志文件中写入。

归档模式指的是在向原来的记录中写入重做日志文件时，数据库会自动对原有的日志文件进行备份，需要通过大容量的硬盘空间来支持。

非归档模式指的是在向原来的记录中写入重做日志文件时，数据库不自动对原有的日志文件进行备份，以节约硬盘空间。

（4）数据文件。数据文件用于存放数据库数据，以"dbf"为扩展名。将数据放在多个数据文件中，再将数据文件分放在不同的硬盘中，可以提高存取速度。数据文件由数据块构成，块大小在创建数据库时确定。

（5）追踪文件。所有的 Oracle 数据库都至少有一个文件用于记录系统信息、错误及主要事件。这个文件叫作 sidALRT.log（这里 sid 是数据库系统的名称），存储在由 init.ora 参数 background_dump_dest 指定的位置。当调查数据库故障时，这是用户应该查看的第一个位置。关键的错误总是在这里记载，如数据库的启动和关闭信息、日志切换信息及其他的事件。

（6）ROWID（Row Identifier，行标识符）。为了提取信息，Oracle 数据库必须能够唯一识别数据库中的每一行。Oracle RDBMS 中用于这种任务的内部结构叫作 ROWID，这是存储数据库中每条记录的物理位置的两字节值。

（7）Oracle 块。我们能操作的最低层的数据库存储单元就是 Oracle 块，这是服务器能够访问的最小存储单元。不应该把它与操作系统块混淆，一个 Oracle 块是由操作系统块组成的，它们并不相同。

Oracle 块是操作系统块的整数倍。例如，在 UNIX 系统中，操作系统块通常为 8KB，因此用户应该将 db_block_size 设置为 8192、16384 等，使它成为 8KB 的整数倍。所有的数据访问都是以 Oracle 块的形式实现的。Oracle 块的大小是指在一次 I/O 过程中，RDBMS 从数据文件中读写的字节数。数据库对象大小和缓存中的块也是以 Oracle 块的形式设置的（尽管有些视图用字节显示存储容量，但这只是为了增加可读性）。

Oracle 块的大小是在数据库创建时为数据库设置的，是不能改变的。如果在创建数据库后，用户认为需要大一些的（或小一些的）块，那么用户不得不重新创建整个数据库。每个 Oracle 块都包含头信息空间、块中数据将来的更新空间及块中实际存储行所占空间。块头保存这样的信息，如在块中有行存在的数据库段、同时可以有多少事务访问块等。每个块还分配了一定量的空间，用于块中存储行的将来更新，如果升级引起原先的行变大，那么这个可用空间就被使用了。

2）用户数据库对象

用户数据库对象是指那些不是 Oracle RDBMS 专用的对象。虽然它们是由 Oracle 管理的，但是它们能够提供一组用户建造块。利用这些块，用户可以创建自己的数据库。

用户数据库对象包括数据文件、区间、表空间及数据库段。下面分别详细介绍。

（1）数据文件。Oracle 数据文件作为操作系统文件而存在，每个数据文件具有一个表空间，并且拥有存储在那个表空间里的实际数据。数据文件是文件系统中的实际文件，它可以像其他任何操作系统文件一样进行监控和操作。存储在数据文件中的数据采用 Oracle 二进制格式，这样除 Oracle RDBMS 之外，这些数据不能被其他任何对象读取。

数据文件是使用 SQL 命令 "create tablespace" 或 "alter tablespace" 创建的。一个数据文件的大小是根据 create 语句中指定的大小来建立的，而不是由它所存储的数据量决定的。例如，对于一个以 10MB 大小创建的数据文件，不管它包含 1 行还是 100 万行，它都占用 10MB 的空间。

（2）区间（extent）。区间是一个存储单位，由一个或多个逻辑连续的 Oracle 块组成，每个数据库段均由一个或多个区间组成，一个数据库段中的每个区间的大小可以相同或不同。

（3）表空间（table space）。表空间是一个数据结构，用于组合以相似方式访问的数据。每个表空间都是由一个或多个数据文件组成的，对于所有的数据库对象都必须指定一个表空间，它们在那里创建，于是组成对象的数据就存储到分配给指定表空间的数据文件中。

表空间用于分隔涉及数据访问的 I/O。例如，可以创建一个表空间来存储数据对象，也可以创建另外一个表空间来存储索引对象。通过给驻留在不同物理磁盘上的表空间分配数据文件，用户可以确保对索引数据的访问不会影响对索引指向的数据的访问。

在数据库备份和恢复中，表空间扮演了一个重要的角色。因为一个表空间直接映射到一个或多个数据文件，所以备份和恢复数据通常是在表空间（数据文件）下进行的。当然，备份或恢复操作应用于整个数据库时是例外的。

（4）数据库段（database segment）。数据库段是存储在数据库中的用户建立的对象。这在很大程度上包括了组成模式的数据（表）和索引。

除了用户创建的数据和索引段外，通常还有两种类型的段（称为系统段或管理员创建段），它们是临时段和回滚段。虽然那些拥有合法权限的用户可以创建这些段，但是最好由数据库系统管理员来创建这些段，然后让应用用户和程序共享这些段。

① 表（table）。表是存储数据的数据库段。每个表是由一列或多列组成的，每列都被指定一个名字和数据类型。每列的数据类型为存储在表中的数据定义了类型和精度。

② 索引（index）。索引是为了加速对特定表数据的访问而创建的数据段。一个索引拥有表的一列或多列的值及与这些列值相对应的 ROWID。当 Oracle 服务器需要在表中查找某一指定行时，它在索引中查找 ROWID，然后直接从表中提出数据。

在 Oracle RDBMS 中有几种可用的索引类型。到目前为止，最常用的索引类型是 B 树（B-tree）索引。它是执行标准的 create index 语句时需要使用的索引类型。B 树索引是标准的搜索树算法的一个变体。通过遍历索引树，用户保证能在相同数量的树遍历过程中找到所有的叶节点。每一个叶节点指向下一个和前一个叶节点的位置，这样就能够在索引扫描范围内进行快速索引搜索及类似操作。B 树索引能确保维持平衡状态，并且每个节点的 3/4 都是空的，以便为更新提供可用空间。

③ 回滚段（rollback segment）。回滚段是存储在数据库事务中发生改变的原始数据块的数据库对象。它们用于提供数据的已经改变但尚未提交的读一致性视图。当数据发生改变时，原始数据就被复制到回滚段中，而且在内存缓冲区中对数据块做出更改。如果其他用户会话要求同样的数据，那么存储在回滚段中的原始数据就会返回（这称为读一致性）。当提交做出更改的会话时，回滚段项将被标注为无效。

多个用户会话可以共享一个回滚段，每个回滚段至少由两个区间组成。当一个事务开始时，用户会话在一个可用回滚段中得到一个可用区间的专用锁，于是事务信息被写入回滚段中。如果事务填满了第一个区间，则它会被分配另一个区间。如果另一个区间不可用，则回滚段会自动地给自己分配其他区间，这正是用户会话所要获取的，这称为回滚段扩展（rollback segment extension）。因为区间的分配影响性能，所以用户的目标应该是在没有分配新区间的情况下使所有事务能够执行。

如果回滚段不能分配其他区间（或许是因为已经达到回滚段的最大区间数，或者在回滚段表空间上没有更多的自由区间），那么就会出现错误，而且事务将被回滚。这种情况通常发生在加载大量数据时。在那时，联机回滚段无法为事务提供足够的空间来存储全部的回滚信息。

④ 表簇（table cluster）。表簇是一个数据库对象，它可以将那些经常在相同数据块中一起使用的表进行物理分组。当用户处理那些经常连接在一起进行查询的表时，表簇

是特别有效的。一个表簇存储簇键（用于将表连接到一起的列），以及簇表中的列值。因为簇中的表都存储在相同的数据库块中，所以使用簇工作时，I/O 操作就减少了。

⑤ 散列簇（hash cluster）。散列簇是数据库存储的最后选项。在一个散列簇中，表是基于散列值组织的，在表的主键值上使用散列函数可以得到这个散列值。在从散列簇中提取数据时，散列函数用于要求的键值上，结果值给出 Oracle 散列簇中的存储数据的块。

使用散列簇能明显减少从表中提取数据行的 I/O 操作，但是使用散列簇也有一些缺点。

3. 数据字典

数据字典（data dictionary）是存储在数据库中的所有对象信息的知识库，Oracle RDBMS 使用数据字典获取对象信息和安全信息，而用户和数据库系统管理员用它来查阅数据库信息。数据字典保存数据库中数据库对象和段的信息，如表、视图、索引、包及过程，它还保存关于用户、权限、角色、审计和约束等的信息。数据字典是只读的，用户永远不要尝试对任何数据字典表中的任何信息进行手动更新或改动。数据字典由内部 RDBMS（X$）表、数据字典表、动态性能（V$）视图和数据字典视图组成。

1）内部 RDBMS（X$）表

Oracle 数据库的心脏就是内部 RDBMS（X$）表，在 Oracle RDBMS 中这些表用于跟踪内部数据库信息。X$表是加密命名的、非文献性的表，并且几乎是无法解密的。大多数内部 RDBMS 表不能被数据库系统管理员或用户直接使用。尽管如此，这些表仍包含有价值的信息。许多非文献性的或内部的统计和配置只能在内部 RDBMS 表中找到。

2）数据字典表

数据字典表（data dictionary table）存储表、索引、约束及所有其他数据库结构的信息。它们属于 SYS，通过运行 SQL.BSQ 脚本来创建（在数据库创建时自动发生）。通过它们名字后面的美元（$）符号（tab $、seg $、cons$等），很容易将它们辨认出来。在数据字典视图中，用户可以找到数据字典表中的大部分信息，一些应用或查询也可以从使用包含在基表中的信息中获益。

数据字典的列和表在 SQL.BSQ 文件中归档，这个文件可以在$ORACLE_HOE/database 目录中找到。当用户熟悉了 SQL.BSQ 的内容后，就可以更好地理解 Oracle RDBMS 存储数据字典和数据库信息的原理了。

3）动态性能视图

动态性能视图（dynamic performance view）是 Oracle 数据库系统管理员的主要依靠，

包含了大量数据库函数运行时的性能和统计信息。它具有较高的可读性（与内部 RDBMS 表相反）。也就是说，它能够被数据库系统管理员用于诊断和解决问题。关于大多数动态性能视图的文档能够在 Oracle Reference Manual 中查到。

注意，动态性能视图实际上是由 SYS 拥有的动态性能视图的公共同义词。当编写读取动态性能表的存储过程或函数时，这是很值得注意的。引用或授权给基表动态性能视图（而不是动态性能视图的公共同义词）常常是更必要的。

4）数据字典视图

数据字典视图是在内部 RDBMS 表和数据字典表上创建的视图，这意味着它能被终端用户与数据库系统管理员使用和查询。数据字典视图分成 3 类——DBA_、ALL_和 USER_视图。DBA_视图包含数据库所有对象的信息。例如，DBA_TABLES 包含所有已创建表的信息，ALL_视图包含用户查询表时可以访问的所有对象的信息，USER_视图包含用户查询表时表所拥有的全部对象的信息。

4. 其他数据库对象

数据库中还存储着一些其他对象，这些对象没有准确地按段分类，尽管如此，还是应该讨论一下它们。它们包括视图、序列、同义词、触发器、数据库链，以及存储包、过程和函数。后续章节分别对它们进行介绍。

3.3　Oracle 企业管理器

3.3.1　企业管理器概述

Oracle 9i 及以前版本的企业管理器是基于 C/S 架构的应用程序，OEM（Oracle Enterprise Manager，Oracle 企业管理器）需要在机器上进行单独安装才可以使用。而从 Oracle 10g 开始，OEM 便转移到 Web 系统上了，这为远程管理 Oracle 带来了方便。在 OEM 中，用户可以完成所有工作。本章中，我们将使用 OEM 来完成如下任务，一方面熟悉 OEM 的基本操作和 Oracle 中的基本数据对象，另一方面为后续章节做好数据上的准备。

3.3.2　创建表空间

表空间是一个逻辑概念，用于存放某一个或多个用户的数据库对象（如表、索引、用户、存储过程等），如果需要正常使用数据库，则必须首先为其创建表空间。系统安装时默认自带了几个表空间，如 SYSAUX、SYSTEM、TEMP、UNDOTBS1、USERS 等，可以使用 USERS 这个表空间来保存我们自己的数据库对象。建议新建一个表空间，这不仅不破坏系统现有的配置，还有助于了解如何创建表空间及一些注意事项。

创建表空间有以下两种方法。

- 使用 SQL 语句创建。
- 使用 OEM 可视化创建。

在使用 OEM 进行可视化创建时，我们仍然可以查看到创建表空间的 SQL 语句（由Oracle 自动生成），这便于我们学习 Oracle 中的各类 SQL 语句。创建步骤如下。

（1）使用 sys 或 system 账号登录 OEM，进入"管理"页签，单击"表空间"超链接进入"表空间"界面，如图 3-28 所示。

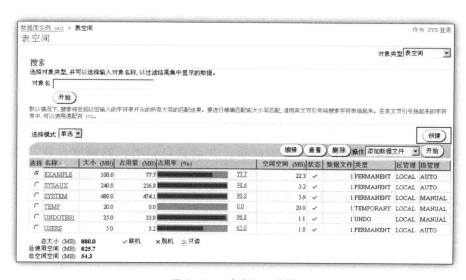

图 3-28 "表空间"界面

（2）单击"创建"按钮，进入"创建表空间"界面（见图 3-29），输入表空间名称——LEARN。在 Oracle 系统中，默认不区分大小写，任何小写形式最终都将转换成大写形式进行处理。

（3）在"创建表空间"界面中单击"添加"按钮，进入"添加数据文件"界面（见图 3-30），为表空间添加数据文件（用于保存数据库对象）。为数据文件输入如下信息。

- 文件名：通常以表空间名称+.DBF 作为完整的数据文件名称，此处输入"LEARN.DBF"。
- 文件目录：保持默认即可，也可自行指定。

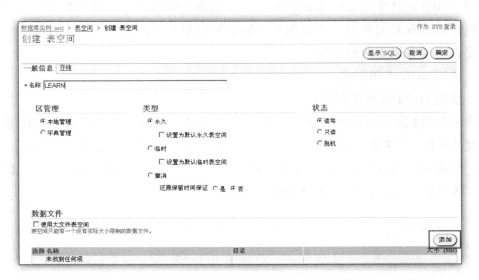

图 3-29　"创建表空间"界面

- 文件大小：指定表空间对应的数据文件的初始大小，如果只是为了学习，可以少分配一些大小，如 100MB 即可。
- 数据文件满后自动扩展：选中此项，并设置自动增长的幅度，通常为初始大小的 10%即可。

最后单击"继续"按钮回到主界面。

图 3-30　"添加数据文件"界面

（4）查看 SQL 语句。单击界面右上角的"显示 SQL"按钮（见图 3-29），我们可以查看在创建表空间时 Oracle 使用的 SQL 语句（见图 3-31）。事实上，界面的可视化操作帮助我们拼装出了这样的 SQL 语句，最终 Oracle 依然依靠运行该 SQL 语句达到创建表空间的目的，后续的其他操作也是同样的道理。

注意，当创建表空间时，最好将生成的 SQL 语句复制下来，这样下一次需要创建表空间时，直接运行该 SQL 语句即可，而不需要通过 OEM 做各种复杂的操作，从而节约大量的时间。对于后续的创建表、创建用户或其他任何操作，最好都将 SQL 语句复制下来并保存到硬盘中以节省大量的时间。

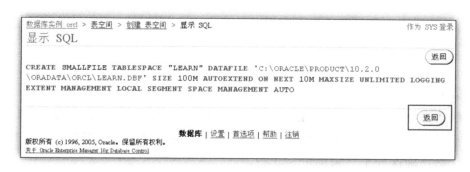

图 3-31 "显示 SQL"界面

（5）返回主界面，单击"确定"按钮，表空间将成功创建。表空间创建完成，相当于数据文件已经生成，只不过这个文件中没有什么东西，我们需要逐渐为其添加数据，各类数据库对象便是填充表空间的基本元素。

3.3.3 创建用户

当一个表空间创建完成后，我们还需要为其创建用户，否则将只有 sys 和 system 这两个管理员用户才可以访问表空间，而绝大多数情况下，我们只使用数据，而不会牵涉管理。另外，出于安全性考虑，我们也不能总是使用权限很高的管理类用户来作为访问用户。所以，我们需要专门为表空间创建用户，一个表空间可以允许多个用户访问，而一个用户通常只能访问一个表空间。创建用户的步骤如下。

（1）打开 OEM，选择"管理"页签，单击"用户和权限"类别下的"用户"超链接，进入"用户"界面，如图 3-32 所示。

（2）单击"创建"按钮，进入"创建用户"界面（见图 3-33），输入如下信息。

- 用户名称：TESTER。

图 3-32　"用户"界面

- 输入口令：123456（本书如无特殊说明，普通用户都将使用该口令）。
- 默认表空间：LEARN，也可单击手电筒图标直接浏览 LEARN 表空间。
- 临时表空间：TEMP，这是系统已经创建的表空间，专门用于存放临时数据。
- 状态：确保处于"未锁定"状态。

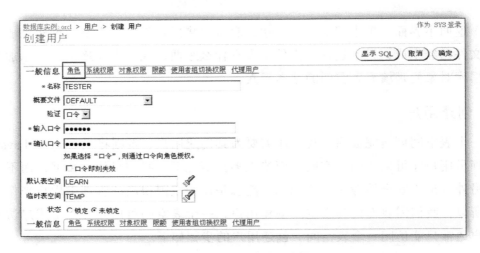

图 3-33　"创建用户"界面

（3）为用户指定角色。对于普通用户，只需要指定 CONNECT 和 RESOURCE 两种角色即可，该两种角色为基本角色。

- CONNECT 角色是每个普通用户都应该具备的基本角色，否则该用户将无法使用 Create Session 权限创建一个新的连接会话。简言之，该用户将不能访问数据库。如果没有该权限，当使用该用户连接到 Oracle 时，系统将报出如下错误。

```
ORA-01045: user TESTER lacks CREATE SESSION privilege; logon denied
```

● RESOURCE 角色使用用户具备基本的操作权限，如创建表或索引等。

如果需要了解每种角色所具有的权限，则可以通过以下两种方式完成。

① 使用 SQL 语句 select * from dba_sys_privs where grantee='RESOURCE'查询。如果使用 Sys 登录，则通过 select * from role_sys_privs where role='RESOURCE'查询。

② 使用 OEM。进入"管理"页签，单击"角色"超链接可以查看各种角色所具有的权限。用户也可以定义自己的角色，使用 OEM 可以快速完成，此处不再具体介绍。需要注意的是，在添加角色时如果选择"管理选项"选项，则表明该用户有权利将自己的权限再授权给其他用户。出于安全性考虑，通常情况下不建议选择"管理选项"选择。

在创建用户时，切换到"角色"页签，单击"编辑列表"按钮，进入"修改角色"界面（见图 3-34），确保 CONNECT 和 RESOURCE 角色已添加到"所选角色"列表中。

图 3-34 "修改角色"界面

（4）添加权限。运行 select * from dba_sys_privs where grantee='RESOURCE'语句（需要以 sys 账号登录），查询 RESOURCE 角色的权限，如表 3-5 所示。

表 3-5　RESOURCE 角色的权限

权　　限	说　　明
CREATE CLUSTER	创建聚簇表
CREATE INDEXTYPE	创建索引
CREATE OPERATOR	创建数据库操作者
CREATE PROCEDURE	创建存储过程
CREATE SEQUENCE	创建序列
CREATE TABLE	创建表
CREATE TRIGGER	创建触发器
CREATE TYPE	创建类型

　　如果需要为 TESTER 用户添加其他权限，也可以进入"系统权限"页签，单独为用户添加单个权限（当然，最简单的解决方案是自定义一个角色，将常用的权限都加入该角色，这样每次创建用户时只需要为其指定某个角色即可）。

　　这里为 TESTER 用户添加 CREATE VIEW 和 UNLIMITED TABLESPACE 权限，如图 3-35 所示。

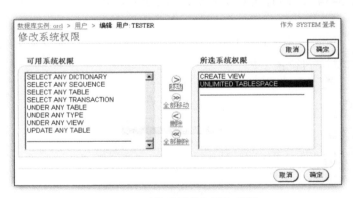

图 3-35　"修改系统权限"界面

　　另外，Oracle 允许对单个数据库对象赋予更详细的权限，可以赋予某个用户对某一张表或一个存储过程的具体操作权限，在用户的"添加表对象权限"界面（见图 3-36）进行添加即可。如果不赋予权限，则默认情况下用户拥有所有的权限。

　　（5）查看创建用户的 SQL 语句。我们可以在任何时候单击"显示 SQL"按钮查看当前操作所使用的 SQL 语句，这对我们学习 SQL 有非常大的帮助。建议不要只停留在界面操作上，而是要明白后台所使用的 SQL 语句，因为这才是真正起作用的东西。

图 3-36 "添加表对象权限"界面

至此，用户 TESTER 创建完成。我们可以尝试使用 SQL Plus 登录 Oracle。使用命令 sqlplus tester/T123456@orcl 即可登录。如果用户正常，使用该用户便可以访问 Oracle 数据库对象。另外，该用户是普通用户，不能执行很多只有 sys 或 system 用户才可以执行的操作。

3.3.4　创建表

表是数据库中最基本的对象，用于存储数据，没有表的数据库没有任何意义。在学习如何创建表之前，首先需要设计好表结构及表与表之间的关系。对表的设计是一门大学问，特别是真实的生产环境，一批设计合理的表将大幅提升数据库查询性能，数据组织合理，便于开发数据库代码，节省数据存储空间等。此处我们按照数据库设计范式（第一范式、第二范式、第三范式）的要求来设计即可。

下面以设计一个学校管理系统的表为例来介绍表的具体设计过程。为了简洁明了，我们只取其中 3 张基本表来完成设计。

- 学生信息表——student 表（见表 3-6）。

表 3-6　student 表

字　　段	字段标识符	字　段　类　型	长度（字节）	约　　　束
学号	sid	char	6	主键
姓名	sname	char/varchar2	10	—
性别	ssex	char (M/F)	1	—
年龄	sage	int	—	—
电话	sphone	varchar2	12	—

- 课程信息表——course 表（见表 3-7）。

表 3-7 course 表

字段	字段标识符	字段类型	长度（字节）	约束
编号	cid	char	—	主键
名称	cname	varchar2	20	—
课时	chour	int	—	—
讲师	tname	varchar2	10	—

- 学生成绩表——score 表（见表 3-8）。

表 3-8 score 表

字 段	字段标识符	字 段 类 型	长度（字节）	约 束
编号	scid	int	—	主键
学号	sid	char	—	外键
课程	cid	char	—	外键
成绩	grade	int	—	—

下面分析表与表之间的关系。因为 student 表和 course 表为多对多关系，所以需要使用第三张表来建立多对多关系。正好 score 表是用来保存学生成绩的，涉及学生信息和课程信息，所以 score 既可以用于保存成绩，又可以用于保存 student 表和 course 表的关系。

在 score 表中，score.sid 引用自 student 表中的 sid，即 score 表为 student 表的外表；score.cid 引用自 course 表中的 cid，即 score 表同为 course 表的外表。因此，student 表和 course 表均为 score 表的主表。student.sid 为主键，score.sid 为外键，course.cid 为主键，score.cid 为外键。

下面介绍在 OEM 中创建表的过程（表之间关系的建立将在 3.3.5 节中介绍）。

首先，进入 OEM 的"管理"页签，在"方案"子节点下单击"表"超链接，进入"表"界面，在"方案"文本框中输入"TESTER"，单击"开始"按钮进行搜索，将列出用户 TESTER 所拥有的表（见图 3-37）。该用户已经拥有一张名为"STUDENT"的表。如果该用户没有任何表，则不会显示记录。在此注意一下"方案"这个单词，其在 Oracle 的英文术语为"Schema"，有的书也将其翻译成"模式"，其实就是指某个用户所有的数据库对象。

然后，单击"创建"按钮，为用户 TESTER 创建表，并单击"继续"按钮，进入"创建表"界面，同时输入相关信息（见图 3-38）。

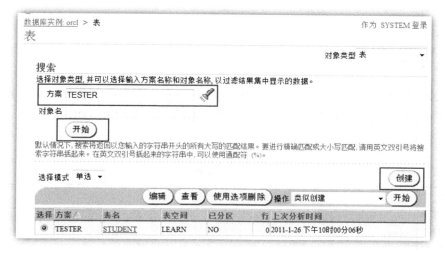

图 3-37　TESTER 用户下的表

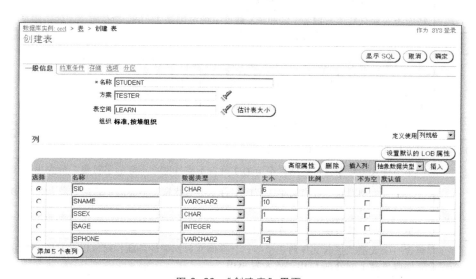

图 3-38　"创建表"界面

　　至此，一个最基本的表结构已经设计完成。单击右上角的"显示 SQL"按钮，通过查看 SQL 语句，了解如何使用 SQL 语句来创建表。

```
create table "tester"."student"
(
  "sid" char(6),
  "sname" varchar2(10),
  "ssex" char(1),
```

```
  "sage" integer,
  "sphone" varchar2(12)
)
tablespace "learn"
```

通过上面的 SQL 语句便可以创建一个最基本的表，该表没有指定主键，没有创建索引，没有任何约束条件。按照同样的方式创建 COURCE 表和 SCORE 表。

Oracle 数据类型如表 3-9 所示。

表 3-9　Oracle 数据类型

数据类型	说　　明
varchar2(size)	可变长度的字符串，其最大长度为 size 字节；size 的最大值是 4000，而最小值是 1；用户必须指定一个 varchar2 的 size
nvarchar2(size)	可变长度的字符串，依据所选的国家字符集，其最大长度为 size 字符或字节；size 的最大值取决于存储每个字符所需的字节数，其上限为 4000；用户必须指定一个 nvarchar2 的 size
number(p,s)	精度为 p 并且数值范围为 s 的数值，精度 p 的范围是 $1\sim38$，数值范围 s 的范围是 $-84\sim+127$
long	可变长度的字符数据，其长度可达 2GB
date	有效日期范围是公元前 4712 年 1 月 1 日至公元后 4712 年 12 月 31 日
raw(size)	长度为 size 字节的原始二进制数据，size 的最大值为 2000B，用户必须为 raw 指定一个 size
long raw	可变长度的原始二进制数据，其最长可达 2GB
char(size)	固定长度的字符数据，其长度为 size 字节，size 的最大值是 2000B，而最小值和默认值均是 1
nchar(size)	固定长度，根据 Unicode 标准定义
clob	一个字符大型对象，可容纳单字节的字符，不支持宽度不等的字符集，最大为 4GB
nclob	一个字符大型对象，可容纳单字节的字符，不支持宽度不等的字符集，最大为 4GB，存储国家字符集
blob	一个二进制大型对象，最大为 4GB
bfile	包含一个大型二进制文件的定位器，其存储在数据库的外面；可以以字符流 I/O 访问存在数据库服务器上的外部 LOB；最大为 4GB

3.3.5　创建约束

前面介绍了基本表的创建，下面详细介绍 Oracle 中的各类约束条件及其作用。事实上，本节的各种概念也适用于其他关系数据库，如 Microsoft 的 SQL Server 等。

1. 约束条件

在数据库中，通常存在 5 类约束条件，它们是非空约束、主键约束、唯一约束、检查约束和外键约束。首先我们需要明白为何需要约束。约束就是对表中的数据进行限制，允许什么样的值，不允许什么样的值。为了保持数据的实体完整性和参照完整性，避免出现"脏数据"，我们需要使用约束。

1）非空约束

约束列的值不允许为空。在设计表时，应尽量避免过多"空"值，空值太多将会影响数据库的性能。

2）主键约束

第二范式要求行必须具有唯一性，主键是标识行的唯一性的关键。例如，公民的身份证号、学生的学号、银行卡的卡号等均可以唯一标识某一条记录，因此可以将这样的列设置为主键。主键约束具有如下特点。

- 设置为主键的列将会自动创建索引。
- 主键不允许为空。
- 主键约束可以定义在一列上，也可以定义在多列的组合上，但是一张表中只能定义一个主键。

3）唯一约束

唯一约束用于确保列值的唯一性，具有如下特点。

- 不能包含重复值，但允许为空。
- 可以为一列定义唯一约束，也可以为多列的组合定义唯一约束。
- 系统将自动为唯一约束的列创建索引。

4）检查约束

检查约束用于用户自定义的约束。例如，对于学生性别，可以约束为只允许取"男"或"女"两个值；对于学生年龄，可以约束为 15～50 岁等。

常用的检查约束如下。

- 指定值：如 ssex in ('M','F')。
- 范围约束：如 sage between 15 and 50。

5）外键约束

为确保参照完整性，必须使用外键约束。例如，score 表中的 sid 取值只能来自 student 表中的 sid 值，如果 score 表中的 sid 取值不属于 student 表中 sid 列的某个值，则不允许插入数据。另外，如果我们需要删除 student 表中的某条记录，而该条记录的 sid 已经在 score 这张外表中存在了，则不允许删除。除非我们使用强制删除操作，级联地也将 score 表中的记录一并删除，否则将会出现脏数据。

2. 创建主键约束

下面为 course、student、score 这 3 张表创建主键约束。需要注意的是，主键约束在任何时候都是必需的，否则将很有可能违反第二范式。

（1）新建一张表或编辑现有的表，切换到"约束条件"页签，从右边的约束类型下拉列表中选择 PRIMARY 选项，单击"添加"按钮，如图 3-39 所示。

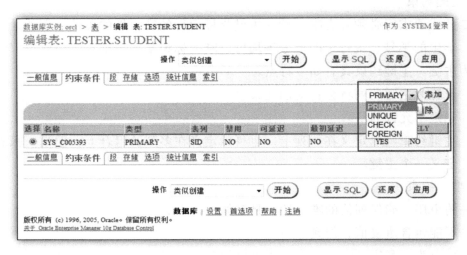

图 3-39　添加主键

（2）进入"添加 PRIMARY 约束条件"界面（见图 3-40），选中主键列，将其移动到"所选列"列表中，单击"继续"按钮完成主键的添加。主键的名称可以由系统自动分配，这里保持<System Assigned 1>即可。

（3）按同样的方式为 student 表和 score 表创建主键。

3. 创建唯一约束

score 表中的 sid 和 cid 两列均允许不唯一，但是 sid 和 cid 的组合则允许唯一，因为这才满足实际情况——一名学生所学的一门课程不可能会有两个成绩，所以下面为 score 表中 sid 和 cid 两列的组合设置唯一约束。

从约束类型下拉列表中选择"UNIQUE"约束，单击"添加"按钮，将 sid 和 cid 移动到"所选列"列表中（见图 3-41）。

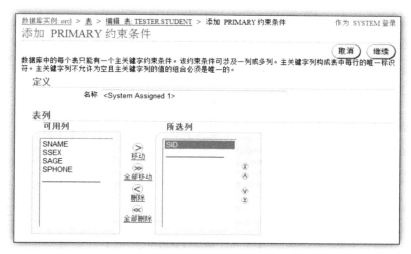

图 3-40　添加主键约束条件

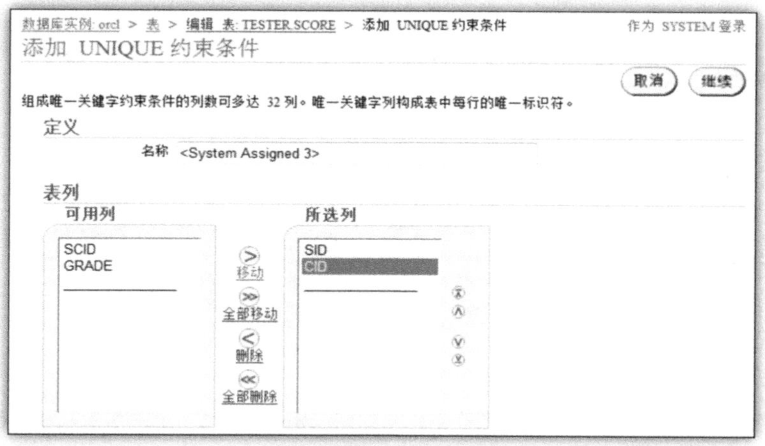

图 3-41　添加唯一约束条件

4．添加检查约束

为 student 表添加检查约束，约束 ssex 列只能使用字符 "M" 或 "F" 作为输入，不接受其他值，如图 3-42 所示。

5．添加外键约束

为 score 表添加外键约束，外键约束关系如下。

score.sid 引用 student.sid，score.cid 引用 course.cid，如图 3-43 所示。

图 3-42　添加检查约束

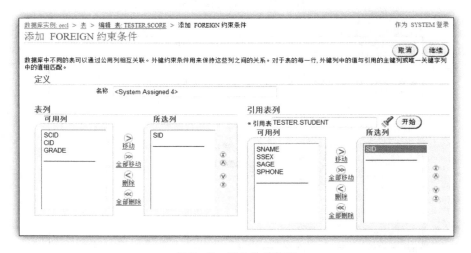

图 3-43　添加外键约束

3.4　标准 SQL 语句

　　SQL（Structured Query Language，结构化查询语言）是一种数据库查询和程序设计语言，用于存取数据及查询、更新和管理关系数据库系统。

　　SQL 是高级的非过程化编程语言，允许用户在高层数据结构上工作。它不要求用户指定对数据的存放方法，也不需要用户了解具体的数据存放方式。它能使具有底层结构完全不同的数据库系统和不同数据库之间，使用相同的 SQL 作为数据的输入与管理。它以记录集合作为操作对象，所有 SQL 语句接受集合（作为输入），返回集合（作为输出），这种集合特性允许一条 SQL 语句的输出作为另一条 SQL 语句的输入，所以 SQL 语句可以嵌套，这使它具有极大的灵活性和强大的功能。在多数情况下，在其他语言中需要一大段程序实现的功能，只需要一个 SQL 语句就可以达到目的，这也意味着用 SQL 语言可以写出非常复杂的语句。

SQL 结构简洁，功能强大，简单易学，并且得到了广泛的应用。

简单来说，SQL 可以分为 4 部分：

- 数据定义语言（Data Definition Language，DDL）；
- 数据操纵语言（Data Manipulation Language，DML）；
- 数据控制语言（Data Control Language，DCL）；
- 事务控制语言（Transaction Control Language，TCL）。

对于不同的关系型数据库管理系统，会基于 SQL 做一些扩展，但是标准的 SQL 语句是每个数据库产品都支持的，本节介绍标准的 SQL 语句。

3.4.1 数据定义语言

数据定义语言（DDL）用于创建、删除和修改数据库对象（如表、索引、存储过程、视图等）。下面以表为例介绍 DDL。其他数据库对象的操作方式类似。

例如，对于 student 表，要了解其 DDL 的 SQL 语句，可以从 OEM 中直接获取（见图 3-44）。其他所有数据库对象均使用相同的操作。

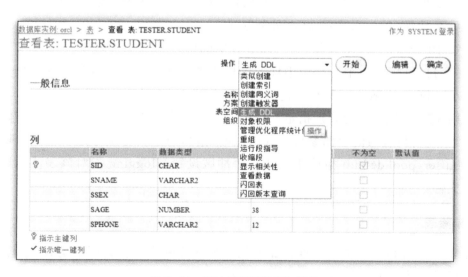

图 3-44 通过 OEM 获取 DDL 语句

1. 创建表

创建 score 表的 DDL 语句如下。

```
1  create table "tester"."score" (
2    "scid" number(38),
3    "sid" char(6),
4    "cid" char(6),
5    "grade" number(38),
6    foreign key("cid") references "tester"."course" ("cid") validate,
7    foreign key("sid") references "tester"."student" ("sid") validate,
8    primary key("scid") validate
9  )
10 tablespace "learn"
11 pctfree 10
12 initrans 1
13 maxtrans 255
14 storage(initial 64K buffer_pool default) logging;
```

对上述语句的说明如下。

- 第 1 行为 tester 用户创建一张表名为 score 的表。
- 第 2 行指定表的列名、列数据类型及列的长度。
- 第 6 行为 score 表的 cid 列创建外键约束，引用 course 表的 cid 列。
- 第 8 行指定 score 表的 scid 列为主键。
- 第 10 行指定 score 表保存在 learn 表空间中。
- 第 11 行指定一个数据块中保留的用于更新块里已有记录的空间占块大小的最小比例，pctfree 10 指最小比例为 10%。
- 第 12 行和第 13 行分别指定一个数据块中并发事务的初始值和最大值。
- 第 14 行设置表的存储参数。initial 64K 指当创建段时分配的第一个区间的大小。buffer_pool default 指使用默认的缓冲区设置，logging 指对该表使用重做日志文件。

2. 删除表

删除表的语法非常简单。注意，drop 用于彻底删除表结构，而不是表里的记录，删除表中的记录使用 delete 关键字。

【例 3-1】 删除 student 表。

```
drop table student;
```

要删除其他数据库对象，可使用相同的语法格式，如删除索引，可使用 drop index
"索引名称"。

3. 修改表

alter 关键字用于修改表结构、列类型以及添加或删除表中的列、主键、外键、索
引等。

【例 3-2】 修改 student 表的 sname 列的长度为 20。

```
alter table "tester"."student" modify ( "sname" varchar2(20) );
```

3.4.2　数据操纵语言

数据操纵语言用于添加、修改、删除表中的数据，它是针对表数据而非表结构的。

1. 插入记录

使用 insert 关键字向表中插入记录的语法格式如下。

* 向表里的所有列写入记录。

```
insert into 表名 values(值 1, 值 2, 值 3...);
```

* 向表里指定的列写入记录。

```
insert into 表名 (列 1, 列 2, 列 3...) values(值 1, 值 2, 值 3...);
```

【例 3-3】 向 student 表中插入两条记录。

```
insert into student values('SH6101', '徐轩','M', 19, '13611112222');
insert into student(sid, sname, ssex, sage, sphone) values('SH6116', '刘函', 'F',
26, '13354432277');
```

需要注意的是，如果列的类型是字符或字符串型，则需要以单引号分隔。

2. 删除记录

删除表中记录的语法格式如下。

```
delete from 表名 where 过滤条件;
```

【例 3-4】　删除 student 表中的所有记录。

```
delete from student;
```

【例 3-5】　删除 student 表中学号为 SH6110 的记录。

```
delete from student where sid='SH6110';
```

在标准 SQL 语句中，除了使用 delete 来删除整个表数据外，还可以使用 truncate 语句来进行删除。该语句将直接清空所有表数据，并且无法回滚。例如，使用 truncate 语句清空 score 表的数据。

```
truncate table score;
```

关于 truncate，注意以下几点。

- truncate 在各种表上（无论是大的还是小的）的操作速度都非常快。
- truncate 是一个 DDL 语句，像其他所有的 DDL 语句一样，将隐式提交它，不能对 truncate 使用 rollback 命令，但可以对 delete 使用 rollback，以撤销删除行为。
- truncate 将重置高水平线和所有的索引。在对整个表和索引进行浏览时，经过 truncate 操作的表比经过 delete 操作的表中的浏览速度要快得多。
- truncate 不能触发任何 delete 触发器。
- 使用 truncate 不能授予任何人清空他人的表的权限。
- 当使用 truncate 清空表后，表和表的索引将重置成初始大小，而 delete 则不能。
- 使用 truncate 不能清空父表。当父表被子表引用后，父表将无法进行 truncate 操作。

注意，读者在学习时由于习惯了 select 的语法格式，很容易将 delete 的语法写成 delete * from 表名，这种写法是错误的。

3. 修改记录

修改表中记录的语法格式如下。

```
update 表名 set 列名=新值 where 过滤条件;
```

【例 3-6】　将 student 表中学号为 SH6110 的学生的姓名修改为"张三"。

```
update student set sname='张三' where sid='SH6110';
```

3.4.3　数据查询语言

DDL 和 DML 的语法相对比较简单，学习起来也很容易，在 SQL 语句的学习中，最难的部分就是查询，关键字为 select。查询语句的学习涉及很多内容，不仅可以对一个表进行查询，而且可以多个表联合查询和嵌套查询，这是本章的重点，也是难点。

select 语句的语法规则如下。

```
select [all | distinct]
{* | table.* | [table.]field1 [as alias1] [,[table.]field2 [as alias2][,…]]}
from tableexpression[,...] [in externaldatabase]
[where...]
[group by...]
[having...]
[order by...]
```

1. 准备工作

为方便后续学习，我们先为 student、course 和 score 这 3 张表插入一批记录，可使用 SQL Plus 或使用 PLSQL Developer 运行如下 insert 语句。

向 student 表中插入记录。

```
insert into student values('SH6101', '徐轩','M', 19, '13611112222');
insert into student values('SH6102', '陈霞光','F', 22, '13811112222');
insert into student values('SH6103', '夏晓燕','F', 23, '13811112222');
insert into student values('SH6104', '张萍莉','F', 22, '13315512222');
insert into student values('SH6105', '于佳文','M', 32, '13811112222');
insert into student values('SH6106', '俞小华','F', 32, '13515532222');
insert into student values('SH6107', '陈林','M', 25, '13811112222');
insert into student values('SH6108', '王文佶','M', 22, '13811112222');
insert into student values('SH6109', '周永彪','M', 20, '13812232222');
insert into student values('SH6110', '叶玉娟','F', 22, '13911112222');
insert into student values('SH6111', '华嘉','M', 26, '13911111234');
insert into student values('SH6112', '陈文','M', 22, '13311341236');
insert into student values('SH6113', '王利君','F', 33, '18911345223');
insert into student values('SH6114', '张璐','F', 19, '13332112222');
insert into student values('SH6115', '金毅','M', 22, '13654432236');
insert into student values('SH6116','刘丁函','F', 26, '13354432277');
insert into student values('SH6117', '金小子','M', 22, '13654432237');
```

向 course 表中插入记录。

```
insert into course values('SHCO01','测试基础',7,'宋锋');
insert into course values('SHCO02','软件质量',7,'宋锋');
insert into course values('SHCO03','SQL Server',21,'邓强');
```

```
insert into course values('SHCO04','测试过程',7,'陈霁');
insert into course values('SHCO05','C 语言',14,'吴晓红');
insert into course values('SHCO06','Linux',28,'邓强');
insert into course values('SHCO07','系统测试',14,'吴小红');
insert into course values('SHCO08','LoadRunner',56,'陈霁');
insert into course values('SHCO09','QTP',52,'吴晓红');
insert into course values('SHCO10','项目实践',56,'邓弱');
insert into course values('SHCO11','配置管理',7,'陈小霁');
insert into course values('SHCO12','单元测试',35,'陈大霁');
```

向 score 表中插入记录。

```
insert into score values(1, 'SH6115', 'SHCO01', 69);
insert into score values(2, 'SH6116', 'SHCO02', 88);
insert into score values(3, 'SH6117', 'SHCO10', 55);
insert into score values(4, 'SH6109', 'SHCO01', 69);
insert into score values(5, 'SH6106', 'SHCO04', 90);
insert into score values(6, 'SH6103', 'SHCO10', 82);
insert into score values(7, 'SH6111', 'SHCO01', 38);
insert into score values(8, 'SH6116', 'SHCO03', 88);
insert into score values(9, 'SH6116', 'SHCO10', 80);
insert into score values(10, 'SH6113', 'SHCO02', 79);
insert into score values(11, 'SH6112', 'SHCO02', 83);
insert into score values(12, 'SH6117', 'SHCO10', 62);
insert into score values(13, 'SH6112', 'SHCO01', 59);
insert into score values(14, 'SH6108', 'SHCO02', 88);
insert into score values(15, 'SH6108', 'SHCO10', 72);
insert into score values(16, 'SH6108', 'SHCO01', 99);
insert into score values(17, 'SH6109', 'SHCO03', 100);
insert into score values(18, 'SH6111', 'SHCO08', 87);
insert into score values(19, 'SH6111', 'SHCO03', 65);
insert into score values(20, 'SH6116', 'SHCO08', 78);
insert into score values(21, 'SH6117', 'SHCO08', 84);
insert into score values(22, 'SH6115', 'SHCO08', 65);
insert into score values(23, 'SH6116', 'SHCO06', 86);
insert into score values(24, 'SH6117', 'SHCO10', 82);
insert into score values(25, 'SH6110', 'SHCO01', 49);
insert into score values(26, 'SH6110', 'SHCO02', 88);
insert into score values(27, 'SH6110', 'SHCO10', 61);
```

　　注意，如果使用 PLSQL Developer 作为工作平台，则需要注意中文乱码的问题。如果发现乱码，则可以通过修改操作系统环境变量的方式来解决乱码问题。在环境变量中添加如下两个环境变量即可。

```
LANG = zh_CN.GBK
NLS_LANG = SIMPLIFIED CHINESE_CHINA.ZHS16GBK
```

2. 基础查询语句

基础查询的代码示例如下。

【例 3-7】 查看表中的所有数据。

```
select * from student;
select * from course;
select * from score;
```

【例 3-8】 从表中选择需要的列。

```
select cid, cname, chour, tname from course;
```

【例 3-9】 重命名列。

```
select cname 课程名称, tname 讲师姓名 from course;
select cname as 课程名称, tname as 讲师姓名 from course;
```

【例 3-10】 选择前 3 条记录。

```
select * from student where rownum<4;
```

【例 3-11】 选择后 3 条记录。

```
select * from (select * from student order by sid desc) where rownum<4;
select * from student where rownum<4 order by sid desc;
```

3. rownum 的应用

rownum 是一种伪列，它会根据返回记录生成一个序列化的数字，为返回的第一行分配的是 1，第二行是 2，依次类推。这个伪字段可以用于限制查询返回的总行数，而且不能以任何表的名称作为前缀。

例如，以下语句将无法正常运行。

```
select student.*, student.rownum from student;
```

如果要将 rownum 这个虚拟的、动态产生的列显示出来，则可以使用如下语句。

```
select t.*,rownum from student t;
```

如果我们在查询表时加入了限制条件，则 rownum 又将动态生成。结论是 rownum 不会与任何一行进行绑定，都是根据查询后的记录来生成的。

```
select t.*,rownum from student t where sage>25;
```

由于 rownum 的特殊性，在使用 rownum 时必须注意以下事项。

- 如果希望找到 student 表中第一个学生的信息，则可以使用 rownum=1。但是要找到 student 表中第二个学生的信息，使用 rownum=2 将查不到数据。因为 rownum 都从 1 开始，判断 1 以上的自然数是否等于 rownum 的结果都是 false，所以无法查到 rownum = n（$n>1$ 的自然数）。

```
select * from student where rownum=1; -- 能查询到第 1 条记录
select * from student where rownum=2; -- 不能查询第 2 条记录
```

- 如果想找到第 2 条记录以后的记录，则使用 rownum>2 是查不出记录的。因为 rownum 是一个始终从 1 开始的伪列，Oracle 认为 rownum> n（$n>1$ 的自然数）这种条件依旧不成立，所以查不到记录。

```
select * from student where rownum>2; -- 不能查询到记录
```

- 如果要查询前 3 条记录，则使用 rownum<4 是能获取到的。显然，Oracle 认为 rownum<n（n 是大于 1 的自然数）的条件是成立的，所以可以找到记录。

```
select * from course where rownum<4;  -- 选择前 3 条记录
```

- 如果要查询后 3 条记录，则要考虑的情况会复杂一些。例如，按学号（sid）和年龄（sage）进行倒序排列，查询最后 3 条记录。下面两个 SQL 语句的结果有何异同？

```
select * from student where rownum<4 order by sid desc; -- 正常返回最后 3 条记录
select * from student where rownum<4 order by sage desc; -- 返回前 3 条记录
```

可以看到，同样的 SQL 语句，只是排序列不一样，就得到了完全不一样的结果。从两个语句的对比中可以看出，在第 2 条语句中，rownum 并不是以 sage 列生成序列号的，而是在插入记录时参考主键列生成的。我们在使用第一条语句时可以成功取得最后 3 条记录，原因在于第 1 条语句是按照主键进行排序的。

- 如果要按照非主键来进行最后记录数的提取，则需要使用复合查询语句。

```
select * from (select * from student order by sage desc) where rownum<4;
```

- 有的时候，我们需要对记录进行分页（如我们在浏览论坛帖子时的分页查询论坛主题一样），这时我们会期望返回一个指定范围内的记录。如果要返回第 10～20 条记录，可使用如下 SQL 语句。

```sql
select * from student where rownum<20
minus   -- 将两条记录集相减
select * from student where rownum<10;
```

或者

```sql
select * from (select rownum r, student.* from student where rownum<=20 order by
sid) where r>=10;
```

4. 排序显示

排序显示的代码示例如下。

【例 3-12】 按某个字段排序（升序或降序）。

```sql
select * from course order by chour asc;  -- 升序
select * from course order by chour desc;  -- 降序
```

【例 3-13】 通过列的顺序值进行排序，对第 3 列进行排序。

```sql
select * from course order by 3;
```

5. 模糊查询

【例 3-14】 查询姓"吴"的老师。

```sql
select * from course where tname like '吴%';
```

【例 3-15】 查询姓名中最后一个字是"红"的老师。

```sql
select * from course where tname like '%红';
```

【例 3-16】 查询姓名中包含"小"的老师。

```sql
select * from course where tname like '%小%';
```

【例 3-17】 查询姓名为 3 个字的老师。

```sql
select * from course where tname like '___';
```

【例 3-18】 查询姓"陈"并且名为两个字的老师。

```
select * from course where tname like '陈__';
```

【例 3-19】 查询并返回老师的姓。

```
select distinct substr(tname,0,2) from course;
```

6. 聚合函数查询

聚合函数主要包括 count、max、min、sum、avg。示例代码如下。

【例 3-20】 统计学员的记录数。

```
select count(*) from student;
select count(sid) from student;
```

【例 3-21】 统计年龄在 20 岁及以下的人数。

```
select count(sage) from student where sage<=20;
```

【例 3-22】 查看年龄最大的学生。

```
select max(sage) from student;
select * from student where sage = (select max(sage) from student);
```

【例 3-23】 查看年龄最小的学生。

```
select * from student where sage = (select min(sage) from student);
```

【例 3-24】 统计课时总数。

```
select sum(chour) from course;
```

【例 3-25】 统计课时平均数。

```
select sum(chour)/count(chour) from course;
select avg(chour) from course;
-- 精确到两位小数
select trunc(avg(chour),2) from course;
-- 四舍五入，保留整数位
select round(avg(chour)) from course;
```

7. 嵌套查询

嵌套查询的示例代码如下。

【例 3-26】 找出所有比这个班里年龄最小的男生都大的学生。

```
select * from student where sage > (select min(sage) from student where ssex='M');
```

上述代码等同于

```
select * from student where sage > any(select sage from student where ssex='M');
```

【例 3-27】 找出所有比这个班里年龄最大的男生都大的学生。

```
select * from student where sage > (select max(sage) from student where ssex='M');
```

上述代码等同于

```
select * from student where sage > all(select sage from student where ssex='M');
```

【例 3-28】 范围查询。

```
select * from student where sage in (select sage from student where sage>25);
select * from student where sage not in (select sage from student where sage>25);
```

【例 3-29】 将结果集插入 student2 表中（相当于由 select 语句来创建表）。

```
create table student2 as (select sid, sname, sage from student where sage > 25);
```

8. 多表联合查询

为了更好地理解多表联合查询，以及内联接、外联接等知识点，下面再创建两张表——lefter 和 righter。

使用如下语句来创建表。

```
create table "lefter" (
    "leftid" varchar2(10),
    "leftname" varchar2(10)
)
tablespace "learn" pctfree 10 initrans 1 maxtrans 255
storage ( initial 64K buffer_pool default) logging nocompress;

create table "righter"(
    "rightid" varchar2(10),
    "rightname" varchar2(10)
)
tablespace "learn" pctfree 10 initrans 1 maxtrans 255
storage ( initial 64K buffer_pool default) logging nocompress;
```

使用如下语句向两张表中插入记录。

```
insert into lefter (leftid, leftname) values ('A', '邓强');
insert into lefter (leftid, leftname) values ('B', '陈霁');
insert into lefter (leftid, leftname) values ('C', '宁德');
insert into lefter (leftid, leftname) values ('D', '宋锋');
insert into lefter (leftid, leftname) values ('E', '周春');

insert into righter (rightid, rightname) values ('B', '陈霁');
insert into righter (rightid, rightname) values ('C', '宁德');
insert into righter (rightid, rightname) values ('D', '宋锋');
insert into righter (rightid, rightname) values ('F', '宋宇');
insert into righter (rightid, rightname) values ('G', '琳琳');
```

lefter 表和 righter 表中有一个意义一致的列——leftid 对应于 rightid。这两列可作为两张表之间建立关系的桥梁。

1）笛卡儿积

首先，看看 student 和 course 这两张表的数据量。student 表有 5 列 17 行，course 表有 4 列 12 行，那么如果查询两张表，会得到什么样的结果呢？

```
select * from student, course;
```

观察上述代码的运行结果，得到 204 行 9 列的数据。不难发现这是 student 和 course 两表"行的积，列的和"，这就是笛卡儿积。由笛卡儿积本身得出的数据没有任何意义，需要使用 where 子句进行适当过滤才具有意义。

【例 3-30】　查询"宋锋"所教的学生的学号。

```
select distinct sid, tname from course,score where course.cid=score.cid and tname='宋锋';
```

【例 3-31】　查询"宋锋"所教的学生的姓名。

```
select distinct sname, tname from course,score,student where course.cid=score.cid
and score.sid=student.sid and tname='宋锋';
```

2）内联接

内联接是笛卡儿积的一种特殊形式，通常在查询时使用内联接在性能上要优于笛卡儿积。
内联接的示例代码如下。

【例 3-32】　查询 lefter 表和 righter 表中 leftid 与 rightid 相同的记录。

```
select * from lefter, righter where leftid=righted;
```

它等价于

```
select * from lefter inner join righter on leftid=rightid;
```

【例 3-33】 查询选修"软件质量"这门课程的学生的学号和成绩。

```
select sid, grade from course inner join score on score.cid=course.cid and
course.cname='软件质量';
```

【例 3-34】 查询选修"软件质量"这门课程的学生的姓名。

```
select sname from course
inner join score on course.cid=score.cid and cname='软件质量'
inner join student on score.sid=student.sid;
```

注意，inner join 可直接简写成 join。

3）外联接

外联接分为左外联接、右外联接和全联接。

- 左外联接是指将满足联接条件的数据显示出来，并将左表中不满足联接条件的数据也查询出来，对应的右表联接显示为空。
- 右外联接是指将满足联接条件的数据显示出来，并将右表中不满足联接条件的数据也查询出来，对应的左表联接显示为空。
- 全外联接是指将满足联接条件的数据显示出来，并将左表中不满足联接条件的数据也查询出来，对应的右表联接显示为空，同时会将右表中不满足联接条件的数据也查询出来，对应的左表联接显示为空。

```
-- 左外联接
select * from lefter left outer join righter on leftid=rightid order by leftid;
-- 右外联接
select * from lefter right outer join righter on leftid=rightid order by rightid;
```

【例 3-35】 查看选每门课程的学生。

```
select c.cid, c.cname, s.sid from course c left outer join score s on s.cid=c.cid;

-- 全外联接
select * from lefter full outer join righter on leftid=rightid;
```

4）联合查询

联合查询是针对两条查询语句的结果集进行联合。其规则是记录集的列不变，行相加；需要满足两个记录集的列数量必须相等，并且相应列的数据类型必须兼容。

【例 3-36】 列出 lefter 表和 righter 表中的记录，并显示在同一记录集中。

```
select * from lefter union all select * from righter;
```

可以使用 union 关键字，该查询将不返回重复记录。因此，通常不建议使用 union。union 会在结果返回前对其进行过滤，在数据量大的情况下将非常消耗时间。而使用 union all 则只是单纯地把两个记录集首尾相接并显示出来，不存在额外的操作。

9. 分组查询

分组查询使用 group by 关键字完成，如果需要为其添加过滤条件，则必须使用 having 关键字而不是 where 关键字。

为了学习分组查询，我们需要新建一张表——trainee，并为其添加一批记录，使用如下 SQL 语句完成即可。

```
create table "trainee" (
  "id" number,
  "class" varchar2(10),
  "sex" varchar2(2),
  "name" varchar2(10)
) tablespace "learn" pctfree 10 initrans 1 maxtrans 255
storage ( initial 64K buffer_pool default) logging nocompress;

insert into trainee values (1, '第 60 期', '男', '陈霞光');
insert into trainee values (2, '第 60 期', '男', '于佳文');
insert into trainee values (3, '第 60 期', '男', '俞大华');
insert into trainee values (4, '第 60 期', '男', '陈林');
insert into trainee values (5, '第 60 期', '女', '夏晓燕');
insert into trainee values (6, '第 60 期', '女', '张萍莉');
insert into trainee values (7, '第 61 期', '男', '王利君');
insert into trainee values (8, '第 61 期', '男', '金毅');
insert into trainee values (9, '第 61 期', '男', '徐轩');
insert into trainee values (10, '第 61 期', '女', '张璐');
insert into trainee values (11, '第 61 期', '女', '刘丁函');
insert into trainee values (12, '第 61 期', '女', '吴晓');
insert into trainee values (13, '第 61 期', '女', '俞小华');
```

示例代码如下。

【例 3-37】 查询男生、女生的数量，并将其显示在一张表中。

```
select sex, count(1) from trainee group by sex;
```

【例 3-38】 查询每期的男生、女生数量。

```
select class, sex, count(1) from trainee group by class, sex;
```

【例 3-39】 按性别来统计平均成绩。

```
select ssex, avg(grade) from student, score where student.sid=score.sid group by
ssex;
```

【例 3-40】 查询讲师的授课能力（讲师所讲的所有课的平均成绩）。

```
select tname, avg(grade) from course join score on course.cid=score.cid
group by tname order by avg(grade) desc;
```

【例 3-41】 查询平均成绩大于 75 分的课程名称和平均成绩。

```
select cname, avg(grade) from course, score where course.cid=score.cid
group by cname having avg(grade)>75;
```

3.4.4 数据控制语言

数据控制语言主要包含两个关键字——grant、revoke。

1. grant

grant 用于给用户分配权限，语法格式如下。

```
grant 权限名称 to 用户;
```

【例 3-42】 给 tester 分配建表权限。

```
grant create any table to tester;
```

2. revoke

revoke 用于撤销用户的权限，语法格式如下。

```
revoke 权限名称 from 用户;
```

【例 3-43】 撤销 tester 的建表权限。

```
revoke create any table from tester;
```

3.4.5　SQL 语句性能优化

在应用系统开发初期，由于开发数据库数据比较少，对于查询 SQL 语句，复杂视图的编写等体现不出 SQL 语句各种写法的性能优劣。然而，向应用系统提交实际应用后，随着数据库中数据的增加，系统的响应速度就成为目前系统需要解决的主要的问题之一。系统优化一个很重要的方面就是 SQL 语句的优化。对于海量数据，劣质 SQL 语句和优质 SQL 语句之间的速度差别可以达到上百倍。因此，对于一个系统，不是简单地实现其功能就可以了，而要写出高质量的 SQL 语句，提高系统的可用性。

Oracle 的 SQL 调优是一个复杂的问题，甚至需要整本书来介绍 Oracle 的 SQL 调优的细微差别。一些基本规则是每个 DBA 都需要遵从的，这些规则可以提高系统的性能。

消除不必要的全表搜索。不必要的全表搜索导致大量不必要的磁盘 I/O，从而降低整个数据库的性能。对于不必要的全表搜索来说，最常见的调优方法是增加索引，既可以在表中加入标准的 B 树索引，也可以加入位图索引和基于函数的索引。要决定是否消除一个全表搜索，用户可以仔细检查索引搜索的 I/O 开销和全表搜索的开销。它们的开销和数据块的读取与可能的并行执行有关。

另外，在全表搜索是一个最快的访问方法时，将小表的全表搜索放到缓存（内存）中实现也是一个非常明智的选择。我们会发现现在诞生了很多基于内存的数据库管理系统，将整个数据库置于内存之中，性能将得到质的飞跃。

1. 与索引相关的性能优化

在多数情况下，Oracle 使用索引来更快地遍历表，优化器主要根据定义的索引来提高性能。但是，如果 SQL 语句的 where 子句中的 SQL 代码不合理，就会造成优化器删除索引而使用全表扫描，一般这种 SQL 语句就是劣质 SQL 语句。在编写 SQL 语句时，我们应清楚优化器根据何种原则来删除索引，这有助于写出高性能的 SQL 语句。

1）is null 与 is not null

不能用 null 作为索引，任何包含 null 值的列都将不会包含在索引中。即使在索引有多列这样的情况下，只要这些列中有一列包含 null，该列就会从索引中排除。也就是说，如果某列存在空值，即使为该列创建索引，也不会提高性能。任何在 where 子句中使用 is null 或 is not null 的语句优化器是不允许使用索引的。

2）联接列

对于有联接的列，即使最后的联接值为一个静态值，优化器也是不会使用索引的。假定有一个职工表（employee），一个职工的姓和名分成两列（first_name 和 last_name）存放，现在要查询一个叫 Bill Cliton 的职工。下面是一个采用联接查询的 SQL 语句。

```
select * from employee where first_name||''||last_name ='Bill Cliton';
```

上面这条语句完全可以查询出是否有 Bill Cliton 这个员工，但是这里需要注意，系统优化器没有使用基于 last_name 创建的索引。

当采用下面这种 SQL 语句时，Oracle 系统就可以采用基于 last_name 创建的索引。

```
select * from employee where first_name ='Bill' and last_name ='Cliton';
```

3）带通配符（%）的 like 语句

同样结合上面的例子来看这种情况。要求在职工表中查询名字包含 Cliton 的人，可以采用如下查询 SQL 语句。

```
select * from employee where last_name like '%Cliton%';
```

这里因为通配符（%）在搜寻词首出现，所以 Oracle 系统无法使用 last_name 的索引。在很多情况下可能无法避免这种情况，但是一定要心中有底，通配符如此使用会降低查询速度。然而，当通配符出现在字符串其他位置时，优化器就能利用索引。例如，在下面的查询中使用了索引。

```
select * from employee where last_name like 'C%';
```

该语句查询所有以 "C" 开头的姓名。这完全可以满足索引的要求，因为索引本身就是一个排序的列。

4）order by 子句

order by 子句决定了 Oracle 如何将返回的查询结果排序。order by 子句对要排序的列没有什么特别限制，也可以将函数加入列中。任何在 order by 子句的非索引项或者计算表达式都将降低查询速度。

仔细检查 order by 子语句以找出非索引项或者表达式，它们会降低性能。解决这个问题的办法就是重写 order by 子句以使用索引，也可以为所使用的列创建另一个索引，同时应避免在 order by 子句中使用表达式。

5）not 关键字

我们在查询时经常在 where 子句使用一些逻辑表达式，如大于、小于、等于及不等于等，也可以使用 and（与）、or（或）及 not（非）。not 可用来对任何逻辑运算符取反。

下面是一个 not 子句的示例。

```
... where not (status ='VALID')
```

如果要使用 not，则应在取反的短语前面加上括号，并在短语前面加上 not 运算符。not 运算符包含在另一个逻辑运算符中，即不等于（<>）运算符。换句话说，即使不在查询 where 子句中显式地加入 not，not 也在运算符中，例如：

```
... where status <>'INVALID';
```

又如：

```
select * from employee where salary<>3000;
```

这个查询语句可以改写为不使用 not 的语句。

```
select * from employee where salary<3000 or salary>3000;
```

虽然这两种查询的结果一样，但是第二种查询方案会比第一种查询方案更快。第二种查询允许 Oracle 对 salary 列使用索引，而第一种查询则不能使用索引。

6）in 和 exists

有时候需要将一列值和一系列值进行比较，最简单的办法是在 where 子句中使用子查询。在 where 子句中可以使用两种格式的子查询。

第一种格式是使用 in 操作符。

```
... where column in(select * from ... where ...);
```

第二种格式是使用 exists 操作符：

```
... where exists (select 'X' from ...where ...);
```

相信绝大多数人会使用第一种格式，因为它比较容易编写，而实际上第二种格式要远比第一种格式的效率高。在 Oracle 中，可以将绝大多数使用 in 操作符的子查询改写为使用 exists 操作符的子查询。

在第二种格式中，子查询以 "select 'X'" 开始。不管子查询从表中抽取什么数据，exists 子句只查看是否有满足 where 子句的行。如果有，返回 true；如果没有，返回 false。这样优化器不必遍历整个表，而仅根据索引就可完成工作（这里假定 where 语句使用的列中存在索引）。相对于 in 子句来说，exists 构造起来要困难一些。

通过使用 exists，Oracle 系统会首先检查主查询，然后运行子查询，直到它找到第一个匹配项,这就节省了时间。Oracle 系统在执行 in 子查询时,首先执行子查询,并将获得的结果列表存放在一个加了索引的临时表中。在执行子查询之前,系统先将主查询挂起,待子查询执行完毕,存放在临时表中以后再执行主查询。这就是使用 exists 比使用 in 通常查询速度快的原因。

另外,应尽可能使用 not exists 来代替 not in,尽管两者都使用了 not(不能使用索引而降低速度),not exists 要比 not in 的查询效率更高。

7)不等于运算符<>

不等于运算符是永远不会用到索引的,因此对它的处理只会造成全表扫描。推荐使用其他具有相同功能的运算符代替不等于运算符,例如,将 a<>0 改写成 a>0 or a<0。

8)避免在索引列上使用计算

在 where 子句中,如果索引列是计算的一部分,则优化器不使用索引而使用全表扫描。

低效的 SQL 语句如下。

```
select ... from dept where sal * 12 > 25000;
```

高效的 SQL 语句如下。

```
select ... from dept where sal > 25000/12;
```

9)总是使用索引的第一列

如果索引建立在多列上,则只有在它的第一列被 where 子句引用时,优化器才会选择使用该索引。这也是一条简单而重要的规则,当仅引用索引的第二列时,优化器使用全表扫描而忽略索引。

10)避免改变索引列的类型

当比较不同数据类型的数据时,Oracle 自动对列进行简单的类型转换。假设 empno 是一个数值类型的索引列。有如下语句。

```
select ... from emp where empno = '123';
```

实际上,经过 Oracle 类型转换,语句转化为

```
select ... from emp where empno = to_number('123');
```

幸运的是,类型转换没有发生在索引列上,索引的用途没有改变。

现在，假设 emp_type 是一个字符类型的索引列。有如下语句。

```
select ... from emp where emp_type = 123;
```

这个语句被 Oracle 转换为

```
select ... from emp where to_number(emp_type)=123;
```

因为内部发生类型转换，这个索引将不会用到。为了避免 Oracle 对 SQL 进行隐式的类型转换，最好把类型转换显式地表现出来。注意，当比较字符和数值时，Oracle 会优先将数值类型转换为字符类型。

11）需要当心的 where 子句

某些 select 语句中的 where 子句不使用索引。以下是一些示例。

- "!=" 不使用索引。注意，索引只能告诉用户什么存在于表中，而不能告诉用户什么不存在于表中。
- "||" 是字符连接函数，就像其他函数那样，停用了索引。
- "+" 是数学函数，就像其他数学函数那样，停用了索引。
- 相同的索引列不能互相比较，这将会启用全表扫描。

12）其他规则

- 如果检索数据量超过 30% 的表中记录数，则使用索引不会显著提高效率。
- 在特定情况下，使用索引也许会比全表扫描慢，但这是同一个数量级上的区别。通常情况下，用索引比全表扫描要快几倍乃至几千倍。
- 避免在索引列上使用 is null 和 is not null。
- 避免在索引列上使用 not。
- 用 exists 替代 in，用 not exists 替代 not in。
- 通过内部函数提高 SQL 效率。
- 选择最有效率的表名顺序：Oracle 的解析器按照从右到左的顺序处理 from 子句中的表名；在 from 子句中，写在最后的表（基础表）将最先处理；在 from 子句包含多个表的情况下，用户必须选择记录条数最少的表作为基础表。对于 3 个以上的表连接查询，需要选择交叉表作为基础表，交叉表是指那个被其他表所引用的表。
- where 子句中的连接顺序：Oracle 采用自下而上的顺序解析 where 子句。根据这个原理，表之间的连接必须写在其他 where 条件之前，那些可以过滤掉最大数量记录的条件必须写在 where 子句的末尾。

2. 与内存相关的性能优化

1）union 操作符

union 在进行表联接后会筛选掉重复的记录，所以在表联接后会对所产生的结果集进行排序，删除重复的记录再返回结果。实际上，大部分应用是不会产生重复记录的，最常见的是过程表与历史表 union。例如：

```
select * from A union select * from B;
```

这个 SQL 语句在运行时先取出两个表的结果，再用排序空间进行排序以删除重复的记录，最后返回结果集。如果表的数据量大，可能会用磁盘进行排序。

推荐采用 union all 操作符替代 union，因为 union all 操作符只是简单地将两个结果合并后就返回。例如：

```
select * from A union all select * from B;
```

2）SQL 书写的影响

例如，A 程序员所写 SQL 语句为

```
select * from employee;
```

B 程序员所写 SQL 语句为

```
select * from scott.employee;  -- 带表所有者的前缀
```

C 程序员所写 SQL 语句为

```
select * from EMPLOYEE;  -- 大写表名
```

D 程序员所写 SQL 语句为

```
select *  from employee;  -- 中间多了空格
```

以上 4 个 SQL 语句在 Oracle 分析整理之后产生的结果及执行的时间是一样的，但是基于 Oracle 共享系统全局区（System Global Area，SGA）的原理，可知 Oracle 对每个 SQL 语句都会进行一次分析，并且占用共享内存。如果 SQL 语句的字符串及格式完全相同，则 Oracle 只会分析一次，共享内存也只会留下一次的分析结果。这不仅可以缩短分析 SQL 语句的时间，而且可以减少共享内存重复的信息。同时 Oracle 也可以准确统计 SQL 语句的执行频率。

3）避免在磁盘中排序

当与 Oracle 建立一个会话时，系统在内存中就会为该会话分配一个私有的排序区域。

如果该连接是一个专用连接（dedicated connection），那么系统就会根据 init.ora 中 sort_area_size 参数的大小在内存中分配一个程序全局区（Program Global Area，PGA）。如果连接是通过多线程服务器建立的，那么排序的空间就在 large_pool 中分配。遗憾的是，对于所有的会话，用于排序的内存量都必须是一样的，我们不能为需要更多排序的操作分配额外的排序区域。因此，设计者必须做出一个平衡——在分配足够的排序区域以避免出现大的排序任务时，如果出现磁盘排序（disk sort），对于那些并不需要进行很大排序的任务，就会造成一些浪费。当然，当排序的空间需求超出了 sort_area_size 的大小时，将会在 TEMP 表空间中分页以进行磁盘排序。磁盘排序的速度大约是内存排序速度的 1/4000。

上面已经提到，私有排序区域的大小是由 init.ora 中的 sort_area_size 参数决定的。每个排序所占用的区域大小由 init.ora 中的 sort_area_retained_size 参数决定。当排序不能在分配的空间中完成时，就会使用磁盘排序的方式，即在 Oracle 实例中的临时表空间中进行。

磁盘排序的开销是很大的，有以下几个方面的原因：①和内存排序相比较，磁盘排序特别慢；②磁盘排序会消耗临时表空间的资源；③Oracle 必须分配缓冲池块来保持临时表空间中的块。无论什么时候，内存排序都比磁盘排序好，磁盘排序将会令任务变慢，并且会影响 Oracle 实例的当前任务的执行。另外，过多的磁盘排序将会令空闲缓冲区等待（free buffer wait）的值变高，从而令其他任务的数据块由缓冲区中移走。

4）避免使用耗费资源的操作

带 distinct、union、minus、intersect、order by 的 SQL 语句会启动 SQL 引擎，执行耗费资源的排序功能。distinct 需要一次排序操作，而其他的至少需要执行两次排序操作。通常，带 union、minus、intersect 的 SQL 语句都可以用其他方式重写。如果用户的数据库的 sort_area_size 调配得好，使用 union、minus、intersect 也是可以考虑的，毕竟它们的可读性很强。

3. 其他性能优化相关技巧

1）删除重复记录

高效地删除重复记录方法的方法如下。

```
delete from emp e where e.rowid > (select min(x.rowid) from emp x where x.emp_no
= e.emp_no);
```

2）用 truncate 替代 delete

当删除表中的记录时，在通常情况下，回滚段（rollback segment）用来存放可以恢复的信息。如果用户没有提交事务，Oracle 会将数据恢复到删除之前的状态（准确地说是恢复到执行删除命令之前的状况），而当运用 truncate 时，回滚段不再存放任何可恢复的信息。当命令运行后，数据不能恢复，因此调用很少的资源，执行时间也会很短。

3）在 select 子句中避免使用*

Oracle 在解析的过程中，会将*依次转换成所有的列名，这个工作是通过查询数据字典完成的，这意味着将耗费更多的时间。

4）用 where 子句替换 having 子句

避免使用 having 子句。having 子句只会在检索出所有记录之后才对结果集进行过滤。这个处理需要用到排序、总计等操作。如果能通过 where 子句限制记录的数目，那么就能减少这方面的开销。SQL 语句中的 on、where、having 这 3 个子句都是可以加条件的子句，on 最先执行，where 次之，having 最后执行。因为 on 先把不符合条件的记录过滤后才进行统计，所以它可以减少中间运算要处理的数据，理论上速度应该是最快的；where 也应该比 having 快一些，因为它在过滤数据后才进行分组统计，并且在两个表联接时才会用到 on，所以在仅有一个表的时候，就剩下 where 与 having 的比较了。在单表查询统计的情况下，如果要过滤的条件没有涉及要计算字段，那么它们的结果是一样的，只是 where 可以使用 rushmore 技术，而 having 不能，在速度上要慢。如果要过滤的条件涉及计算的字段，则表示在没计算之前，这个字段的值是不确定的，根据工作流程，where 是在计算之前起作用的，而 having 是在计算之后才起作用的，所以在这种情况下，两者的结果会不同。在多表联接查询时，on 比 where 更早起作用。系统首先根据各个表之间的联接条件，把多个表合成一个临时表，再由 where 进行过滤，然后计算，计算完后再由 having 进行过滤。由此可见，要想使过滤条件起到正确的作用，首先要明白这个条件应该在什么时候起作用，然后决定将其放在哪里。

5）使用表的别名（alias）

当采用 SQL 语句联接多个表时，使用表的别名并把别名作为每列的前缀，这样可以缩短解析的时间并减少那些由 column 歧义引起的语法错误。

6）用 exists 替代 in，用 not exists 替代 not in。

在许多基于基础表的查询中，为了满足一个条件，往往需要对另一个表进行联接。在这种情况下，使用 exists（或 not exists）通常会提高查询的效率。在子查询中，not in 子句将执行一个内部的排序和合并。无论在哪种情况下，not in 都是最低效的（因为它对子查询中的表执行了一个全表遍历）。为了避免使用 not in，可以把它改写成外联接或 not exists。

高效的 SQL 语句示例如下。

```
select * from emp (基础表) where empno > 0 and exists (select 'X' from dept where
dept.deptno = emp.deptno and loc = 'MELB');
```

低效的 SQL 语句示例如下。

```
select * from emp (基础表) where empno > 0 and deptno in(select deptno from dept where
loc = 'MELB');
```

7）用 exists 替换 distinct

当提交一个对多表（如部门表和雇员表）信息进行查询的语句时，要避免在 select 子句中使用 distinct。一般可以考虑用 exists 替换 distinct，exists 使查询更迅速，因为 RDBMS 核心模块将在子查询的条件满足后，立刻返回结果。

低效的 SQL 语句示例如下。

```
select distinct deptno, dept_name from dept d , emp e where d.deptno = e.deptno;
```

高效的 SQL 语句示例如下。

```
select dept_no, dept_name from dept d where exists ( select 'X' from emp e where
e.deptno = d.deptno);
```

8）SQL 语句使用大写形式

SQL 语句尽量采用大写形式，因为 Oracle 总是先解析 SQL 语句，把小写字母转换成大写字母再执行。

9）用 ">=" 替代 ">"

高效的 SQL 语句示例如下。

```
select * from emp where deptno >=4;
```

低效的 SQL 语句示例如下。

```
select * from emp where deptno >3;
```

两者的区别在于，前者 DBMS 将直接跳到第一个 deptno=4 的记录，而后者将首先定位到 deptno=3 的记录并且向前扫描到第一个 deptno 大于 3 的记录。

10）优化 group by

可以通过将不需要的记录在 group by 之前过滤掉来提高 group by 语句的效率。下面两个查询返回的结果相同，但第二个查询的效率明显比第一个查询高了许多。

低效的 SQL 语句示例如下。

```
select job,avg(sal) from emp group by job
having job='PRESIDENT' or job='MANAGER';
```

高效的 SQL 语句示例如下。

```
select job,avg(sal) from emp where job ='PRESIDENT'
or job='MANAGER' group by job;
```

3.5 PL/SQL 程序设计

SQL 只是一种用于访问数据库的语言，而不是程序设计语言，只有程序设计语言才能用于应用软件的开发。PL/SQL(Procedural Language/SQL)是 Oracle 在标准 SQL 上进行过程性扩展后形成的程序设计语言。

3.5.1 PL/SQL 概述

PL/SQL 之于 SQL 如同 DOS 批处理之于 DOS 命令、Linux Shell 脚本之于 Linux 命令。PL/SQL 可以通过程序设计的方法来使用 SQL 语句，如分支、循环、顺序结构，可用于构建由一系列 SQL 语句和程序结构组成的批处理来处理多个任务，主要用于 Oracle 中的存储过程和函数等。

相对于 3GL（第 3 代语言，如 C、C++、Java 等）来说，SQL 一类的 4GL（第 4 代语言）使用起来非常简单，语言中语句的种类比较少，但这类语言将用户与实际的数据结构和算法隔离开来，数据的具体处理完全由该类语言的运行时系统来实现。

但某些情况下，3GL 中使用的过程结构对表达某些处理过程是非常有用的，按不同的条件进行不同的处理或修改变量，产生不同的结果或交互式地运行程序。这就是出现 PL/SQL 的原因，即 PL/SQL 将 4GL 的强大功能和灵活性与 3GL 的过程结构的优势进行无缝集成，从而为用户提供了一种功能强大的结构化数据库程序设计语言。正是在这种需求的驱动下，从 Oracle 6 开始，Oracle 公司将变量、控制结构、过程、函数等结构化语言设计的要素与 SQL 结合，在标准 SQL 的基础上开发了自己的 PL/SQL。PL/SQL 具有如下特征。

1. PL/SQL 是主要的后端开发工具

PL/SQL 没有独立的编译器，而是与其他的 Oracle 工具集成在一起，是主要的后端开发工具。它在数据库端进行开发，并将结果放在数据库中，同时可以被客户端数据库应用程序使用。

2. PL/SQL 具有更好的性能

因为 PL/SQL 程序存放在数据库中，所以通过使用 PL/SQL 程序，可以将多条 SQL 语句组织到同一个 PL/SQL 程序中。当通过该 PL/SQL 程序访问 Oracle 时，应用程序只需要发送一次就能得到结果，从而降低了网络开销，提高了应用程序性能。而在其他没有类似于 PL/SQL 的 RDBMS 中，每条 SQL 语句都需要通过网络进行发送，因而网络开销大，性能较低。

另外，因为多个会话或连接可以共用内存中的一个 PL/SQL 程序，不是每个会话都需要编译该 PL/SQL 程序和给 PL/SQL 程序分配内存空间，所以缩短了编译时间，减少了占用的内存，并且大幅提升了性能。

3. PL/SQL 支持过程化

PL/SQL 是 Oracle 在标准 SQL 上的过程性扩展，不仅允许在 PL/SQL 程序中嵌入 SQL，而且允许使用各种类型的条件分支语句和循环语句。

4. PL/SQL 具有可移植性和兼容性

因为 PL/SQL 严格地与 Oracle 的数据类型、数据库表和其他数据库对象相集成，并进行交互操作，与计算机完全无关，所以它无须进行任何修改就可以在几乎所有的 Oracle 服务器上编译和运行。

5. PL/SQL 具有可维护性

使用 PL/SQL 的程序包，可以指定哪些数据、过程、函数是公开的（可见的或可访问的），哪些是私有的（不可见的或不可访问的）。如果程序包的定义发生了变化，则这种变化只会影响程序包，而不会影响应用程序。因此，可以将业务管理方面的数据库操作逻辑用 PL/SQL 写成程序包，在数据库中共享。如果业务逻辑发生变化，则只需要修改这些数据库端的程序包就可以了，而不必修改客户端的应用程序，不必再编译、连接源程序，以及安装应用程序，同时简化了维护工作。

6. PL/SQL 具有易用性

在设计一个应用程序时，所做的初始化工作是程序包的定义。在不改变程序包的定义时，可以改变程序包体的定义。即使在没有程序包体的情况下，也可以编写和编译程序包，之后就可以编写和编译引用该程序包的存储过程或应用程序了，这样可以有效地加快开发进度。

7. PL/SQL 可处理运行时错误

通过使用 PL/SQL 所提供的异常处理功能，开发人员可以集中处理各种 Oracle 错误和 PL/SQL 错误，以及系统错误或自定义错误，从而避免应用程序运行时的异常问题，增强应用程序的健壮性。

8. PL/SQL 提供了大量的内置程序包

Oracle 提供了大量具有特殊功能的内置程序包。通过这些程序包，用户能够实现对数据库管理系统的一些底层操作和一些高级功能，因而 PL/SQL 在应用程序的开发中具有重要作用。

3.5.2 基本语法

PL/SQL 称作块结构化语言，而 PL/SQL 块是该语言的基本单位。这个块可以包括程序代码、变量声明、错误处理、过程、函数和触发器等。

```
declare
    /*declarative section*/  声明变量、函数、过程等，非必需
begin
    /*executable section*/  程序执行的主体，由 PL/SQL 语句组成，必需
exception
    /*exception section*/  异常处理部分，非必需
end;
```

【例 3-44】 一个简单的 PL/SQL 程序。

```
declare
  sid char(6) := 'SH6230';
  sname varchar2(20) := '张小可';
  ssex char(1) := 'M';
  sage number := 25;
  sphone varchar2(20) := '13912345432';
begin
  insert into STUDENT values(sid, sname, ssex, sage, sphone);
  dbms_output.put_line('数据插入成功.');
end;
```

注意，直接执行上面的程序，没有任何问题。这种程序称为"匿名块"，匿名块在每次执行的时候都要重新编译，并且不能存储在数据库中，因此不能被其他 PL/SQL 程序使用。我们提到的存储过程和函数就属于非匿名块，可以保存在数据库中。

PL/SQL 中可以使用判断结构，示例如下。

【例 3-45】 if...else 结构。

```
if grade = 'A' then
  dbms_output.put_line('GOOD');
elsif grade = 'B' then
  dbms_output.put_line('OK');
else
  dbms_output.put_line('NO GRADE');
end if;
```

【例 3-46】 case...when 结构。

```
case
  when grade = 'A' then
    dbms_output.put_line('GOOD');
  when grade = 'B' then
    dbms_output.put_line('OK');
  else
    dbms_output.put_line('LOW');
end case;
```

PL/SQL 中也可以使用循环结构，示例如下。

【例 3-47】 loop 结构。

```
declare
  i number(10) := 10;
begin
loop
  i := i - 1;
  dbms_output.put_line('The value is: ' || i);
  exit when i = 0;
end loop;
end;
```

【例 3-48】 while...loop 结构。

```
declare
  total integer:=0;
```

```
begin
  while total<20 loop
  total:=total+1;
  dbms_output.put_line('The value of total is :'||total);
  end loop;
end;
```

【例 3-49】 for...loop 结构。

```
declare
total integer:=0;
begin
  for i in 1..100 loop
  total := total + i;
  end loop;
  dbms_output.put_line('The value of total is :' || total);
end;
```

注意，如果将 for i in 1..100 loop 改为 for i in reverse 1..100 loop，则程序按从 100 到 1 的顺序循环。

3.5.3 记录类型

记录类型是 PL/SQL 中除基本类型以外的特殊类型，可以方便地针对表的列进行数据匹配。记录类型的定义类似于 C 语言中结构体的定义。

记录类型的基本用法如下。

```
declare
  type StudentRecord is record
  (
    sid char(6),
    sname varchar2(10),
    ssex char(1),
    sage integer,
    sphone varchar2(12)
  );
  sr StudentRecord;  -- 实例化记录类型
begin
  select * into sr from student where rownum = 1;
  dbms_output.put_line(sr.sname);
end;
```

如果声明一个变量，希望该变量和数据库中某个表的某一列的数据类型和长度都相

同，就需要用到%type 类型。例如，上面的记录类型在声明时可使用

```
sname student.sname%type
```

使用 PL/SQL 提供的%rowtype 运算符，可将一个记录声明为具有相同类型的数据库行，例如：

```
sr student%rowtype;
```

这将定义一个记录，该记录中的字段与 student 表中的列相对应。

3.5.4　存储过程

存储过程是一个命名的 PL/SQL 块，存储在数据库中，并且可以被其他 PL/SQL 块使用。可以将业务逻辑、企业规则写成过程或函数并保存到数据库中，以便其他 PL/SQL 块使用，从而简化应用程序的开发和维护，提高效率和性能。

创建存储过程的语法如下。

```
create [or replace] procedure 存储过程名称
(
    [arg1 [in | out | in out]] 数据类型,
    [arg2 [in | out | in out]] 数据类型,
    ...
)
is | as
    声明部分;
begin
    执行部分;
exception
    异常处理部分;
end;
```

【例 3-50】创建一个名称为 myproc 的存储过程，该存储过程有 3 个参数——paramIn、paramOut 和 paramInOut。

- paramIn 参数：in 类型，表明接受由存储过程调用程序传递的参数。
- paramOut 参数：out 类型，表明该参数不接受值，而是将值传递给调用存储过程的程序。
- paramInOut 参数：inout 类型，既可以接受输入值，又会将值输出给调用程序。

```
create or replace procedure myproc
(
```

```
    paramIn in varchar2,
    paramOut out varchar2,
    paramInOut in out varchar2
)
as
    myVar varchar2(50);
begin
    myVar := paramIn;
    paramOut := 'This is Param for Out';
    paramInOut := 'This is Param for In and Out';
    dbms_output.put_line('过程内部变量 myVar 的值为: ' || myVar);
end;
```

注意，如果希望过程在某个地方或者满足某个条件后退出运行，则可使用 return。

【例 3-51】 调用 myproc 存储过程。

```
declare
param_in varchar2(50) := '传递该值给 paramIn 参数';
    param_out varchar2(50);
    param_in_out varchar2(50);
begin
    myproc(param_in, param_out, param_in_out);
    dbms_output.put_line('param_out 的值来自参数 paramOut: ' || param_out);
    dbms_output.put_line('param_in_out 的值来自参数 paramInOut: ' || param_in_out);
end;
```

输出结果如下。

```
过程内部变量 myVar 的值为: 传递该值给 paramIn 参数
param_out 的值来自参数 paramOut: This is Param for Out
param_in_out 的值来自参数 paramInOut: This is Param for In and Out
```

3.5.5 函数

函数与存储过程类似，唯一的区别是函数可以有返回值，而存储过程没有。

创建函数的语法如下。

```
create [or replace] function 函数名称
(
    [arg1 [in | out | in out]] 数据类型,
    [arg2 [in | out | in out]] 数据类型,
    ...
)
```

```
return 返回值类型
is | as
    声明部分;
begin
    执行部分;
exception
    异常处理部分;
end;
```

【例 3-52 】 创建一个名为 myfunc 的函数，该函数有 3 个参数——paramIn、paramOut 和 paramInOut。

- paramIn 参数：in 类型，表明接受由函数调用程序传递的参数。
- paramOut 参数：out 类型，表明该参数不接受值，而是将值传递给调用函数的 程序。
- paramInOut 参数：inout 类型，既可以接受输入值，又会将值输出给调用程序。

```
create or replace function myfunc
(
    paramIn in integer,
    paramOut out varchar2,
    paramInOut in out integer
)
return integer
is
    total integer;
begin
    total :=  paramIn + paramInOut;
    paramOut := '这是输出值';
    paramInOut := 200;
    return total;
end;
```

【例 3-53 】 调用 myfunc 函数。

```
declare
    param_in integer := 50;
    param_out varchar2(30);
    param_in_out integer := 40;
    returnValue integer;
begin
    returnValue := myfunc(param_in, param_out, param_in_out);
```

```
      dbms_output.put_line('param_out 的值来自参数 paramOut: ' || param_out);
      dbms_output.put_line('param_in_out 的值来自参数 paramInOut ' || param_in_out);
      dbms_output.put_line('函数的返回值为 ' || returnValue);
end;
```

输出结果如下。

```
param_out 的值来自参数 paramOut: 这是输出值
param_in_out 的值来自参数 paramInOut 200
函数的返回值为 90
```

3.5.6 游标

在 PL/SQL 块中执行 select、insert、update、delete 语句时，Oracle 会在内存中为其分配上下文区（context area）。游标是指向该区的指针，它为应用程序提供了一种对具有多行数据的查询结果集中每行数据进行单独处理的方法，是设计交互式应用程序的常用编程接口。

游标分为显式游标和隐式游标。显式游标是一种由用户声明和操作的游标，隐式游标是 Oracle 为所有数据操纵语句自动声明和操作的一种游标。在每个会话中，可以同时打开多个游标，其数量由参数 open_cursors 定义。

显式游标的操作及其过程如下。

1. 声明游标

在使用游标前，需要在 PL/SQL 块的声明部分声明该游标。其语法格式如下。

```
cursor 游标名称([参数 参数类型]) is select 语句;
```

其中，游标参数可选。

2. 打开游标

为了执行游标中的 select 语句，查询并得到一个结果集，需要打开游标。其语法格式如下。

```
open 游标名称;
```

3. 提取游标

打开游标后，游标的指针指向结果集的第一行，如果需要提取结果集中的数据，就需要提取游标。其语法格式如下。

```
fetch 游标名称 into 变量;
```

4．关闭游标

当提取和处理完游标后，应该及时关闭游标，以释放它所占用的系统资源。其语法格式如下。

```
close 游标名称;
```

【例 3-54】　游标的基本用法。

```
declare
c_sname student.sname%type;
c_sage student.sage%type;
cursor mycursor(param_sid student.sid%type) is
select sname, sage from student where sid=param_sid;
begin
open mycursor('SH6115');
    fetch mycursor into c_sname, c_sage;
    dbms_output.put_line('姓名：' || c_sname || '，年龄：' || c_sage);
    close mycursor;
end;
```

游标有以下 4 个属性。

- %isopen：当游标变量打开时，%isopen 属性为 true；否则，%isopen 属性为 false。我们可以借助这个属性来判断一个游标是否打开。
- %found：当游标打开且在执行 fetch 语句之前，%found 的值为 null。执行 fetch 语句后，如果返回记录，则%found 的值为 true；如果没有返回记录，则%found 的值为 false。
- %notfound：和%found 的值刚好相反，当游标打开且在执行 fetch 语句之前，%notfound 的值为 null。执行 fetch 语句后，如果返回记录，则%notfound 的值为 false；如果没有返回记录，则%notfound 的值为 true。
- %rowcount：该属性用来返回迄今为止已经从游标中取出的记录数目。在游标打开而没有执行 fetch 语句前，%rowcount 的值为 0；执行 fetch 语句后，每返回一个记录，%rowcount 的值就增加一。

【例 3-55】 使用游标属性完成更加复杂的程序设计。

```
declare
    c_sname student.sname%type;
    c_sage student.sage%type;
    c_sphone student.sphone%type;
cursor mycursor is
select sname,sphone from student where sage>c_sage;

begin
    c_sage := 25;
    if mycursor%isopen=false then
      dbms_output.put_line('游标正在打开 ...');
      open mycursor;
    end if;

    if mycursor%isopen then
        loop
            fetch mycursor into c_sname, c_sphone;
            if mycursor%found then
                dbms_output.put_line('当前记录：' || mycursor%rowcount);
                dbms_output.put_line('姓名：' || c_sname || '，电话：' || c_sphone);
            else
                dbms_output.put_line('未发现更多记录 ...');
            end if;
            exit when mycursor%notfound;
        end loop;
        close mycursor;
    end if;
end;
```

3.5.7　触发器

触发器是存储在数据库中的过程，当数据库中的某些事件发生时，这个过程会触发，或者说这个过程会自动运行而无须用户干涉。

可以对数据库中的表创建相应的触发器，当插入、删除、修改表时，触发器自动执行某些 PL/SQL 语句块。

创建触发器的语法如下。

```
create or replace trigger 触发器名称
{before|after} verb_list
on 触发器作用的表名
[referencing {OLD as old}|{NEW as new}]{PARANT as parent}]
```

```
[for each row]
[when (condition)]
PL/SQL 程序块
```

其中，verb_list 的语法如下。

```
{delete|insert|{update[of column_list]}} [or verb_list]
```

参数说明如下。

- before | after：触发器在 insert | update | delete 操作发生之前还是之后触发。
- referencing：允许在 PL/SQL 块或者 when 条件中指定别名。
- old：表示 SQL 语句执行前引用字段的值时用的别名。
- new：表示 SQL 语句执行后引用字段的值时用的别名。
- parant：表示当前表的父表的别名。
- for each row：指定该触发器为记录级触发器。
- when：指定触发器被触发的约束条件。

【例 3-56】 创建一个行级触发器。

```
create or replace trigger updatestudent
before update on student
for each row
begin
  dbms_output.put_line('New Value is ' || :new.sname);
  dbms_output.put_line('Old Value is ' || :old.sname);
end;
```

该触发器名称为 updatestudent，其作用为当对 student 表进行更新时，系统会将学生姓名的新值和旧值输出。

该触发器属于行级触发器，针对的是 student 这张表，只要对这张表执行更新操作，无论操作的是哪一个字段，都会触发该过程运行。

注意，如果在创建触发器时没有使用 "for each row"，则该触发器不属于行级触发器，而属于表级触发器对于表级触发器，不能使用 :new 和 :old。

【例 3-57】 创建一个列级触发器。

```
create or replace trigger updatesphone
before update of sphone on student
begin
  dbms_output.put_line('SPHONE is updated...');
end;
```

该触发器为列级触发器，只有对 student 表中的 sphone 列进行更新时才会触发该过程。如果对 student 表中的其他列进行更新，则该触发器无任何动作。

【例 3-58】 创建一个触发器，对 employee 表进行监控；如果有人对 employee 表进行 DML 操作，就把操作的时间、操作的行为、修改的字段值记录下来。

```
create or replace trigger triggerall
after insert or update or delete
on student for each row
declare
    operate char(10);
begin
  if inserting then
      operate := 'Insert';
  elseif updating then
      operate := 'Update';
  else
      operate := 'Delete';
  end if;

  dbms_output.put_line('Time:' || to_char(sysdate, 'YYYY-MM-DD HH24:MI:SS'));
  dbms_output.put_line('Operation: ' || operate);
  dbms_output.put_line('New SNAME is: ' || :new.sname);
  dbms_output.put_line('Old SNAME is: ' || :old.sname);
end;
```

3.5.8 事务

数据库的一大特点是数据共享，但数据共享必然会带来数据的安全性问题。数据的安全性保护措施是否有效，是数据库的主要性能指标之一。对数据的保护包含两个方面的内容。

（1）防止合法用户的操作对数据库造成意外的破坏。例如，由于并发存取而破坏了数据的一致性，由于修改数据而破坏了数据的完整性等。

（2）防止非法用户的操作对数据库造成故意的破坏。例如，非法修改数据和非法窃取数据。

Oracle 提供"事务"控制机制，能够对数据完成有效的、安全的修改操作，使数据库中的数据一致。事务涉及数据的并发访问，用于确保数据库中数据的一致性。它是用户定义的一组操作序列，由一组相关的 SQL 语句组成，这些 SQL 语句要么全部成功，要么全部失败，不允许一部分成功，一部分失败。

事务具有如下 4 个特性。

- 原子性（atomicity）。一个事务是一个不可分割的逻辑单位（或操作序列），一个事务中的所有操作，要么都成功完成，要么都不执行（只要有一个不成功，就要全部回滚），否则数据库中的数据就会处于不一致的状态。未提交的对数据的更新操作是可以回滚的，提交之后的更新操作是不能回滚的。

- 一致性（consistency）。事务操作的结果必须使数据库中的数据处于一致状态。例如，银行中有 A 和 B 两个账号，现在要从 A 账号取出 1000 元，存入 B 账号。为了使数据处于一致状态，就需要定义一个包括两个操作的事务。第一个操作是从 A 账号中取出 1000 元，第二个操作是向 B 账号中存入 1000 元。显然，这两个操作要么全做，要么全不做。如果只完成了一个操作，则数据库中的数据就会处于不一致状态。

- 隔离性（isolation）。一个事务的执行不能受到其他事务的干扰，即一个事务内部的操作与使用的数据对其他事务是隔离的，并发执行的各个事务之间不能互相干扰。在提交之前，只有该事务的用户才能看到正在修改的数据，而其他用户只能看到修改前的数据。

- 持续性（durability）。一个事务一旦提交成功，它对数据库的数据所做的修改就永久性保存了下来。接下来的其他操作或故障都不应该对它有任何影响。

为学习方便，我们新建一张 money 表（见表 3-10），里面有两个字段。

- account（账号）：varchar2(20)类型，保存 Jack 和 Rose 两个人的账号信息。
- balance（余额）：Number 类型，保存 Jack 和 Rose 账号的余额。

表 3-10　money 表

account	balance
Jack	1000
Rose	2000

现在 Jack 要为 Rose 转账 1000 元，SQL 语句为

```
update money set balance=balance-1000 where account='Jack';
update money set balance=balance+1000 where account ='Rose';
```

转账完成后，Jack 的余额为 0，Rose 的余额为 3000 元，没有任何问题。现在我们为该表设置一个约束条件，约束账号的余额必须不低于 10 元（balance≥10），否则不允许取款（设置约束前请恢复到 Jack 余额 1000 元的状态）。现在再尝试转账 1000

元给 Rose。

```
update money set balance=balance-1000 where account='Jack';
update money set balance=balance+1000 where account ='Rose';
```

在运行 SQL 语句时出现图 3-45 所示错误。

图 3-45　ORA-02290 错误

这个时候再来看看表里的数据：Jack 的余额为 1000 元，Rose 的余额为 3000 元。很显然，这不符合常理，转账后账号中莫名其妙多出了 1000 元。

那么我们应该如何处理这种情况呢？请看下面的代码。

```
begin
    update money set balance=balance-1000 where account='Jack';
    update money set balance=balance+1000 where account ='Rose';
    commit;
exception when others then
    dbms_output.put_line('转账失败');
    rollback;
end;
```

事实上，我们在使用 SQL Plus 或者 PLSQL Developer 等客户端工具时，在对数据库进行写操作（添加、删除、修改）时，都会有提交过程，事务存在于任何 SQL 语句中，而不单纯只对批处理有效。只不过我们可以选择自动提交或手动提交（在 SQL Plus 中使用 set autocommit on|off 来进行事务自动提交的设置）。如果没有自动提交，那么在退出客户端工具时，工具会在后台自动提交。所以，如果不实际操作，那么我们将很难感受到这一变化。

我们通过以下操作来进一步理解 Oracle 事务，在实际操作前需要使两个 SQL Plus 客户端处于登录状态，一切正常工作。

1）手动提交

（1）运行如下 SQL 语句查询表中数据，确认当前值。

```
select * from money;
```

（2）在两个客户端下运行命令 set autocommit off，将事务提交方式置为手动提交。

（3）在第一个客户端中运行如下 SQL 语句，将 money 表中 Jack 的 balance 减少 10 元。

```
update money set balance=balance-10 where account='Jack';
```

（4）再次在两个客户端下运行（1）中的语句进行查询，检查两个客户端的数据是否有所不同，想想这是为什么。

2）在退出时提交事务

将两个客户端退出，再重新登录，运行如下 SQL 语句进行查询，看看两个客户端的数据显示是否一致（也可以使用 PL/SQL Developer 进行同样的尝试）。

```
select * from money;
```

3）自动提交事务

（1）在 SQL Plus 中运行命令 set autocommit on，将事务提交方式设置为自动提交。

（2）按照上面的步骤对 balance 值进行修改，看看这时两个客户端的查询结果是否一致。

4）设置保存点

在一些情况下，我们并不总是希望在出现异常情况时回滚整个事务，有可能只需要从特定的位置开始进行回滚。这种情况下，可以使用保存点来回滚到指定位置。代码如下。

```
update money set balance=balance-100 where account='Jack';
update money set balance=balance+100 where account ='Rose';
savepoint sp1;
update money set balance=balance-100 where account='Jack';
update money set balance=balance+100 where account ='Rose';
rollback to sp1;
```

当实现回滚后，balance 列只接受了第 1 行和第 2 行的更新，而回滚了第 4 行和第 5 行。

3.6　其他数据库对象

除了最常见的数据库对象——表之外，还有一些常用的数据库对象，包括索引、视图、同义词、序列等。下面进行详细介绍。

3.6.1　索引

数据库的索引类似于书的目录，目录使读者不必翻阅整本书就能迅速地找到需要的内容。在数据库中，索引使 DML 能迅速地找到表中的数据，而不必扫描整个表。在书中，目录是内容和页码的清单；在数据库中，索引是数据和存储位置的列表。对于包含大量数据的表来说，如果没有索引，那么对表中数据的查询速度就会非常慢。

引入索引的目的是加快查询速度。无条件的查询语句会返回所有的记录，这没有任何问题。但是在有条件查询的情况下，先查询出所有的记录，然后再找到符合条件的记录，效率低下。设想一个包含 100 条记录的表，要在其中挑选出符合条件的一条记录，如果没有索引，则数据库就要顺序地、逐条地读取记录并进行条件比较（称为"全表扫描"），这个计算量是很大的，而且需要大量的磁盘 I/O 操作，从而影响系统性能。索引能很好地解决这个问题。

目录和索引之所以能提高查询速度，是因为它们是按照查询条件存储数据的，数据量少而且排列有序，便于采用数学方法进行快速定位。另外，还提供了一个指向内容的指针，即书的页码或记录的 rowid。

下面通过一个过程说明索引的效率。

（1）需要准备一张大表。使用 sys 登录 SQL Plus，使用如下 SQL 语句为用户 tester 快速地创建一张大表（见图 3-46）。

```
create table tester.bigtable as select * from dba_objects;
```

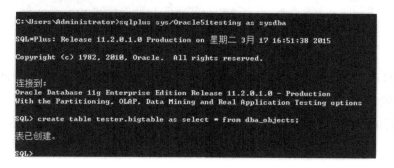

图 3-46 创建 bigtable 表

（2）使用如下命令查看该表的记录数量，这里的记录数量为 72529（见图 3-47）。虽然该表算不上超大表，但足够用于索引测试。

```
select count(*) from tester.bigtable;
```

（3）在 SQL Plus 中显示"查询计划"（查询计划是 Oracle 在运行查询语句时计划使用的扫描方式，可以显示查询过程的开销），在运行 select 查询语句前可以先运行如下命令来启用查询计划。

图 3-47　查看 bigtable 记录数

```
set autotrace trace explain;
```

注意，可以使用 set autotrace off 关闭查询计划。

（4）使用图 3-48 所示 SQL 语句进行查询，获取其查询计划。

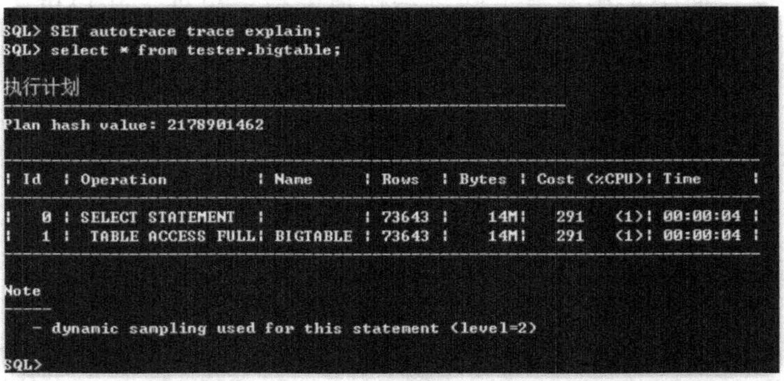

图 3-48　获取 bigtable 的查询计划

根据 TABLE ACCESS FULL 可以看出进行了"全表扫描"，从 Cost=291 可以看出开销为 291。开销只是一个相对数据，没有单位，仅用于比较。

（5）使用如下 SQL 语句 bigtable 的 object_name 列创建索引（见图 3-49）。

```
create index idx_bigtable on tester.bigtable(object_name);
```

图 3-49　为 bigtable 的 object_name 列创建索引

（6）当索引创建成功后再运行一个查询语句（见图 3-50），可以看到在查询计划中，本次运行采用的扫描方式为"INDEX RANGE SCAN"，表明使用了索引，其 Cost 仅为 2，提高了速度。

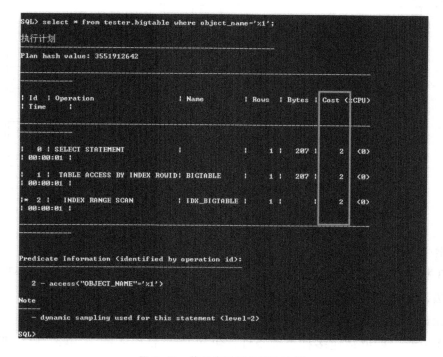

```
SQL> select * from tester.bigtable where object_name='%1';
执行计划
Plan hash value: 3551912642

| Id | Operation                    | Name        | Rows | Bytes | Cost (%CPU)
| Time |

|  0 | SELECT STATEMENT             |             |   1  |  207  |    2    (0)
| 00:00:01 |
|  1 |   TABLE ACCESS BY INDEX ROWID| BIGTABLE    |   1  |  207  |    2    (0)
| 00:00:01 |
|* 2 |    INDEX RANGE SCAN          | IDX_BIGTABLE|   1  |       |    2    (0)
| 00:00:01 |

Predicate Information (identified by operation id):

   2 - access("OBJECT_NAME"='%1')

Note
-----
   - dynamic sampling used for this statement (level=2)

SQL>
```

图 3-50　使用索引后的查询计划

在 Oracle 中，索引主要有 5 类。

1）单列索引与复合索引

一个索引可以由一个或多列组成。用来创建索引的列称为索引列。

2）唯一索引与非唯一索引

唯一索引是索引列值不能重复的索引，非唯一索引是索引值可以重复的索引。无论是唯一索引还是非唯一索引，索引列都允许为 null。默认情况下，索引方式为非唯一索引。主键索引为唯一索引。

3）标准索引

标准索引也称为 B 树索引，是 Oracle 中最常用的一种索引。在使用 create index 语句创建索引时，默认创建的索引就是 B 树索引。B 树索引可以是单列索引或复合索引，也可以是唯一索引或非唯一索引。

B 树索引是一棵二叉树，由根（root）、分支节点（branch node）和叶节点（leaf node）组成，如图 3-51 所示。

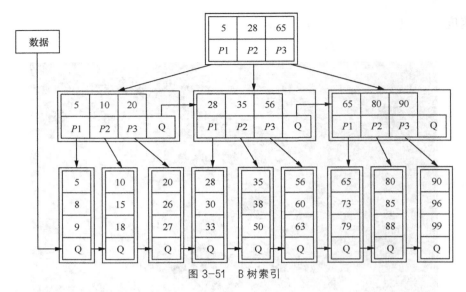

图 3-51　B 树索引

B 树索引具有如下特点。

- B 树索引的所有叶节点都具有相同的深度，所以无论查询条件是哪种类型或写法，它们都具有相同的查询速度。

- 无论对于大型表还是小型表，B 树索引的效率都是相同的。

- B 树索引能够适应多种查询条件，包括"="精确匹配、"like"模糊匹配，以及使用">"和"<"等的比较条件。

4）位图索引

Oracle 从 Oracle 9i 版本开始支持位图索引（见图 3-52）。位图索引适用于基数很小的列，例如，学生性别只可能有"男"和"女"两种值，这时候使用位图索引便可以大大提高查询速度。

east	center	west	ROWID
1	0	0	AAAMZJAEAAAIVAAA
0	1	0	AAAMZJAEAAAIVAAB
0	0	1	AAAMZJAEAAAIVAAC
0	0	1	AAAMZJAEAAAIVAAD
0	1	0	AAAMZJAEAAAIVAAE
0	1	0	AAAMZJAEAAAIVAAF

图 3-52　位图索引

5）函数索引

在 Oracle 中不仅可以直接对表中的列创建索引，而且可以对包含有列的函数或表达式创建索引，这种索引称为函数索引。

下面来比较一下函数索引和一般索引的区别。

- 一般索引的创建方式如下。

```
create index p_idx on table1(column1)
```

当执行 select * from table1 where column1 = xxx 时会用到索引。

- 函数索引的创建方式如下。

```
create index p_idx on table1(substr(column1,0,5))
```

当执行 select * from table1 where substr(column1,0,5) = xxx 时会用到索引，但执行 select * from table1 where column1 = xxx 时是不会用到索引的。

一般情况下最好不用函数索引。

索引是表的一个部分，用来提高检索数据的效率，Oracle 使用了一个复杂的自平衡 B 树结构实现索引。通常，通过索引查询数据比全表扫描要快。当 Oracle 找出执行查询和 update 语句的最佳路径时，Oracle 优化器将使用索引。在联接多个表时使用索引也可以提高效率。另一个使用索引的好处是，它提供了主键的唯一性验证。通常，在大型表中使用索引特别有效。当然，在扫描小表时，使用索引同样能提高效率。虽然使用索引能提高查询效率，但是我们也必须注意到它的代价，索引需要空间来存储，也需要定期维护。每当在表中增减记录或修改索引列时，索引本身也会被修改。因为索引需要额外的存储空间和处理，那些不必要的索引反而会使查询的速度变慢。定期地重构索引是有必要的。

```
alter index <indexname> rebuild <tablespacename>
```

3.6.2 视图

视图是一个虚拟表，其内容由查询定义。同真实的表一样，视图包含一系列带名称的列和行数据。但是，视图并不在数据库中以存储的数据值形式存在。行和列数据来自由定义视图的查询所引用的表，并且在引用视图时动态生成。对于其中所引用的基础表来说，视图的作用类似于筛选。定义视图的筛选可以来自当前或其他数据库的一个或多个表，或者其他视图。

视图是存储在数据库中的查询的 SQL 语句，它主要出于两种原因。

- 安全原因。视图可以隐藏一些数据，例如，对于社保基金表，可以用视图只显示姓名、地址，而不显示社保号和工资等。
- 可使复杂的查询易于理解和使用。

【例 3-59】 创建视图来简化复杂的查询，查询"软件质量"这门课程有哪些学生学过。

```
create or replace view softquality
as
select student.sid, student.sname, student.ssex from course
inner join score on course.cid=score.cid and cname='软件质量'
inner join student on score.sid=student.sid;
```

使用简单的 SQL 语句来进行查询，例如：

```
select * from softquality;
select sid, sname from softquality where sname='陈文';
```

虽然视图是动态生成的，但是它可以像物理表一样支持 insert、delete 和 update 操作。

3.6.3　同义词

同义词（synonym）是指数据库对象的一个别名，经常用于简化对象访问和提高对象访问的安全性。与视图相似，同义词并不占用存储空间，而只是在数据库字典中保存其定义。可以创建同义词的数据库对象有表、视图、同义词、序列、存储过程、函数、程序包、Java 类对象。

同义词分为公用同义词和方案同义词。

1. 公用同义词

【例 3-60】 为 tester 用户的 student 表创建一个同义词，取名为"stu"。

```
create or replace public synonym stu for tester.student;
```

这一语句相当于为 student 表创建了一个公用的别名 stu，任何用户都可以使用 stu 来访问 tester 的 student 表。

在使用公用同义词时，需要注意以下几点。

（1）用户必须具有 create public synonym 权限，否则会报错（见图 3-53）。

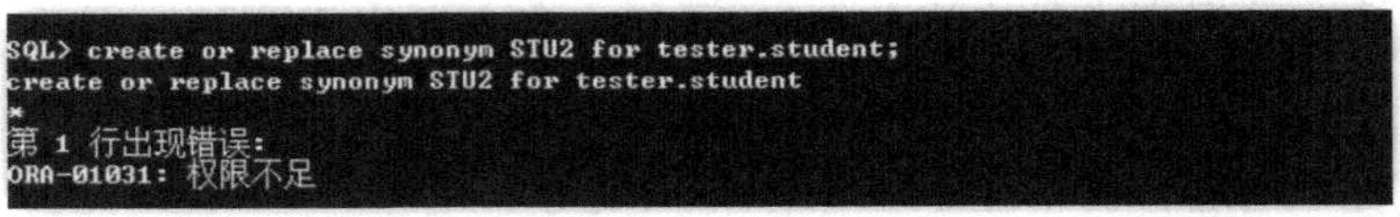

图 3-53　无创建同义词权限

（2）当发现 tester 用户不能创建同义词时，可以用 sys 或 system 账号登录并运行赋予权限的语句（见图 3-54）。

```
grant create public synonym to tester;
```

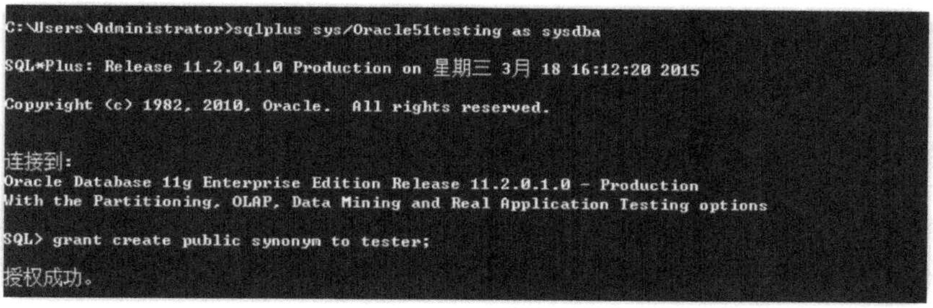

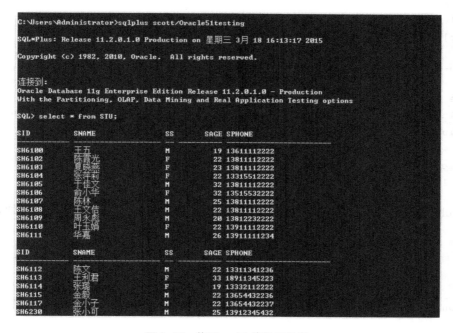

图 3-54　给 tester 赋予创建同义词的权限

（3）如果要使用 scott 账号来访问 stu 同义词，则必须要确保 scott 有访问 tester.student 表的权限，可使用如下 SQL 语句完成对象授权。

```
grant select on tester.student to scott;
```

然后使用 scott 访问同义词，如图 3-55 所示。

图 3-55　使用 scott 访问同义词

2. 方案同义词

方案同义词是私有的。用户创建的方案同义词只能自己使用，不能供其他用户使用。

```
create or replace synonym stu2 for tester.student;
```

除了作用范围为私有以外，方案同义词与公用同义词在使用上没有区别，也可以对同义词进行 insert、update 和 delete 操作。

3.6.4　序列

序列（sequence）是一个命名的顺序编号生成器，它能够以串行方式生成一系列顺序整数。序列可设置为递增或递减、有界或无界、循环或不循环等方式。序列通常应用于主键值的自动增长或流水号。

创建序列的语法如下。

```
create sequence 序列名称
[start with n1]
[increment by n2]
[{maxvalue n3 | nomaxvalue}]
[{minvalue n4 | nominvalue}]
[{cache n5 | nocache}]
[{cycle | nocycle}]
[order];
```

【例 3-61】　创建一个开始值为 1、增长值为 2、最大值为 9999 的序列。

```
create sequence myseq
minvalue 1
maxvalue 9999
start with 1
increment by 2
cache 10;
```

其中，cache 10 是指一次性创建 10 个值并存放在缓存中，这样可以提高序列产生值的效率。

可以使用如下 PL/SQL 语句输出序列的值。

```
begin
dbms_output.put_line(myseq.nextval);
end;
```

通常当使用 insert 语句时，可以让主键的值来自序列，达到自动增长的目的，而不需要人为干预主键，以避免出错。

```
insert into score values(myseq.nextval, 'SH6110', 'SHCO01', 90);
```

借助触发器，可以使主键的自动增长更加方便。

```
create or replace trigger score_trigger
before insert on score for each row
declare
  next_scid number;
begin
  select myseq.nextval into next_scid from dual;
  :new.scid := next_scid;
end;
```

这样，在插入记录时，只需要使用如下语句即可完成。

```
insert into score values('','SH6112','SHCO10',95);
```

3.6.5 备份

数据备份与还原通常使用 exp 和 imp 工具。在新版本中还增加了速度更快的 expdp 和 imppd 实用工具，用法基本上类似。下面以 exp 和 imp 为例进行说明。

1. 简单导出/导入

只导出/导入用户的表、视图、存储过程、触发器、权限等，不导出/导入用户本身及表空间。具体包括以下两种方法。

方法一：在命令行运行 exp，然后按照提示按 Enter 键即可。在这种方式下，如果要正常导入，则不能删除原有的用户和表空间。如果不慎将原有用户及表空间全部删除，则需要先手动创建用户和表空间（包括用户权限），然后执行导入操作。

方法二：直接运行命令并将所有参数放在命令后（非交互模式运行）。

```
exp denny/123456 grants=y owner=tester file=c:\tester.dmp
imp denny/123456 touser=tester ignore=y full=y file=c:\tester.dmp
```

2. 高级用法

将整个表空间导出/导入另一台计算机：将整个表空间及其对象（如表、存储过程、视图等）导出，并可将其导入另一台计算机（也可直接在同一台计算机上运行），以此来实现表空间数据的快速移动。

要用 sys 用户登录 SQL Plus，命令如下。

```
sqlplus sys/test123@orcl as sysdba
```

要在 SQL Plus 提示符下运行 SQL 语句，命令如下（将 learn 表空间变成只读，这样才能实现导出）。

```
alter tablespace learn read only;
```

要实现导出，命令如下。

```
exp userid='sys/test123 as sysdba' transport_tablespace=y tablespaces=learn
file=c:\learn.dmp
```

作为本地一台计算机中的实验，可先将 learn 表空间对应的文件 C:\Oracle\database\oradata\orcl\learn.dbf 复制到别的地方。

要将表空间改回可正常读写的情况，命令如下。

```
alter tablespace learn read write;
```

将表空间及用户删除——模拟本地计算机作为一台没有 learn 表空间、没有 denny 用户的情况。

创建一个普通用户（用户名与导出时的用户名相同，不指定默认表空间。如果指定成 learn 则会出错，因为 learn 这个表空间目前还不存在）。

将 learn.dbf 文件复制到任意目录，通常默认为 C:\Oracle\database\oradata\orcl\learn.dbf。

要实现导入，命令如下。

```
imp file=c:\learn.dmp userid='sys/test123 as sysdba' transport_tablespace=y
datafiles=C:\Oracle\database\oradata\orcl\learn.dbf
```

此时用刚才创建的同名用户登录，就会看到其默认的表空间变成了 learn，并且拥有所有导出前的对象。

3.6.6　Oracle 内置函数

Oracle 常用的内置函数包括数值函数、字符函数、日期函数、转换函数及集合函数。下面分别介绍。

常用数值函数见表 3-11。

表 3-11　数值函数

函　　数	描　　述
abs(number)	返回 number 的绝对值
ceil(number)	返回大于等于特定值的最小整数
floor(number)	返回小于等于特定值的最大整数
mod(numberX,numberY)	返回 numberX 除以 numberY 的余数
power(numberX,numberY)	返回 numberX 的 numberY 次方
round(number)	返回 number 的四舍五入值
trunc(numberX,numberY)	返回 numberX 裁剪到指定位置 numberY 后的值（numberY 可不写，默认为 0，将 numberX 裁剪为整数）

常用字符函数见表 3-12。

表 3-12　字符函数

函　　数	描　　述
lower(char)	将字符串表达式 char 中的所有大写字母转换为小写字母
upper(char)	将字符串表达式 char 中的所有小写字母转换为大写字母
initcap(char)	将首字母转换成大写
substr(char,start,length)	返回字符串表达式 char 中从第 start 开始的 length 个字符
length(char)	返回字符串表达式 char 的长度
ltrim(char)	去掉字符串表达式 char 后面的空格
ascii(char)	取 char 的 ASCII 值
char(number)	取 number 的 ASCII 值
replace(char,str1,str2)	将字符串中的所有 str1 替换成 str2
instr(char1,char2,start,times)	在 char1 字符串中搜索 char2 字符串，start 为执行搜索操作的起始位置，times 为搜索次数

常用日期函数见表 3-13。

表 3-13　日期函数

函　　数	描　　述
sysdate	返回系统当前日期和时间
next_day(day,char)	返回 day 指定的日期之后满足 char 指定条件的第一个日期，char 所指条件只能为周几
last_day(day)	返回 day 日期所指定月份中最后一天所对应的日期
add_month(day,n)	返回 day 日期在 n 个月后（n 为正数）或前（n 为负数）的日期

续表

函　　数	描　　述
month_between(day1,day2)	返回 day1 和 day2 之间相差的月份
round(day[,fmt])	按照 fmt 指定格式对日期数据 day 做舍入处理，默认舍入到日
trunc(day,[,fmt])	按照 fmt 指定格式对日期数据 day 做舍入处理，默认截断到日

转换函数见表 3-14。

表 3-14　转换函数

函　　数	描　　述
to_char	将一个数字或日期转换成字符串
to_number	将字符型数据转换成数字型数据
to_date	将字符型数据转换为日期型数据
convert	将一个字符串从一个字符集转换为另一种字符集
chartorowid	将一个字符串转换为 rowid 数据类型
rowidtochar	将一个 rowid 数据类型转换为字符串
nexttoraw	将一个十六进制字符串转换为 raw 数据类型
rawtohex	将一个 raw 类型的二进制数据类型转换为一个十六进制表达的字符串
to_multi_byte	将一个单字节字符串转换为多字节字符串
to_single_byte	将一个多字节字符串转换为单字节字符串

集合函数见表 3-15。

表 3-15　集合函数

函　　数	描　　述
avg	计算一列值的平均值
count	统计一列中值的个数
max	求一列值的最大值
min	求一列值的最小值
sum	计算一列值的总和
stddev	计算一列值的标准差
variance	计算一列值的方差

第 4 章　MySQL 的使用

MySQL 是一个关系数据库管理系统，由 MySQL AB 公司开发，目前属于 Oracle 旗下产品。在 Web 应用方面，MySQL 是目前较好的关系数据库管理系统之一。

4.1　MySQL 基础

本节主要介绍 MySQL 的特点、安装步骤及其主流的连接工具。

4.1.1　MySQL 概述

和 Oracle 一样，MySQL 也是一种关系数据库管理系统，关系数据库将数据保存在不同的表中，增加了速度并提高了灵活性。

MySQL 软件采用了双授权政策，分为社区版和商业版。由于其速度快、总体成本低，尤其是开放源码这一特点，一般中小型网站的开发使用 MySQL 作为网站数据库。

MySQL 数据库产品丰富，功能强大，主要特性如下。

- MySQL 是开源的。
- MySQL 使用标准的 SQL。
- MySQL 可用于多个系统上，并且支持多种语言。这些编程语言包括 C、C++、Python、Java、Perl、PHP、Eiffel、Ruby 和 Tcl 等。
- MySQL 支持大型数据库，支持具有 5000 万条记录的数据仓库，32 位系统支持的最大表文件为 4GB，64 位系统支持的最大表文件为 8TB。
- MySQL 可以定制，采用了 GPL 协议，用户可以修改源码来开发自己的 MySQL 系统。

4.1.2　MySQL 的安装

首先，读者可到 MySQL 官网下载相应的版本。这里选择目前较新的免费社区版本进行下载（见图 4-1）。具体安装步骤如下。

图 4-1　MySQL 社区版下载入口

（1）选择 MySQL Community Server（GPL）选项，如图 4-2 所示。

图 4-2　MySQL 服务器下载入口

（2）根据自己的平台，选择相应的安装版本进行下载（这里选择 Windows 64 位版本），如图 4-3 所示。

图 4-3　MySQL Windows 版本下载页面

（3）解压下载的 ZIP 包到安装目录，如 C:\Program\mysql-8.0.11-winx64。

（4）创建配置文件。在安装目录下创建 my.ini 文件，写入基本配置信息，命令如下。

```
[mysqld]
port=3306
basedir =C:\Program\mysql-8.0.11-winx64
datadir =C:\Program\mysqlData\
max_allowed_packet = 32M
secure_file_priv = ''
```

（5）初始化数据库。在 MySQL 安装目录的 bin 目录下执行如下命令，将获取到 root 用户的初始默认口令，如图 4-4 所示。

```
mysqld --initialize -console
```

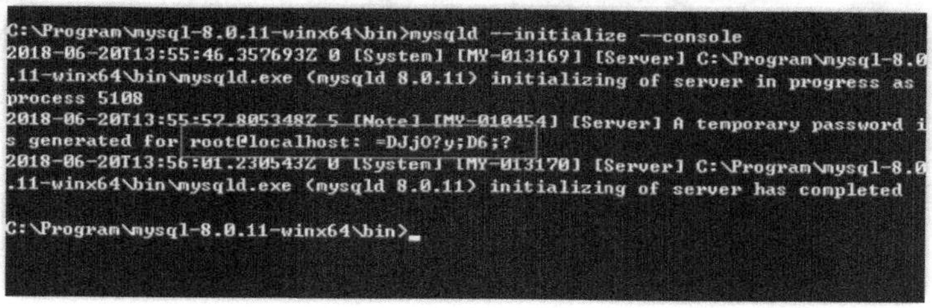

图 4-4　获取 root 用户的初始默认口令

（6）安装服务。在 MySQL 安装目录的 bin 目录下执行如下命令安装 MySQL 服务，如图 4-5 所示。

```
mysqld -install
```

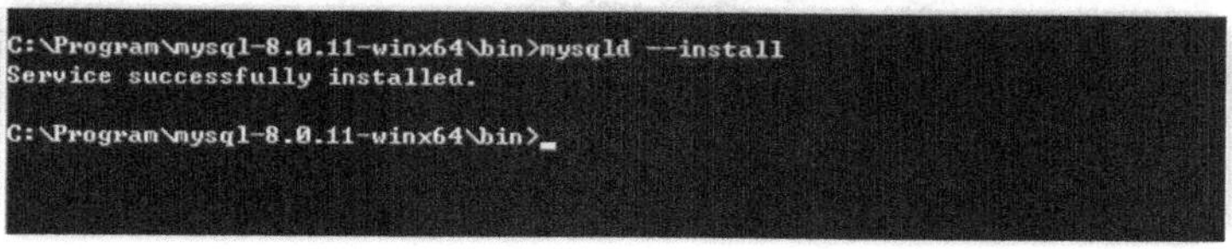

图 4-5　安装 MySQL 服务

（7）启动服务。在命令行窗口输入如下命令启动 MySQL 服务，如图 4-6 所示。

```
net start mysql
```

图 4-6　启动 MySQL 服务

（8）登录 MySQL 服务器。使用 root 用户名和步骤（5）中获取到的初始密码登录 MySQL 服务器，如图 4-7 所示。

```
mysql -uroot -p
```

```
C:\Program\mysql-8.0.11-winx64\bin>mysql -uroot -p
Enter password: ***********
ERROR 1045 (28000): Access denied for user 'root'@'localhost' (using password: Y
ES)

C:\Program\mysql-8.0.11-winx64\bin>mysql -uroot -p
Enter password: ************
Welcome to the MySQL monitor.  Commands end with ; or \g.
Your MySQL connection id is 9
Server version: 8.0.11

Copyright (c) 2000, 2018, Oracle and/or its affiliates. All rights reserved.

Oracle is a registered trademark of Oracle Corporation and/or its
affiliates. Other names may be trademarks of their respective
owners.

Type 'help;' or '\h' for help. Type '\c' to clear the current input statement.

mysql>
```

图 4-7　登录 MySQL 服务器

（9）修改初始口令。

成功登录后，执行如下命令修改 root 的口令为 123456，如图 4-8 所示。

```
alter user 'root'@'localhost' identified with mysql_native_password by '123456';
```

```
mysql> ALTER USER 'root'@'localhost' IDENTIFIED WITH mysql_native_password BY '1
23456';
Query OK, 0 rows affected (0.13 sec)

mysql>
```

图 4-8　修改初始口令

4.1.3　MySQL 的主流数据库连接工具

数据库的连接工具有很多种，目的一样——执行 SQL 脚本，进行表的查询，把查询结果作为数据显示出来。

主流的连接工具有以下几种。

- SQLyog：一个轻量的 MySQL 连接工具。
- MySQL Workbench：官方客户端。
- Navcate：支持多种主流 DBMS，如 Oracle、MySQL、SQL Server、PostgreSQL。
- DBeaver：支持所有的数据库。

4.1.4 MySQL 数据类型

MySQL 常见的数据类型有数值型、字符串型、日期时间型及集合型。

● 数值型。数值型用来存储各种类型的数值，具体如表 4-1 所示。

表 4-1 数值型

整数类型	字节	范围（有符号）	范围（无符号）	用途
tinyint	1	$(-128, +127)$	$(0, 255)$	小整数值
smallint	2	$(-32768, +32767)$	$(0, 65535)$	大整数值
mediumint	3	$(-8388608, +8388607)$	$(0, 16777215)$	大整数值
int 或 integer	4	$(-2147483648, +2147483647)$	$(0, 4294967295)$	大整数值
bigint	8	$(-9233372036854775808, +9223372036854775807)$	$(0, 18446744073709551615)$	极大整数值
float	4	$(-3.402823466 \times 10^{38}, 1.175494351 \times 10^{-38}), 0, (1.175494351 \times 10^{-38}, 3.402823466351 \times 10^{38})$	$0, (1.175494351 \times 10^{-38}, 3.402823466 \times 10^{38})$	单精度浮点数值，如 float（7，3）表示总长度 7 位，小数点后有 3 位
double	8	$(1.7976931348623157 \times 10^{308}, 2.2250738585072014 \times 10^{-308}), 0, (2.2250738585072014 \times 10^{-308}, 1.7976931348623157 \times 10^{308})$	$0, (2.2250738585072014 \times 10^{-308}, 1.7976931348623157 \times 10^{308})$	双精度浮点数值，如 double（7，3）表示总长度 7 位，小数点后有 3 位
decimal		依赖于 M 和 D 的值，对于 decimal(M,D)，M 代表总的存储的有效位数，D 代表小数点后可存储的位数	依赖于 M 和 D 的值	小数，比如，decimal(4,1)表示取值范围为-999.9～$+999.9$

● 字符串型。字符串型用来存储各种类型的字符，具体如表 4-2 所示。

表 4-2 字符串型

字符串类型	字节	描述及存储需求
char	0～255	定长字符串，如 char(10)，表示定长为 10 位，如果不足 10 位，补空格
varchar	0～255	变长字符串，如 varchar(10)，表示最长 10 字节，存储长度以实际输入长度为准
tinyblob	0～255	不超过 255 个字符的二进制字符串
tinytext	0～255	短文本字符串
blob	0～65535	二进制形式的长文本数据
text	0～65535	长文本数据
mediumblob	0～16777215	二进制形式的中等长度文本数据
mediumtext	0～16777215	中等长度文本数据

续表

字符串类型	字节	描述及存储需求
logngblob	0～4294967295	二进制形式的极大文本数据
longtext	0～4294967295	极大文本数据
varbinary(M)	M	允许长度 0～M 字节的定长二进制数据
binary(M)	M	允许长度 0～M 字节的变长二进制数据

- 日期时间型。日期时间型用来存储各种类型的日期和时间，具体介绍如表 4-3 所示。

表 4-3　日期时间型

类型	字节	范围	格式	用途
date	4	1000-01-01～9999-12-31	YYYY-MM-DD	日期值
time	3	−838:59:59～838:59:59	HH:MM:SS	时间值或持续时间
year	1	1901～2155	YYYY	年份值
datetime	8	1000-01-01　00:00:00～9999-12-31 23:59:59	YYYY-MM-DD HH:MM:SS	混合日期和时间值
timestamp	4	1970-01-01　00:00:00～2037-12-31 23:59:59	YYYY-MM-DD HH:MM:SS	混合日期和时间值，用于记录 insert 或 update 操作时记录日期和时间。如果不分配一个值，表中的 timestamp 列自动设置为最近操作的日期和时间。也可以通过分配一个 null 值，将 timestamp 列设置为当前的日期和时间

- 集合型。MySQL 的集合类型有 enum 和 set，具体介绍如表 4-4 所示。

表 4-4　集合型

分类	说明
enum	enum 类型只允许在集合中取得一个值，有点类似于单选项。在处理相互排斥的数据时容易让人理解，如人类的性别。enum 类型字段可以从集合中取得一个值或使用 null 值，除此之外的输入将会使 MySQL 在这个字段中插入一个空字符串。另外，如果插入值的大小写与集合中值的大小写不匹配，则 MySQL 会自动对插入值的大小写进行转换，使其与集合中值的大小写一致。 enum 类型在系统内部可以存储为数字，并且从 1 开始用数字作为索引。一个 enum 类型最多可以包含 65536 个元素，其中一个元素被 MySQL 保留，用来存储错误消息，这个错误值用索引 0 或者一个空字符串表示。MySQL 认为 enum 类型集合中出现的值是合法输入，除此之外其他任何输入都将无效。这说明通过搜索包含空字符串或对应数字索引为 0 的行很容易找到错误记录的位置
set	set 类型与 ENUM 类型相似但不相同。set 类型可以从预定义的集合中取得任意数量的值。与 enum 类型相同的是，试图在 set 类型字段中插入非预定义的值会使 MySQL 插入一个空字符串。如果插入一个既有合法元素又有非法元素的记录，则 MySQL 将会保留合法元素，去掉非法元素。 一个 set 类型最多可以包含 64 项元素。在 set 元素中，值可存储为一个分离的"位"序列，这些"位"表示与它相对应的元素。"位"是创建有序元素集合的一种简单而有效的方式，并且它还去除了重复的元素，所以 set 类型不可能包含两个相同的元素。要从 set 类型字段中找出非法记录，只需要查找包含空字符串或二进制值为 0 的行即可

4.2 在 MySQL 中使用 SQL

和 Oracle 一样，MySQL 也使用 SQL 来进行数据库的各种操作。本节将会结合 MySQL 来探讨 SQL 基础，学习使用 SQL 进行数据库的各种基本操作。

4.2.1 表的基本操作

表的基本操作主要包括对表的增、删、查、改，以及创建、修改和移除表结构。

1. 命令行操作 MySQL

（1）登录数据库，如图 4-9 所示。

```
D:\mysql-8.0.11-winx64\bin>mysql -uroot -p
Enter password: ******
Welcome to the MySQL monitor.  Commands end with ; or \g.
Your MySQL connection id is 12
Server version: 8.0.11 MySQL Community Server - GPL

Copyright (c) 2000, 2018, Oracle and/or its affiliates. All rights reserved.

Oracle is a registered trademark of Oracle Corporation and/or its
affiliates. Other names may be trademarks of their respective
owners.

Type 'help;' or '\h' for help. Type '\c' to clear the current input statement.

mysql>
```

图 4-9　登录数据库

（2）列出所有的数据库，如图 4-10 所示。

（3）选择某个数据库，如图 4-11 所示。

```
mysql> show databases;
+--------------------+
| Database           |
+--------------------+
| information_schema |
| mysql              |
| performance_schema |
| sys                |
| test               |
+--------------------+
5 rows in set (0.00 sec)

mysql>
```

图 4-10　列出所有数据库

```
mysql> use test;
Database changed
mysql>
```

图 4-11　选择 test 数据库

（4）列出选定数据库中的表，如图 4-12 所示。

（5）列出某个表的结构，如图 4-13 所示。

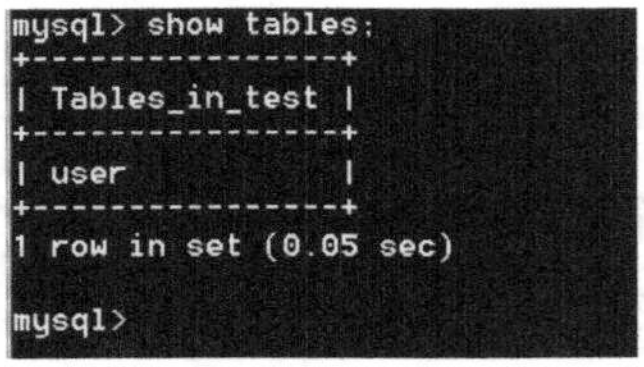

```
mysql> show tables;
+----------------+
| Tables_in_test |
+----------------+
| user           |
+----------------+
1 row in set (0.05 sec)

mysql>
```

图 4-12　列出 test 数据库中的表

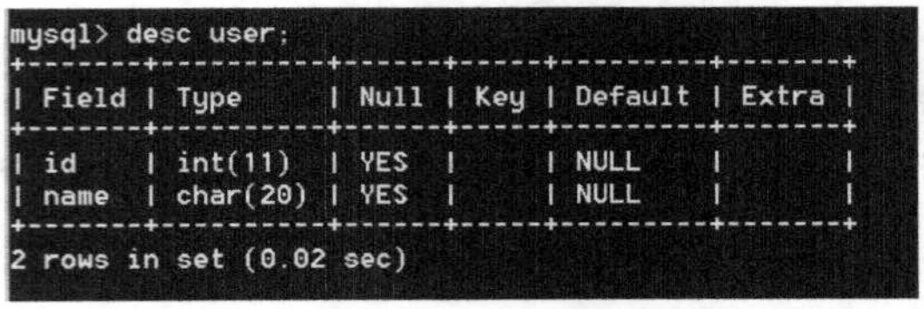

```
mysql> desc user;
+-------+----------+------+-----+---------+-------+
| Field | Type     | Null | Key | Default | Extra |
+-------+----------+------+-----+---------+-------+
| id    | int(11)  | YES  |     | NULL    |       |
| name  | char(20) | YES  |     | NULL    |       |
+-------+----------+------+-----+---------+-------+
2 rows in set (0.02 sec)
```

图 4-13　列出 user 表的结构

2. 表约束

约束（constraint）用于确保数据库中的某些数据完整性。当给某一列增加一个约束时，MySQL 自动确保不满足此约束的数据绝对不能被接受。如果用户试图写一个不满足约束的数据记录，那么 MySQL 就会对这个非法的 SQL 语句产生一个错误。

在创建或者增加包含某列的表时，约束可以与该列进行关联，也可以在表创建以后通过 SQL 命令 alter table 来实现与该列的关联。

主要的约束类型如下。

1）非空约束

设定为非空约束（not null）的列必须有值，值可以重复。

任何列都可以设置非空约束。如果在 SQL 操作中将一个 null 值赋给某个有非空约束的列，那么 MySQL 会拒绝赋值并为这个语句返回一个错误。

2）唯一约束

设定为唯一约束的列不可以重复，可以不填，如果填了就不能重复。

如果将某列设置为唯一约束，那么就不能在表中插入和该列中已有值重复的记录，也不能修改已有的列值使之与其他列值重复。

关于唯一约束，需要注意以下几点。

- 字段数据允许为空。
- 如果有数据，那么必须保证每行都不相同；否则，无法存储。
- 系统会为唯一约束默认创建一个索引。
- 唯一约束可以由一个或多个字段组成。
- 一个表的唯一约束可以有多个。

3）主键

一个表的主键（Primary Key，PK）只能有一个。这个主键既可能是一列，也可能由多列组成。例如，身份证号码可以作为主键，银行卡号+社保卡号也可以作为主键。

主键是唯一的，相当于身份证号码，通过身份证号码只能找到一个人，而通过主键列只能找到一行数据。在创建表时，通常要有主键列。

主键属于表对象，所以主键有一个名字。若没给主键指定名字，则 MySQL 会自动为其分配一个唯一的名字。

关于主键，需要注意以下几点。

- 主键一定是唯一的行标识，即每行的主键都不会重复。
- 主键不允许为空。
- 系统会为主键默认创建一个索引。
- 主键可以是一个或多个字段。
- 通常情况下，关系数据库中的每张表都会有主键。

4）外键

外键（Foreign Key，FK）是约束，约束了该列的内容。外键对应其他表的主键。外键的值可以为空，也可以不为空。

假设有两张表——表 4-5 和表 4-6。

表 4-5　股票基本信息

股票代码 1（PK）	股票名称	价格
00000a	XXX1	
00000b	XXX3	
00000c	XXX2	

表 4-6　购买的股票

购买日期	股票代码 2（FK）	数量
2017-3-10	00000b	1000
2017-3-9	00000c	2000
2017-3-8	00000c	5000

股票代码 1 是股票基本信息表的主键，股票代码 2 是股票购买表的外键。在股票购买表中，股票代码 2 的值必须参照股票基本信息表中股票代码 1 的值。

外键约束是为数据库中某个与其他表（称作父表）有关系的表（称作子表）而定义的。外键的值必须事先出现在某个特定表的唯一键或者主键中。外键可包含一列或者多列，但是它所参考的键也必须包含相同的列。外键也可以和同一个表的主键相关联。如果没有其他约束限制，则外键可以包含 null 值。

关于外键，需要注意以下几点。

- 一张表的外键关联字段通常情况下关联的是另外一张表的主键。
- 一张表的外键关联字段的取值须参照父表中存在的数据。
- 外键关联表的数据被引用了之后，通常不允许删除，如果一定要删除，则可以级联删除引用数据。
- 外键字段允许为空。
- 外键字段可以是一个或多个。

3. 创建表

表是关系数据库的核心，所有数据都存储在表中。

创建一张表的前提是登录数据库的用户拥有创建表（create table）的权限和可用的存储空间。

创建表的基本语法如下。

```
create table [schema.]table
(column datatype [default expr][, ...]);
```

可以看到，在创建表的时候，必须指定表名、字段名（又称列名）、字段类型、字段长度等。

表名和列名的命名规则如下。

- 必须以字母开头（可以为中文，但是不推荐使用）。
- 长度必须介于 1～30 个字符。
- 只能包含 A～Z、a～z、0～9、_、$和#。
- 不能和用户定义的其他对象重名。
- 不能是 MySQL 的保留字。

default 选项指的是为一列指定默认值，例如：

```
... hire_date date default '2017-03-08', ...
```

对默认值的具体要求如下。

- 字符串、表达式或 SQL 函数都是合法的。
- 其他列的列名和伪列是非法的。
- 默认值必须满足列的数据类型定义。

【例 4-1】 创建 person 表。

```
create table person
(
    id char(18),
    name varchar(100),
    sex char(1),
    birthday datetime,
    height int,
    weight int,
    age int,
    hometown char(6)
);
```

上面的 SQL 代码执行后便新建了一个 person 表，该表一共有 8 个字段。可以使用 desc 命令来查看所创建的表结构，如图 4-14 所示。

```
mysql> desc person;
+----------+--------------+------+-----+---------+-------+
| Field    | Type         | Null | Key | Default | Extra |
+----------+--------------+------+-----+---------+-------+
| id       | char(18)     | YES  |     | NULL    |       |
| name     | varchar(100) | YES  |     | NULL    |       |
| sex      | char(1)      | YES  |     | NULL    |       |
| birthday | datetime     | YES  |     | NULL    |       |
| height   | int(11)      | YES  |     | NULL    |       |
| weight   | int(11)      | YES  |     | NULL    |       |
| age      | int(11)      | YES  |     | NULL    |       |
| hometown | char(6)      | YES  |     | NULL    |       |
+----------+--------------+------+-----+---------+-------+
8 rows in set (0.00 sec)
```

图 4-14 person 表的结构

创建表的时候，通常会在创建表的同时添加表的约束以实现数据的完整性。

【例 4-2】 创建一个带约束的 hometown 表。

```
create table hometown
(
    id char(6) primary key,
    city varchar2(100) default 'shenzhen' not null,
    province varchar2(100) default 'guangdong'
);
```

可以看到 hometown 表使用了主键约束和非空约束。

4. 修改表

前面分别创建了两个表——person 和 hometown，在创建 person 表时考虑了约束，但是在创建 hometown 表时，没有增加约束。下面通过修改表结构的方式为 person 表添加约束。

修改 person 表，具体要求如表 4-7 所示。

表 4-7　person 表的修改要求

字段名	约束	详细描述
id	主键，定长是 18 位的字符	主键约束
name	非空，可变长度的 100 位的字符	姓名不允许为空
sex	默认值，定长是 1 位的字符	检查输入是否为 "M" 或 "F"，默认值是 "F"，修改列名为 gender
birthday	非空和默认值，日期	生日不允许为空，默认值为系统时间
height	精准到小数点后一位	无
weight	精准到小数点后一位	无
hometown	外键，定长是 6 位的字符	参考 hometown 这个表的 id 字段
age	无	删除字段（已经与 birthday 重复了）
phone	唯一，定长是 11 位的字符	增加字段，保证唯一约束

1）添加字段

添加字段的语法如下。

```
alter table table
add    (column datatype [default expr]
       [, column datatype]...);
```

【例 4-3】　添加 phone 字段，并设置为唯一约束。

```
alter table person add (phone char(11) unique);
```

2）添加约束

添加约束的语法如下。

```
alter table table
add [constraint constraint] type (column);
```

【例 4-4】　给 id 添加主键约束。

```
alter table person
add constraint person_id_pk primary key (id);
```

【例 4-5】　添加外键，使得 person 表的 hometown 字段参考 hometown 表的 id 字段。

```
alter table person
add constraint person_hometown_fk foreign key (hometown)
  references hometown (id);
```

3）修改字段

修改字段的语法如下。

```
alter table table
modify    (column datatype [default expr]
          [, column datatype]...);
```

【例 4-6】　修改性别默认值。

```
alter table person modify sex char(1) default 'F';
```

【例 4-7】　修改生日默认值。

```
alter table person modify birthday date default now();
```

【例 4-8】　修改身高和体重的格式，使它们精确到小数点后一位。

```
alter table person
modify(height decimal(3,1),weight decimal(3,1));
```

【例 4-9】　将性别字段名由 sex 修改为 gender。

```
alter table person rename column sex to gender;
```

4）删除字段

删除字段的语法如下。

```
alter table table drop (column);
```

【例 4-10】　删除年龄字段。

```
alter table person drop (age);
```

或者

```
alter table person drop column age;
```

至此，整个 person 表按照要求改好了。一次性创建整个表的脚本如下。

```
create table person2
(
    id char(18) primary key,
    name varchar(100) not null,
    gender enum('F','M') default 'F',
    birthday datetime default now() not null,
```

```
    height decimal(4,1) ,
    weight decimal(4,1),
    hometown char(6) references hometown(id),
    phone char(11) unique
);
```

5. 移除表

移除表的语法如下。

```
drop table table;
```

【例 4-11】 移除 person 表。

```
drop table person;
```

4.2.2　表的查询

表的查询是整个数据库的基础，也是测试人员学习的重点。

1. 初始化数据库

1）创建数据库

创建数据库 hrdb 并选择使用该数据库。

```
create database hrdb;
use hrdb;
```

2）创建数据库的表

regions（区域）表见表 4-8。

表 4-8　regions 表

字段名	字段类型	说　　明
region_id	smallint(5)	无符号，主键，自增长
region_name	varchar(25)	允许为空

代码如下。

```
drop table if exists regions;
create table regions (
  region_id smallint(5) unsigned not null auto_increment,
  region_name varchar(25) default null,
```

```
  primary key (region_id)
) engine=innodb default charset=utf8;
```

countries（国家）表见表 4-9。

表 4-9　countries 表

字段名	字段类型	说　　明
country_id	char(2)	主键，非空
country_name	varchar(40)	
region_id	smallint(5)	无符号，外键，关联 regions(region_id)

代码如下。

```
drop table if exists countries;
create table countries (
  country_id char(2) not null default '',
  country_name varchar(40) default null,
  region_id smallint(5) unsigned default null,
  primary key (country_id),
  foreign key (region_id) references regions (region_id)
) engine=innodb default charset=utf8;
```

locations（位置）表见表 4-10。

表 4-10　locations 表

字段名	字段类型	说　　明
location_id	smallint(5)	主键
street_address	varchar(40)	街道
postal_code	varchar(12)	邮编
city	varchar(30)	城市
state_province	varchar(25)	省份
country_id	char(2)	外键，关联 countries(country_id)

代码如下。

```
drop table if exists locations;
create table locations (
  location_id smallint(5) unsigned not null,
  street_address varchar(40) default null,
  postal_code varchar(12) default null,
```

```
    city varchar(30) not null,
    state_province varchar(25) default null,
    country_id char(2) default null,
    primary key (location_id),
    foreign key (country_id) references countries (country_id)
) engine=innodb default charset=utf8;
```

jobs（职位）表见表 4-11。

表 4-11　jobs 表

字段名	字段类型	说　　明
job_id	varchar(10)	主键
job_title	varchar(35)	职位名称
min_salary	int(11)	职位最低工资
max_salary	int(11)	职位最高工资

代码如下。

```
drop table if exists jobs;
create table jobs (
  job_id varchar(10) not null,
  job_title varchar(35) not null,
  min_salary int(11) default null,
  max_salary int(11) default null,
  primary key (job_id)
) engine=innodb default charset=utf8;
```

employees（员工）表见表 4-12。

表 4-12　employees 表

字段名	字段类型	说　　明
employee_id	mediumint(8)	主键
first_name	varchar(20)	名字
last_name	varchar(25)	姓
email	varchar(25)	无
phone_number	varchar(20)	无
hire_date	date	入职日期
salary	float(8,2)	工资
commission_pct	float(2,2)	销售提成比

字段名	字段类型	说　　明
job_id	varchar(10)	外键，关联 jobs(job_id)
manager_id	mediumint(8)	外键，关联 employees(employee_id)
department_id	smallint(5)	外键，关联 departments (department_id)

代码如下。

```
drop table if exists employees;
create table employees (
  employee_id mediumint(8) unsigned not null,
  first_name varchar(20) default null,
  last_name varchar(25) default null,
  email varchar(25) default null,
  phone_number varchar(20) default null,
  hire_date date default null,
  job_id varchar(10) default null,
  salary float(8,2) default '10000.00',
  commission_pct float(2,2) default null,
  manager_id mediumint(8) unsigned default null,
  department_id smallint(5) unsigned default null,
  primary key (employee_id),
  unique key email (email),
  foreign key (manager_id) references employees (employee_id),
  foreign key (department_id) references departments (department_id),
  foreign key (job_id) references jobs (job_id)
) engine=innodb default charset=utf8;
```

departments（部门）表见表 4-13。

表 4-13　departments 表

字段名	字段类型	说　　明
department_id	smallint(5)	主键
department_name	varchar(30)	部门名称，非空
manager_id	mediumint(8)	外键，关联 employees (employee_id)
location_id	smallint(5)	外键，关联 locations (location_id)

代码如下。

```
drop table if exists departments;
create table departments (
```

```
department_id smallint(5) unsigned not null,
department_name varchar(30) not null,
manager_id mediumint(8) unsigned default null,
location_id smallint(5) unsigned default null,
primary key (department_id),
foreign key (manager_id) references employees (employee_id),
foreign key (location_id) references locations (location_id)
) engine=innodb default charset=utf8;
```

2. 基本查询

基本查询的语法如下。

```
select *|{[distinct] column|expression [alias],...}
from table;
```

SQL 的查询有以下特点。

- SQL 不区分大小写。
- SQL 可以写在一行或者多行。
- 关键字不能缩写，也不能分行。
- 各子句一般要分行写。
- 合理使用缩进可以提高语句的可读性。

【例 4-12】　查询 employees 表的所有数据。

```
select * from hrdb.employees;
```

【例 4-13】　给 departments 表取别名 d。

```
select * from hrdb.departments d;
```

【例 4-14】　查询指定字段。

```
select e.empno, e.ename, e.job, e.sal from scott.emp e;
```

【例 4-15】　给字段取别名。

```
select sg.grade as jibie,sg.losal as "low salary",
       sg.hisal "high salary"
from
 scott.salgrade sg;
```

对以上代码的解释如下。

- select 后面跟的是字段（列），*代表所有列。
- from 后面只能是表名或者查询的子表，departments、employees、salgrade 是表名，d、e、sg 是表的别名。
- hrdb 是数据库名。
- 对每个字段都可以进行重命名，可以使用 as，也可以不用 as，字段（列）的重命名是在查询结果产生以后进行的。

关键字 distinct 用于去除重复记录的关键字。

【例 4-16】 去除重复的 job_id。

```
select distinct e.job_id
from hr.employees e;
```

如果 distinct 后面加了多列，那么会剔除多列共同重复的记录。

【例 4-17】 去除 location_id 和 manager_id 共同重复的记录。

```
select distinct d.location_id,d.manager_id
from hrdb.departments d ;
```

3. 条件查询

条件查询的语法如下。

```
select    *|{[distinct] column|expression [alias],...}
from table
[where condition(s)];
```

1）一般条件查询

条件查询是用 where 语句对不符合条件的记录进行过滤的，在过滤后，查询结果才会显示出来。

【例 4-18】 查询编号为 200 的员工的编号、姓名、入职日期和职位。

```
select e.employee_id, e.first_name, e.last_name, e.hire_date, e.job_id
from hr.employees e
where e.employee_id = 200;
```

【例 4-19】 查询编号为 200 或者 201 的员工。

```
select e.employee_id, e.first_name, e.last_name, e.hire_date, e.job_id
from hrdb.employees e
where e.employee_id = 200 or e.employee_id = 201;
```

【例 4-20】　查询编号为 200、201、202、205 和 208 的员工。

```
select e.employee_id, e.first_name, e.last_name, e.hire_date, e.job_id
from hrdb.employees e
 where e.employee_id in (200, 201, 202, 205, 208);
```

【例 4-21】　查询编号为 200～208 的员工。

```
select e.employee_id, e.first_name, e.last_name, e.hire_date, e.job_id
from hrdb.employees e
where e.employee_id between 200 and 208;
```

【例 4-22】　查询编号大于 200 并且小于或等于 209 的员工。

```
select e.employee_id, e.first_name, e.last_name, e.hire_date, e.job_id
from hrdb.employees e
where e.employee_id > 200
and e.employee_id <= 209;
```

【例 4-23】　查询名字为“Jennifer”的员工。

```
select e.employee_id, e.first_name, e.last_name, e.hire_date, e.job_id, e.salary
from hrdb.employees e
where e.first_name = 'Jennifer';
```

2）空值查询

null 是数据库中特有的数据类型，一条记录的某列为 null，表示此列的值是未知的、不确定的。既然此列的值是未知的，那么它就有无数种可能性。因此，null 并不是一个确定的值。

这是 null 的由来，也是 null 的基础，所有和 null 相关的操作的结果都可以从 null 的概念推导出来。

判断一个字段是否为 null，应该用 is null 或 is not null，而不能用“=”，对 null 的任何操作的结果还是 null。

【例 4-24】　查询所有没有确定经理的员工。

```
select e.employee_id, e.first_name, e.last_name, e.job_id, e.manager_id
from hrdb.employees e
where e.manager_id is null;
```

【例 4-25】　查询所有具有确定经理的员工。

```
select e.employee_id, e.first_name, e.last_name, e.job_id, e.manager_id
from hrdb.employees e
```

```
where e.manager_id is not null;
```

3）模糊条件查询

模糊条件查询一般是指字符类型模糊查询，使用 like 关键字。在查询时会用到通配符。通配符 "%" 代表任意字符（零个或者一个或者多个字符），通配符 "_" 代表一个字符。"%" 和 "_" 可以同时使用。

【例 4-26】 查询名字以 "J" 开头的员工。

```
select e.employee_id,e.first_name,e.last_name,
        e.hire_date,e.job_id,e.salary
from hrdb.employees e
where e.first_name like 'J%';
```

【例 4-27】 查询名字包含 "on" 的员工。

```
select e.employee_id,e.first_name,e.last_name,
        e.hire_date,e.job_id,e.salary
from hrdb.employees e
where e.first_name like '%on%';
```

【例 4-28】 查询名字以 "任意一个字符+a" 开头的员工。

```
select e.employee_id,e.first_name,e.last_name,
        e.hire_date,e.job_id,e.salary
from hrdb.employees e
where e.first_name like '_a%';
```

【例 4-29】 查询编号以 "任意一个字符+2" 开头的员工。

```
select e.employee_id,e.first_name,e.last_name,
        e.hire_date,e.job_id,e.salary
from hrdb.employees e
where e.employee_id like '_2%';
```

【例 4-30】 查询编号为 "XX2" 的员工。

```
select e.employee_id,e.first_name,e.last_name,
        e.hire_date,e.job_id,e.salary
from hrdb.employees e
where e.employee_id like '__2';
```

4）函数条件查询

字符大小写转换函数见表 4-14。

表 4-14　字符大小写转换函数

函数	描述	示例
upper()	将字符串变成全部大写	upper('SmitH')='SMITH'
lower()	将字符串变成全部小写	lower('SmitH')='smith'

【例 4-31】　查询名字的大写形式为"PETER"的员工。

```
select e.employee_id,e.first_name,e.last_name,e.hire_date,
       e.job_id,e.salary
from hrdb.employees e
where upper(e.first_name) = 'PETER';
```

【例 4-32】　查询名字的小写形式为"peter"的员工。

```
select e.employee_id,e.first_name,e.last_name,e.hire_date,
       e.job_id,e.salary
from hrdb.employees e
where lower(e.first_name) = 'peter';
```

字符控制函数见表 4-15。

表 4-15　字符控制函数

函数	描述	示例
concat()	连接两个字符，使其成为一个新的字符	concat('Hello','World')='HelloWorld'
substring()	截取字符串中指定的子字符串	substr('HelloWorld',1,5)='Hello'
length()	获取字符串的长度	length('HelloWorld')=10
instr()	查询字符串中指定字符的位置	instr('HelloWorld','Wor')=6
lpad()	输出指定位数的字符串，在左侧全部填充指定字符	lpad(salary,10,'*')='*****24000'
rpad()	输出指定位数的字符串，在右侧全部填充指定字符	rpad(salary,10,'*')='24000*****'
trim()	去除字符串中前后的空格，也可以去除前后的某个字符	trim('john')='john'

【例 4-33】　字符控制函数的使用。

```
select concat(e.first_name, e.last_name) "full name",
       e.job_id,trim(e.first_name), length(e.last_name),
       lpad(e.salary, 11, '*'),rpad(e.salary, 12, '$')
from hrdb.employees e
where substring(job_id, 4) = 'REP';
```

数字处理函数见表 4-16。

表 4-16 数字处理函数

函数	描述	示例
round()	四舍五入并保留指定小数位数	round(45.926,2)=45.93
truncate()	直接截断并保留指定小数位数	trunc(45.926,2)=45.92
mod()	求余数	mod(1600,300)=100

【例 4-34】 数字处理函数的使用。

```
select round(45.923, 2), round(45.923, 0), round(45.923,-1) , round(45.923,-2);
select truncate(45.923,2), truncate(45.923,0), truncate(45.923,-1), truncate
(45.923,-2);
```

日期处理函数见表 4-17。

表 4-17 日期处理函数

函数	描述	示例
now()	当前日期	select now();
curtime()	当前时间	select curtime();
weekday(date)	返回日期 date 是周几（0 表示周一，1 表示周二，…，6 表示周日）	select weekday(now());
monthname(date)	返回日期的月份名	select monthname(now());
date_format(date,format)	输出指定格式的日期	select date_format(now(),'%y-%m-%d %h:%i:%s');

4. 查询优先级

查询优先级见表 4-18。

表 4-18 查询优先级

优先级	查询方式
1	算术运算符 /、*、+、-、%
2	比较运算符>、>=、=、<>、<、<=
3	is [not] null、like、[not] in
4	[not] between
5	not
6	and
7	or

【例 4-35】查询所有 job_id 是 SA_REP 或者 job_id 是 AD_PRES 且月工资高于 15000 元的员工信息。

```
select last_name, job_id, salary
from hrdb.employees
where job_id = 'SA_REP' or job_id = 'AD_PRES' and salary > 15000;
```

实际使用中，可以使用圆括号"()"来改变查询的优先级。先优先计算哪部分，就把哪部分放在圆括号中。

【例 4-36】 查询所有 job_id 是 SA_REP 或 AD_PRES 且月工资高于 15000 元的员工信息。

```
select last_name, job_id, salary
from hrdb.employees
where(job_id = 'SA_REP' or job_id = 'AD_PRES') and salary > 15000;
```

5. 排序

MySQL 使用 order by 子句进行排序操作。asc 用于升序，desc 用于降序，如果省略 asc/desc，则数据库使用默认排序方式——升序。

排序语法如下。

```
select *|{[distinct] column|expression [alias],...}
from table
[where condition(s)]
[order by {column, expr, alias} [asc|desc]];
```

【例 4-37】 查询所有的员工，并按照入职时间从早到晚升序排列。

```
select e.employee_id, e.first_name, e.job_id, e.department_id, e.hire_date
from hrdb.employees e
order by e.hire_date;
```

【例 4-38】 查询所有的员工，并按照入职时间从晚到早降序排列。

```
select e.employee_id, e.first_name, e.job_id, e.department_id, e.hire_date
from hrdb.employees e
order by e.hire_date desc;
```

除了按字段排序之外，还可以按字段的别名排序。需要注意的是，排序是在查询表呈现以后完成的，若重命名字段，那么排序也是在重命名之后进行的。

【例 4-39】 查询月薪高于 5000 元的员工，并按照年薪从低到高升序排列。

```
/* 先筛选 where，然后检查 annual_salary 在不在 hrdb.employees 中
-- 如果在，就直接排序，然后筛选结果
-- 如果不在，就先展示结果，看结果中有无 annual_salary，如果有，就再排序
*/
select e.employee_id, e.first_name, e.job_id, e.salary * 12 annual_salary
from hrdb.employees e
where e.salary > 5000
order by annual_salary asc;
```

另外，还可以按多个字段进行排序。排序按照字段的优先级进行，若当前字段的优先级无法分出高低，则依靠后续的字段进行排序确认。

【例 4-40】 查询员工的信息，按员工名字升序、按职位降序、按工资降序依次进行排列。

```
select e.employee_id, e.first_name, e.job_id, e.salary
from hrdb.employees e
order by e.last_name asc, e.job_id desc, e.salary desc;
```

需要注意的是，可以使用不在 select 列表中的列进行排序。

【例 4-41】 查询员工的信息，按员工名字升序、按职位降序、按工资降序依次进行排列。

```
select e.employee_id, e.first_name, e.salary
from hrdb.employees e
order by e.last_name asc, e.job_id desc, e.salary desc;
```

综上所述，排序需要注意以下事项。

- 先执行 where，筛选出合适的数据，再通过 order by 按照指定的列进行排序。
- 排序的列只要存在于 from 后面的表中，就可以按该列排序。
- select 只能在根据 order by 对结果排序后，选择显示指定的 select 后面的列。
- 如果 order by 后面的列不在 from 后面的表里面，那么它必须在 select 后面的别名中。
- order by 后面可以跟多个列，先按前面的列进行排序，当无法决定结果的时候，再考虑后面的列。

6. 分组函数

分组函数作用于每组数据，并对每组数据返回一个值。其语法如下。

```
select [column,] group_function(column), ...
from table
```

```
[where condition]
[group bycolumn]
[order bycolumn];
```

常用的分组函数有 5 个，见表 4-19。

表 4-19　分组函数

函数	描述	示例
avg()	求平均值	avg(salary)
count()	统计数量	count(salary), count(*)
max()	求最大值	max(salary)
min()	求最小值	min(salary)
sum()	求和	avg(sum)

注意，count(salary)用于统计 salary 不为空的记录数，count(*)用于统计记录总数。分组函数会忽略空值。

可以对数值型记录分别使用 avg()函数与 sum()函数求平均值与求和；可以对任意数据类型的数据分别使用 min()函数和 max()函数求最小值与最大值。

【例 4-42】　分组函数的使用。

```
select avg(salary), max(salary), min(salary), sum(salary)
from hrdb.employees
where job_id like '%REP%';
```

【例 4-43】　group by 子句的使用示例：统计各个部门最早的入职时间和最晚的入职时间。

```
select e.department_id, min(e.hire_date), max(e.hire_date)
from hrdb.employees e
group by e.department_id;
```

【例 4-44】　对于职位包含"REP"的员工，按照职位进行分组，统计每个组的平均工资、最高工资、最低工资及工资总和。

```
select e.job_id, avg(e.salary), max(e.salary), min(e.salary), sum(e.salary)
from hrdb.employees e
where e.job_id like '%REP%'
group by e.job_id;
```

count 是计数函数，count(*)返回表中记录总数，count（字段）返回当前组里面非空的记录数。

【**例 4-45**】 count()函数的使用。

```
select e.department_id, count(*), count(e.employee_id), count(e.manager_id)
from hrdb.employees e
group by e.department_id;
```

distinct 关键字也可以用于分组函数中。count(distinct expr)返回表达式中非空且不重复的记录总数。

【**例 4-46**】 去除每个组中重复的工资数目。

```
select count(distinct e.salary), count(e.salary)
from hrdb.employees e
group by e.job_id;
```

与之前的 order by 子句一样，group by 子句后面也可以跟多个字段。

【**例 4-47**】 多字段分组。

```
select e.job_id, e.department_id, count(distinct e.salary), count(e.salary)
from hrdb.employees e
group by e.job_id, e.department_id;
```

如果我们希望对分组之后的信息做进一步的过滤，就要用到 having。其语法如下。

```
select column, group_function
from table
[where condition]
[group by group_by_expression]
[having group_condition]
[order by column];
```

【**例 4-48**】 先按部门进行分组，分组后，筛选出月最高工资高于 10000 元的员工信息。

```
select department_id, max(salary)
from hrdb.employees
group by department_id
having max(salary) > 10000;
```

【**例 4-49**】 先按职位进行分组统计，再对分组统计好的数据进行筛选，筛选出一年中月工资总和高于 130000 元的记录，并按工资总和进行排序。

```
select job_id, sum(salary) payroll
from hrdb.employees
where job_id not like '%REP%'
```

```
group by job_id
having sum(salary) > 130000
order by sum(salary);
```

【例 4-50】　过滤出月工资高于 8000 元的记录，按部门和职位进行分组，分组后，筛选出月平均工资高于 10000 元的记录，按平均月工资降序排列，查询的信息包括每个部门的每个职位有几个员工，以及员工的最低工资、最高工资、平均工资和工资总和。

```
select e.department_id,e.job_id,count(*) total_count,
       min(e.salary) min_salary,max(e.salary) max_salary,
          avg(e.salary) avg_salary,sum(e.salary) sum_salary
from hrdb.employees e
where e.salary > 8000
group by e.department_id,e.job_id
having avg_salary >= 10000
order by avg_salary desc ;
```

需要注意的是，例 4-50 中语句的执行顺序如下。

（1）筛选月工资高于 8000 元的员工。

（2）对筛选出来的员工同时按照 department_id 和 job_id 进行分组。

（3）分组后，对分组的结果进行统计。

（4）用 having 对统计的结果进行筛选。

（5）重命名分组的结果（列）。

（6）按照分组后的 avg_salary 列进行排序。

7．子查询

子查询是一个嵌套在另一个查询内部的查询。虽然大多数子查询功能可以通过连接和临时表的使用而获取，但是子查询通常更容易阅读和编写。

子查询可以出现在 from 子句中，语法如下。

```
select select_list
from(select select_list
     from  table) s
where expr operator;
```

【例 4-51】　子查询的使用。

```
select s.job_id,s.ct,s.ay
from
```

```
  (
    select e.job_id,count(*) ct,avg(e.salary) ay
    from hrdb.employees e
    where e.salary > 10000
    group by e.job_id
    having count(*) > 2
  ) s
where s.ay > 11000 ;
```

子查询可以出现在 where 子句中，语法如下。

```
select select_list
from table
where expr operator
      (select select_list
       from table);
```

需要指出的是，子查询要包含在圆括号内，通常放在比较条件的右侧；一般情况下不要在子查询中使用 order by 子句；单行操作符对应单行子查询，多行操作符对应多行子查询。

【例 4-52】 查询工资高于"Abel"的所有员工的名字和工资。

```
select last_name, salary
from hrdb.employees
where salary > (select salary from hrdb.employees where last_name = 'Abel');
```

以上这条语句有风险，如果雇员中有多个人的 last_name 是 Abel，则执行这条语句可能会出错。当子查询的返回结果是多行记录时，需要使用子查询操作符 all、any 和 in。

all 操作符有以下 3 种用法。

- <>all：等价于 not in。
- >all：比子查询中返回结果的最大值还要大。
- <all：比子查询中返回结果的最小值还要小。

【例 4-53】 查询月工资高于 last_name 是"Cambrault"的雇员工资的所有员工的名字和月工资。

```
select last_name, salary
from hrdb.employees e
where e.salary > all
  (select e.salary
   from hrdb.employees e
   where e.last_name = 'Cambrault');
```

【例 4-54】　查询非 IT_PROG 职位且月工资低于 IT_PROG 职位月最低工资的员工信息。

```
select employee_id, last_name, job_id, salary
from hrdb.employees
where salary < all
  (select salary
   from hrdb.employees
   where job_id = 'IT_PROG')
and job_id <> 'IT_PROG';
```

any 操作符有以下 3 种用法。

- =any：与子查询中的每个元素进行比较，功能与 in 类似。
- >any：比子查询中返回结果的最小值要大。
- <any：比子查询中返回结果的最大值要小。

【例 4-55】　查询月工资高于 last_name 是 "Cambrault" 的雇员月工资的所有员工的名字和月工资。

```
select last_name, salary
from hrdb.employees e
where e.salary > any
  (select e.salary
   from hrdb.employees e
   where e.last_name = 'Cambrault');
```

【例 4-56】　查询非 IT_PROG 职位且月工资低于 IT_PROG 职位任意员工月工资的员工信息。

```
select employee_id, last_name, job_id, salary
from hrdb.employees
where salary < any
  (select salary
   from hrdb.employees
   where job_id = 'IT_PROG')
and job_id <> 'IT_PROG';
```

子查询可以出现在 having 子句中。

【例 4-57】　分组统计以后再次对分组的数据进行筛选，筛选条件基于一个子查询的结果。

```
select department_id, min(salary)
from hrdb.employees
group by department_id
having min(salary) > (select min(salary)
```

```
      from hrdb.employees
      where department_id = 50);
```

当我们想知道子查询是否返回数据时可以使用 exists 操作符。如果子查询返回数据，则 exists 结构返回 true；否则，返回 false。

【例 4-58】 找出 employees 表中职位是经理的员工。

```
select employee_id, last_name, job_id, department_id
from hrdb.employees  e
where exists
  (select null
   from hrdb.employees
   where manager_id = e.employee_id);
```

【例 4-59】 找出 departments 表中没有员工的部门。

```
select department_id, department_name
from hrdb.departments d
where not exists
  (select 'X'
   from hrdb.employees
   where department_id = d.department_id);
```

8. 多表查询

1）笛卡儿积

笛卡儿积是集合的一种。假设 A 和 B 都是集合，A 和 B 的笛卡儿积用 $A×B$ 来表示，是所有有序偶（a,b）的集合，其中 a 属于 A，b 属于 B。

例如，如果集合 $A=\{a, b\}$，集合 $B=\{0, 1, 2\}$，则两个集合的笛卡儿积为 $\{(a, 0), (a, 1), (a, 2), (b, 0), (b, 1), (b, 2)\}$。

我们执行 select * from hrdb.employees e, hr.departments d 语句，返回的数据集是集合 E 和集合 D 的笛卡儿积。

```
select count(*) from hrdb.employees e;      -- 107 行 11 列数据
select count(*) from hrdb.departments d;     -- 27 行 4 列数据

-- 笛卡儿积产生 107×27 = 2889 行、11+4=15 列数据
select * from hrdb.employees e, hr.departments d;
```

2）内联接

内联接只返回满足联接条件的数据集。内联接的语法有两种。

内联接的语法一如下。

```
select table1.column, table2.column,…
from table1, table2
where table1.column1 = table2.column2
and table.column1 = 'value';
```

【例 4-60】 使用内联接的语法一查询每个员工的编号、姓名、月工资、部门编号和部门名称。

```
select e.employee_id,
       concat(e.first_name, ' ', e.last_name) as "employee_name",
       e.salary,e.department_id department_id1,
       d.department_id department_id2,d.department_name
from hrdb.employees e, hrdb.departments d
where e.department_id = d.department_id;
```

【例 4-61】 使用内联接的语法一查询工资符合职位工资区间的员工的姓名、月工资和职位。

```
select concat(e.first_name, e.last_name), e.salary, j.job_title
from hrdb.employees e, hrdb.jobs j
where e.job_id = j.job_id
   and e.salary between j.min_salary and j.max_salary;
```

注意，当在表中有相同列时，我们在列名之前加上表名作为前缀以示区分。

内联接的语法二如下。

```
select table1.column, table2.column,…
from table1
inner join table2
on table1.column1 = table2.column2
where table1.column1 = 'value';
```

【例 4-62】 使用内联接的语法二查询每个员工的编号、姓名、月工资、部门编号和部门名称。

```
select  e.employee_id,
       concat(e.first_name, '.' , e.last_name) as "employee_name",
       e.salary,e.department_id department_id1,
       d.department_id department_id2,d.department_name
from hrdb.employees e
inner join hrdb.departments d
on e.department_id = d.department_id;
```

【例 4-63】 使用内联接的语法二查询月工资符合职位工资区间的员工的姓名、月工资和职位。

```
select concat(e.first_name, '.', e.last_name), e.salary, j.job_title
from hrdb.employees e
inner join hrdb.jobs j
on e.job_id = j.job_id
and e.salary between j.min_salary and j.max_salary;
```

【例 4-64】 使用内联接的语法二查询每个国家的编号、名字和所在的大洲。

```
select c.country_id,c.country_name,r.region_name
from hrdb.countries c
inner join hrdb.regions r
on c.region_id = r.region_id ;
```

【例 4-65】 使用内联接的语法二查询每个员工的编号、名字、月工资、部门编号和部门名称。

```
select e.employee_id,e.first_name,e.salary,
       e.department_id,d.department_name
from hrdb.employees e
inner join hrdb.departments d
on e.department_id = d.department_id ;
```

【例 4-66】 使用内联接的语法二查询每个员工的编号、名字、月工资、职位编号和职位名称。

```
select
e.employee_id,e.first_name,e.salary,e.job_id,j.job_title
from hrdb.employees e
inner join hrdb.jobs j
on e.job_id = j.job_id ;
```

【例 4-67】 使用内联接的语法二查询每个部门的名字和部门经理的名字。

```
select d.department_name,m.first_name
from hrdb.departments d
inner join hrdb.employees m
on d.manager_id = m.employee_id ;
```

【例 4-68】 使用内联接的语法二查询每个员工的名字和员工经理的名字。

```
select e.first_name employee_name,m.first_name manager_name
```

```
from hrdb.employees e
inner join hrdb.employees m
on e.manager_id = m.employee_id ;
```

3）外联接

外联接包括左外联接、右外联接和全外联接。

（1）左外联接。左外联接以左边的表为基础，结果集包括左边表的所有行。若右边的表中有匹配的记录则直接匹配；否则，补空值。语法如下。

```
select table1.column, table2.column,…
from table1
left join table2
on table1.column = table2.column;
```

【例 4-69】　使用左外联接查询所有员工的编号、姓名、部门编号和部门名称。确保列出所有的员工。

```
select e.employee_id,concat(e.first_name, '.', e.last_name),
       e.department_id,d.department_id,d.department_name
from hrdb.employees e
left join hrdb.departments d
on e.department_id = d.department_id;
```

（2）右外联接。右外联接以右边的表为基础，结果集包括右边表的所有行。若左边的表中有匹配的记录则直接匹配；否则，补空值。语法如下。

```
select table1.column, table2.column,…
from table1
right join table2
on table1.column = table2.column;
```

【例 4-70】　使用右外联接查询所有员工的编号、姓名、部门编号和部门名称。确保列出所有的部门。

```
select e.employee_id,concat(e.first_name, '.', e.last_name),
       e.department_id,d.department_id,d.department_name
from hrdb.employees e
right join hrdb.departments d
on e.department_id = d.department_id;
```

（3）全外联接。全外联接返回左表和右表中的所有行。当某行在另一个表中没有匹配行时，补空值。MySQL 不支持全外联接，我们通过 union 采用联合左、右外联接的方式来实现全外联接。

【例 4-71】 使用全外联接查询所有员工的编号、姓名、部门编号和部门名称。确保列出所有的员工和部门。

```
select e.employee_id,concat(e.first_name, '.', e.last_name),
       e.department_id,d.department_id,d.department_name
from hrdb.employees e
left join hrdb.departments d
on e.department_id = d.department_id
union
select e.employee_id,concat(e.first_name, '.', e.last_name),
       e.department_id,d.department_id,d.department_name
from hrdb.employees e
right join hrdb.departments d
on e.department_id = d.department_id;
```

9. Top-N 分析

Top-N 分析查询一列中最大或最小的 N 个值。例如，销售量最高的 10 种产品是什么？销售量最差的 10 种产品是什么？所以，Top-N 分析关心最大值和最小值的集合。

TOP-N 分析在 MySQL 中使用 limit 语句来实现。语法如下。

```
select [column_list]
from   table
where  column…
order by column
limit m,n;    -- 从第 m+1 条数据开始，连续获取 n 行数据
```

【例 4-72】 查询月工资最高的 10 名员工。

```
select last_name,salary
from hrdb.employees
order by salary desc
limit 0,10;
```

【例 4-73】 查询月工资第四高的员工。

```
select last_name,salary
from hrdb.employees
order by salary desc
limit 3,1;
```

【例 4-74】 某学校系统中的学分表 records 包含 sid（学号）、cid（课程）和 score（分数）这 3 个字段，请查询出总分排名前三的学生的学号及总分。

（1）由于需要按学号统计总分，因此首先要按照学号分组对分数求和，并按照分数倒序排列。

```
select r.sid, sum(r.score) as ss
from hrdb.records r
group by r.sid
order by ss desc;
```

（2）从上面的查询结果中做二次查询，以找到排名前三的学员，最终 SQL 如下。

```
select r.sid, sum(r.score) as ss
from hrdb.records r
group by r.sid
order by ss desc
limit 0,3;
```

【例 4-75】 同例 4-74，请查询每门课程得分最高的学生的学号、课程号和分数。

（1）由于要按课程来统计最高分，因此可以先用分组查询语句查询出每门课程的最高分。

```
select r.cid, max(r.score) ms
from records r
group by r.cid;
```

（2）上述的查询结果可以作为一张临时表，将其关联到 records 表，从 records 表中查询出每门课程分数和最高分数相等的学生的相关信息。

```
-- 方法 1,使用内联接
select r.sid, r.cid, r.score
from records r
inner join
(select r.cid, max(r.score) ms
  from hrdb.records r
  group by r.cid
) s
on r.cid = s.cid
and r.score = s.ms;

-- 方法 2,直接用 where 联接表
select  r.sid, r.cid, r.score
from hrdb.records r,
(select r.cid, max(r.score) ms
```

```
  from hrdb.records r
  group by r.cid
) s
where r.cid = s.cid and r.score = s.ms;
```

【例 4-76】 按雇员经理（manager_id）和部门（department_id）进行分组统计，统计出月工资高于 5000 元且部门编号不是 100 号的第 2～6 名雇员，统计每一组的人数和平均工资，并按照人数降序、按月平均工资降序排列，列出经理姓名、部门名称、部门所在城市、人数和月平均工资。

```
select concat(m.first_name, ' ', m.last_name) manager_name,
  d.department_name,l.city,s.ct,s.gs
from
  (select e.department_id,e.manager_id,count(*) ct,avg(e.salary) gs
   from hr.employees e
   where e.salary > 5000
   and e.department_id <> 100
   group by e.department_id,e.manager_id
   having ct > 1) s
/* 作为子查询，s 是一个拥有大量 id 的主表*/
inner join hr.departments d
on s.department_id = d.department_id
/* 联接 departments 表，取出部门名称 */
inner join hr.locations l
on d.location_id = l.location_id
/* 联接 locations 表，取出城市 */
inner join hr.employees m
on s.manager_id = m.employee_id
/* 经理也是员工，雇员的经理 id 等于经理的员工 id */
order by ct desc,gs desc
limit 1, 5 ;
```

4.2.3 表的数据操作

表的数据操作包括向表中插入数据、修改现存数据和删除现存数据。下面分别介绍这些操作。

1. 新增

使用 insert 语句向表中插入数据。语法如下。

```
insert into table [(column [, column...])]
```

```
values (value [, value...]);
```

【例 4-77】 插入数据。

```
insert into customers(name,city)
values('Melissa Jones','Nar Nar Goon North');
```

插入空值的方式有两种——隐式方式和显式方式。隐式方式指的是在列名表中省略该列的值；显示方式指的是在 values 子句中指定空值。

【例 4-78】 插入空值。

```
insert into hrdb.departments(department_id, department_name)
values(330, 'Purchasing');
insert into hr.departments
values(400, 'Finance', null, null);
```

【例 4-79】 使用 sysdate()向表中插入当前系统时间。

```
insert into hr.employees
(employee_id,first_name,last_name,email,phone_number,hire_date,job_id,salary,
commission_pct,manager_id,department_id
)
values(113,'Louis','Popp','LPOPP','515.124.4567',sysdate(),'AC_ACCOUNT',6900,
null,205,100);
```

【例 4-80】 根据其他表的数据向指定表中插入数据。

```
-- 创建一张表，类似于 hr.employees
create table hr.sales_reps
(
  id number(6) not null primary key,
  name varchar2(45),
  salary number(8,2),
  commission_pct number(2,2)
);

-- 从 employees 表批量把数据插入新表中
insert into hr.sales_reps
  (id, name, salary, commission_pct)
  select employee_id, last_name, salary, commission_pct
  from hr.employees
  where job_id like '%REP%';
```

2. 更新

使用 update 语句更新数据。语法如下。

```
update table
set column = value [, column = value, ...]
[where condition];
```

【例 4-81】 将 id 为 113 的员工的部门 id 更新为 70。

```
update hrdb.employees
set department_id = 70
where employee_id = 113;
```

如果省略 where 子句，则表中的所有数据都将被更新。

我们还可以在 update 语句中使用子查询。

【例 4-82】 更新 114 号员工的职位编号和工资，使他与 205 号员工相同。

```
update hr.employees
set job_id =
    (select job_id from hr.employees where employee_id = 205),
    salary =
    (select salary from hr.employees where employee_id = 205)
where employee_id = 114;
```

【例 4-83】 在 update 中使用子查询，以基于另一个表中的数据更新。

```
update hr.emp_copy
set department_id =
  (select department_id from hr.employees where employee_id = 100)
where job_id = (select job_id from hr.employees where employee_id = 200);
```

3. 删除

使用 delete 语句从表中删除数据。语法如下。

```
delete [from] table
[where condition];
```

【例 4-84】 删除数据。

```
delete from hr.departments
where  department_name = 'Finance';
```

如果省略 where 子句，则表中的全部数据将被删除。

在 delete 中也可以使用子查询。

【例 4-85】　在 delete 中使用子查询，以基于另一个表中的数据删除。

```
delete from hr.employees
where   department_id =
                  (select department_id
                   from   hr.departments
                   where  department_name like '%Public%');
```

4.2.4　事务

在 MySQL 中，只有使用了 Innodb 数据库引擎的数据库或表才支持事务。事务处理可以用来维护数据库的完整性，保证成批的 SQL 语句要么全部执行，要么全部不执行。事务以第一个 DML 语句的执行作为开始，以下面的一种情况作为结束：

- commit 或 rollback 语句；
- DDL 或 DCL 语句（自动提交）；
- 用户会话正常结束或系统异常终止。

MySQL 事务处理主要有两种方法。

1）用 begin、rollback、commit 来实现。

- begin：开始事务。
- rollback：回滚事务。
- commit：提交事务。

2）直接用 set 来改变 MySQL 的自动提交模式。

- set autocommit=0：禁止自动提交。
- set autocommit=1：开启自动提交。

4.2.5　视图

视图（view）是基于 SQL 语句结果集的可视化的表。视图包含行和列，就像一个真实的表。视图中的字段来自一个或多个数据库中真实的表。

使用数据库视图，可以控制数据访问，可以简化查询，保持数据的独立性，避免重复访问相同的数据。

1. 创建视图

创建视图的语法如下。

```
create [or replace] [force|noforce] view view
  [(alias[, alias]...)]
```

```
as subquery
[with check option [constraint constraint]]
[with read only [constraint constraint]];
```

【例 4-86】 创建一个视图，只取 3 个字段并且只包含一个部门的数据。

```
create view hrdb.empvu80
as select   employee_id, last_name, salary
   from      hrdb.employees
   where     department_id = 80;
```

在创建视图时可以在子查询中给列指定别名。

【例 4-87】 创建视图，并为列指定别名。

```
create view hrdb.salvu50
as select   employee_id id_number, last_name name,
            salary*12 ann_salary
   from      hrdb.employees
   where     department_id = 50;
```

2. 修改视图

可以使用 create or replace view 子句修改视图。

【例 4-88】 修改视图。

```
create or replace view hrdb.empvu80
   (id_number, name, sal, department_id)
as select   employee_id, concat(first_name, '.', last_name),
            salary, department_id
   from      hrdb.employees
   where     department_id = 80;
```

3. 删除视图

删除视图只删除视图的定义，并不会删除基表的数据。语法如下。

```
drop view view;
```

4.2.6 存储过程

存储过程（procedure）是一组为了完成特定功能的 SQL 语句，经编译后存储在数据库中，用户通过指定存储过程的名称并给出参数来执行。

存储过程可以包含逻辑控制语句和数据操纵语句，可以接受参数，输出参数，返回单个或多个结果集和值。

　　因为存储过程在创建时即在数据库服务器上进行了编译并存储在数据库中，所以存储过程的运行速度要比单个 SQL 语句块快。另外，因为在调用时只需要提供存储过程名和必要的参数信息，所以使用存储过程在一定程度上也可以减少网络流量，减轻网络负担。

　　基本语法如下。

```
create or replace procedure 存储过程名字
(
    参数 1 in number,
    参数 2 in number
) is
变量 1 integer :=0;
变量 2 date;
begin
[执行语句]
end
```

　　【例 4-89】　创建一个表 student，并插入多条记录，对于奇数插入 Tom 记录，对于偶数插入 Lucy 记录。使用存储过程实现。

```
-- 创建表 student
create table hrdb.student(
    s_id int,
    s_name varchar(20),
    s_sex char(2)
);

--创建存储过程，插入 5 条记录
drop procedure if exists hrdb.'p-2';
delimiter $$
create
    procedure hrdb.'p-2'()
    begin
    declare ii int default 0;
    repeat
     if(mod(ii,2) = 1) then
        insert into hrdb.student values(2, 'Tom', '男');
     else
        insert into hrdb.student values(ii, 'Lucy', '女');
     end if;
    set ii = ii + 1;
    until ii >= 5
```

```
      end repeat;
      commit;
      select '插入数据完成!';
       end$$
delimiter ;

--带参数的存储过程，插入 500 条记录
drop procedure if exists hrdb.'p-3';
delimiter $$
create
   procedure hrdb.'p-3'(in name1 varchar(10), in name2 varchar(10), inout res int)
   begin
  declare ii int default 0;
  set ii = res;
  repeat
  if(mod(ii,2) = 1) then
     insert into hrdb.student values(ii, name1, '男');
  else
     insert into hrdb.student values(ii, name2, '女');
  end if;
  commit;
     set ii = ii + 1;
  until ii >= res + 500
  end repeat;
  set res = ii;
  select '插入数据完成!';
   end$$
delimiter ;
```

使用如下代码调用存储过程。

```
-- p-2 调用示例
call hrdb.'p-2';
-- p-3 调用示例
set @num = 501;
call hrdb.'p-3'('张三','李四',@num);
select '本次把数据 id 插入',@num;
```

4.3 MySQL 进阶

本节开始进一步探讨 MySQL 的使用，全面地认识和学习使用 MySQL 数据库。本节内容主要包括 MySQL 的用户管理及数据的导入/导出。

4.3.1　MySQL 的用户管理

MySQL 的用户管理包括新建用户、给用户授权、删除用户及修改指定用户密码。下面分别介绍。

1. 新建用户

新建用户的语法如下。

```
create user 'username'@'host' identified by 'password';
```

说明如下。

- username：表示创建的用户名。
- host：指定用户在哪个主机上可以登录。
- password：指定该用户的登录密码。

例如，创建一个用户名为 test、密码为 123456 的用户，如图 4-15 所示。

```
mysql> create user 'test'@'localhost' identified by '123456';
Query OK, 0 rows affected (0.14 sec)
```

图 4-15　创建用户

注意，此处的 localhost，是指该用户只能在本地登录，不能在另外一台机器上远程登录。如果想远程登录，将"localhost"改为"%"，表示在任何一台计算机上都可以登录。另外，也可以指定在某台机器上远程登录。

用户类型如表 4-20 所示。

表 4-20　用户类型

host	注释	示例
localhost	用户能够在 localhost 上访问 MySQL	root@localhost
%	用户能够在非 localhost 上访问 MySQL	root@%
ip（指定 IP 地址）	用户能够通过指定 IP 地址访问 MySQL	root@172.31.95.168

使用刚刚创建的用户进行登录，如图 4-16 所示。

2. 给用户授权

给用户授权的语法如下。

```
grant privileges on databasename.tablename to 'username'@'host';
```

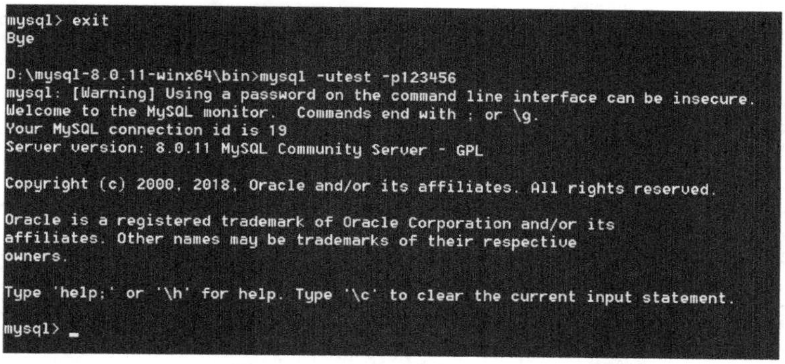

图 4-16 使用新建的用户登录

说明如下。

- privileges：用户的操作权限，如 insert、select 等，如果要授予所有的权限则使用 all。
- databasename：数据库名，如果授予的权限适用于所有数据库，则可用 "*" 表示。
- tablename：表名，如果授予的权限适用于所有表，则可用 "*" 表示。

例如，使用 root 权限的用户登录 MySQL，为用户创建一个数据库 testDB，授予 test 用户 testDB 数据库的所有权限，并刷新系统权限表（见图 4-17）。

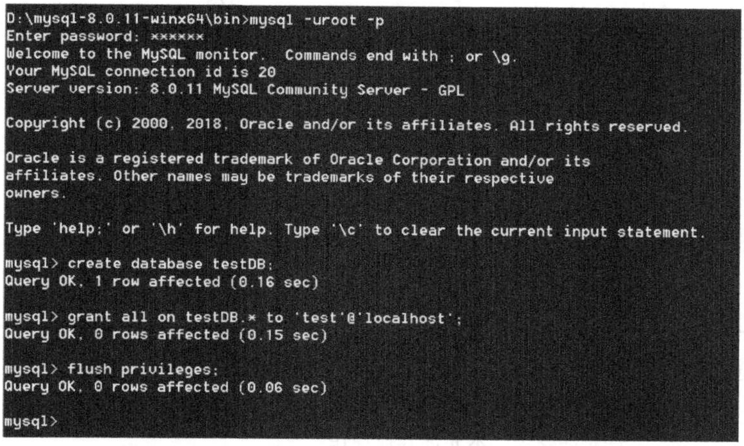

图 4-17 授予 test 用户 testDB 数据库的所有权限并刷新系统权限表

如果想给 test 用户指定部分权限，可以这样写。

```
mysql>grant select, update on testDB.* to test@localhost;
mysql>flush privileges; ## 刷新系统权限表
```

如果想授予 test 用户所有数据库的某些权限，可以这样写。

```
mysql>grant select, delete, update, create, drop on *.* to test@localhost;
mysql>flush privileges;
```

用户权限如表 4-21 所示。

表 4-21　用户权限

权限	说明
alter	修改已存在的数据表（如增加/删除列）和索引
create	建立新的数据库或数据表
delete	删除表的记录
drop	删除数据表或数据库
index	建立或删除索引
insert	插入表的记录
select	显示/搜索表的记录
update	更新表中已存在的记录

管理员权限如表 4-22 所示。

表 4-22　管理员权限

权限	类型
file	在 MySQL 服务器上读写文件
process	显示或终止属于其他用户的服务线程
reload	重载访问控制表、刷新日志等
shutdown	关闭 MySQL 服务

特别权限如表 4-23 所示。

表 4-23　特别权限

权限	类型
all	允许做任何事（和 root 一样）
usage	只允许登录，不允许其他操作

如果想查询刚刚授予的权限，则可以使用如下两种方式。

方法一：直接查询 mysql.user 表。

```
mysql>select * from mysql.user where host='localhost' and user='test';
```

方法二：查询授权。

```
mysql>show grants for test@'localhost';
```

如果想撤销权限，则可以使用如下方式。

```
--撤销 test 用户关于数据库的所有权限
revoke all privileges on *.* from 'test'@'localhost';
```

3. 删除用户

使用以下命令删除指定的用户。

```
mysql> drop user 'test'@'localhost';
```

4. 修改指定用户密码

使用以下命令修改用户的密码。

```
mysql> alter user 'test'@'localhost' identified by 'password';
```

4.3.2　通过 MySQL 导出数据

备份数据库非常重要，它使用户可以在发生问题时恢复数据，如当系统崩溃的时候、当硬件发生故障的时候及用户错误地删除数据的时候。在进行 MySQL 升级之前，备份数据是必不可少的保护措施。在 MySQL 中可以使用以下 3 种方式来导出数据。

1. 导出数据到文本文件中

在 MySQL 中可以使用 select into outfile 语句来简单地导出数据到文本文件中。

例如，将数据表 hrdb.employees 中的数据导出到 empData.txt 文件中。

```
mysql> select * from hrdb.employees into outfile
->'d:\\mysql\\bin\\data\\empData.txt';
```

也可以通过命令选项来设置数据输出的指定格式，如导出 CSV 格式。

```
mysql> select * from hrdb.employees into outfile ' d:\\mysql\\bin\\data\\empData.txt '
-> fields terminated by ':'
-> lines terminated by '\r\n';
```

需要指出的是，select...into outfile '文件名'形式的 select 可以把被选择的记录写入一个文件中，会在服务器主机上创建该文件，因此必须拥有 file 权限，才能使用此语法。

输出不能是一个已存在的文件，这是为了防止文件中的数据被篡改。上面示例中使

用的 "empData.txt" 不能在导出前就存在。

用户需要通过一个登录服务器的账号来检索文件，否则 select into outfile 不会起任何作用。

2. 导出 SQL 格式的数据

mysqldump 客户端实用程序可以执行逻辑备份，生成一组 SQL 语句，用于重现原始数据库对象定义和表数据。它转储一个或多个 MySQL 数据库以备份或传输到另一个 SQL 服务器。mysqldump 命令还可以以 CSV、其他带分隔符的文本或 XML 格式生成输出。

导出 SQL 格式的数据（test 数据库下的 user 表）到指定文件（dump.txt）的命令如下所示（在命令行窗口中执行）。

```
> mysqldump -uroot -p test user > dump.txt
password ******
```

如果用户需要导出整个 test 数据库的数据，则可以使用以下命令。

```
> mysqldump -uroot -p test > database_dump.txt
password ******
```

如果需要备份所有数据库，则可以使用以下命令。

```
> mysqldump -uroot -p --all-databases > database_dump.txt
password ******
```

3. 将数据表及数据库复制至其他主机上

如果需要将数据复制至其他的 MySQL 服务器上，则用户可以在 mysqldump 命令中指定数据库名及数据表。在源主机上执行以下命令，可以将数据备份至 dump.txt 文件中。

```
> mysqldump -u root -p database_name table_name > dump.txt
password *****
```

如果需要将备份的数据库导入 MySQL 服务器中，则可以使用以下命令（使用以下命令用户需要确认数据库已经创建）。

```
> mysql -u root -p database_name < dump.txt
password *****
```

用户也可以使用以下命令将导出的数据直接导入远程的服务器上，但请确保两台服务器是相通的，可以相互访问。

```
> mysqldump -u root -p database_name \
    | mysql -h other-host.com database_name
```

4.3.3 通过 MySQL 导入数据

在 MySQL 中，可以使用以下两种方式来导入 MySQL 导出的数据。

1. 使用 load data 导入数据

MySQL 提供了 load data infile 语句来插入数据。例如，从当前目录中读取文件 empData.txt，将该文件中的数据插入当前数据库的 user 表中，命令如下。

```
mysql> load data infile 'd:\\mysql\\bin\\data\\empData.txt' into table user;
```

可以明确地在 load data 语句中指出列值的分隔符和行尾标记，默认标记是定位符和换行符。

两个命令（select into outfile 与 load data infile）的 fields 和 lines 子句的语法是一样的。两个子句都是可选的，但是如果同时指定两个子句，则 fields 子句必须出现在 lines 子句之前。

如果用户指定一个 fields 子句，则它的子句（terminated by、[optionally]enclosed by 和 escaped by）也是可选的。不过，用户必须至少指定它们中的一个。

```
mysql> load data infile 'd:\\mysql\\bin\\data\\empData.txt' into table user
    -> fields terminated by ':'
    -> lines terminated by '\r\n';
```

load data 默认情况下是按照数据文件中列的顺序插入数据的。如果数据文件中的列与插入表中的列不一致，则需要指定列的顺序。

例如，在数据文件中的列顺序是 a、b、c，但在插入表中的列顺序为 b、c、a，则数据导入语法如下。

```
mysql> load data infile 'd:\\mysql\\bin\\data\\empData.txt'
-> into table user(b,c,a);
```

2. 使用 mysqlimport 导入数据

mysqlimport 客户端提供了 load data infile 语句的一个命令行接口。mysqlimport 的大多数选项直接对应 load data infile 子句。

为了将数据从文件 dump.txt 导入数据库中，可以使用以下命令。

```
> mysqlimport -u root -p database_name dump.txt
password *****
```

mysqlimport 命令可以通过指定选项来设置指定格式，命令语句格式如下。

```
$ mysqlimport -u root -p --fields-terminated-by=":" \
--lines-terminated-by="\r\n"  database_name dump.txt
password *****
```

mysqlimport 语句使用--columns 选项来设置列的顺序。

```
$ mysqlimport -u root -p --local --columns=b,c,a \
database_name dump.txt
password *****
```

mysqlimport 的常用选项如表 4-24 所示。

表 4-24　mysqlimport 的常用选项

选项	功能
-d or --delete	把新数据导入数据表中之前删除数据表中的所有信息
-f or --force	不管是否遇到错误，都将强制继续插入数据
-i or --ignore	跳过或者忽略那些有相同关键字的行，导入文件中的数据将被忽略
-l or -lock-tables	在插入数据之前锁定表，这样就防止了在更新数据库时用户的查询和更新受到影响
-r or -replace	这个选项与-i 选项的作用相反；此选项将替代表中有相同关键字的行
--fields-enclosed- by= char	指定文本文件中的数据是以什么括起来的，很多情况下数据用双引号括起来。默认情况下，数据是没有括起来的
--fields-terminated- by=char	指定各个数据之间的分隔符，在以句号分隔的文件中，分隔符是句号。用户可以用此选项指定数据之间的分隔符。默认的分隔符是制表符
--lines-terminated- by=str	指定文本文件中行与行之间数据的分隔字符串或者字符。默认情况下，以换行符为行分隔符。用户可以用一个字符串来替代单个换行符或回车符

第 5 章　配置管理工具 SVN

SVN 是常见于软件项目的版本控制软件。掌握 SVN 的安装及使用方法，是测试人员的必备技能之一。

5.1 安装和配置 SVN

配置 SVN 的软件安装包括 VisualSVN Server 和 TortoiseSVN。其中，服务器端的 VisualSVN Server 软件可从 VisualSVN 官网下载，客户端的 TortoiseSVN 软件可从 TortoiseSVN 官网下载。具体的安装和配置步骤如下。

（1）安装客户端的 TortoiseSVN。TortoiseSVN 用于配置和管理项目参与人员的代码或文件，其安装界面如图 5-1 所示。在安装完毕后，需要通过右击查看快捷菜单中是否有 TortoiseSVN，以确认是否安装成功，如图 5-2 所示。

图 5-1　客户端的 TortoiseSVN 安装界面　　　图 5-2　确认 TortoiseSVN 是否安装成功

（2）安装服务器端的 VisualSVN Server。VisualSVN Server 用于作为后台可视化地管理项目库和人员权限，其安装界面如图 5-3 所示。

（3）在服务器端的左侧树状目录中，右击 Repositories 库，在弹出的快捷菜单中选择"新建"→Repository 命令，创建库，如图 5-4 所示。在弹出的 Create New Repository 对话框中，输入库的名字，如图 5-5 所示。

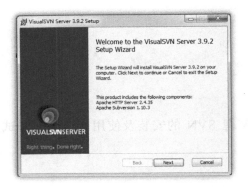

图 5-3　服务器端 VisualSVN Server 的安装界面

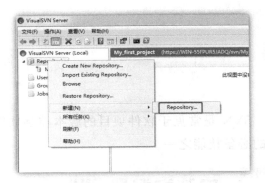

图 5-4　新建库

（4）新建用户。在服务器端的左侧树状目录中，右击 User 文件夹，在弹出的快捷菜单中选择"新建"→"User"命令（见图 5-6）。也可以在 Groups 中新建一个组，在组中添加 User，然后对组进行授权，这样在项目组人员结构比较大的情况下，不用为每个人授权。

图 5-5　Create New Repository 对话框

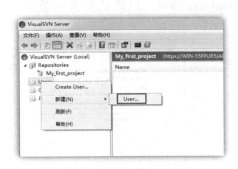

图 5-6　新建用户

（5）配置用户权限。在服务器端的左侧树状目录中，右击文件夹 My_first_Project，在弹出的快捷菜单中选择 Properties 命令，如图 5-7 所示。

在弹出的 Properties for/svn/My_first_project/对话框中单击 Add 按钮添加新的用户或者用户组到项目库中（见图 5-8）。选中一个用户或者组进行权限配置。

图 5-7　配置用户权限

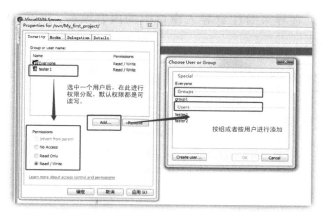

图 5-8　把新的用户或者用户组添加到项目库中

5.2 SVN 常用操作和功能

前面已经成功安装了 TortoiseSVN 和 VisualSVN Server。为了说明 SVN 常用功能（见图 5-9），这里设定了一个场景。首先，运维人员在 VisualSVN Server 上创建了数据仓库 TestProject_Repo1。作为测试经理，Hans 已有 AppleERP 项目的测试框架文件夹（见图 5-10），现在 Hans 需要把 AppleERP 的测试框架文件夹导入 SVN 服务器，以供测试人员进行测试。

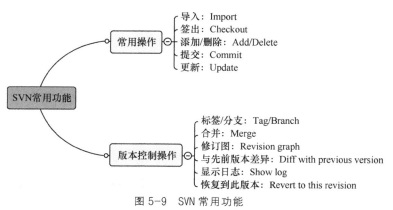

图 5-9　SVN 常用功能

图 5-10　AppleERP 项目的测试框架文件夹

5.2.1 Import

Import（导入）的作用是创建完 SVN 数据仓库 TestProject_Repo1 后，把测试框架文件夹 AppleERP 导入 SVN 服务器，操作如图 5-11 所示。

在导入时注意导入窗口中的内容填写，包括 SVN 库的地址和备注的填写，如图 5-12 所示。

图 5-11　导入测试框架文件夹　　　　　　　图 5-12　导入窗口

导入结束后，查看 VisualSVN 服务器中的目录结构（见图 5-13），它和本地 AppleERP 项目中测试框架文件夹的结构相同。

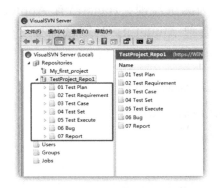

图 5-13　VisualSVN 服务器中的目录结构

5.2.2　Checkout

测试经理 Hans 导入测试框架文件夹后，让测试人员把服务器上的测试框架签出到本地计算机上，以开始协作测试。

Checkout（签出）的作用是把服务器上的源测试框架签出到测试人员的本地计算机上，以开始测试。在本地计算机上新建 MyAppleERP 文件夹，右击文件夹，在弹出的快捷菜单中选择 SVN Checkout 命令（见图 5-14），弹出 Checkout 对话框（见图 5-15），对相关选项进行设置。

图 5-14 选择 SVN Checkout

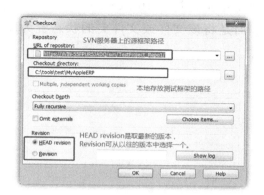

图 5-15 Checkout 对话框

Checkout 对话框中的 Checkout Depth（签出深度）下拉列表中有 4 个子选项，分别是 "Fully recursive" "Immediate children,including folders" "Only file children" "Only this item（见图 5-16）。用户可根据需要选择相应选项。

提示签出成功后，查看本地的 MyAppleERP 文件夹（见图 5-17），其内容应该和服务器上的源测试框架相同。

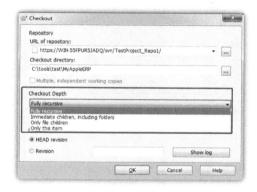

图 5-16 Checkout Depth 下拉列表

图 5-17 本地的 MyAppleERP 文件夹

5.2.3 Add/Delete

当测试组员写完一部分文档后，需要将其提交到服务器上，在需要提交的文档上右击，从弹出的快捷菜单中选择 TortoiseSVN→Add 命令（见图 5-18），把需要提交的文件加入提交列表，此时还未将该文件提交到服务器端，只是告诉 SVN，这些是需要提交的文件。只有执行提交操作后，才能真正把文件提交到服务器。

Delete（删除）操作与 Add 操作类似，在要删除的文件或文件夹上右击，在弹出的快捷菜单中选择 TortoiseSVN→Delete 命令即可删除。此方法并不直接删除文件或文件夹，而是将该文件或文件夹的状态置为删除，需要提交到 SVN 服务器后才能将其真正删除。

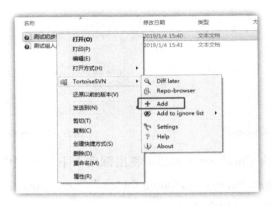

图 5-18　将需要提交的文件加入提交列表

5.2.4　Commit

Commit（提交）的作用是向 SVN 服务器正式提交文件。在提交时，注意填写提交日志并勾选待提交的文件（见图 5-19）。

图 5-19　向 SVN 服务器正式提交文件

5.2.5　Update

Update（更新）的作用是获取 SVN 服务器上的最新版本，操作如图 5-20 所示。

图 5-20 SVN Update 选项

5.2.6 Tag/Branch/Merge

Tag（标签）、Branch（分支）和 Merge（合并）这 3 个功能在源代码存放中用得较多。Branch 和 Tag 对于 SVN 都是使用复制操作实现的。一般情况下，Tag 可作为一个时间节点，不管是否发布，都是一个可用的版本，而且应该是只读的。Branch 用于并行开发，这里的并行是和主干版本相比较而言的。

在需要创建分支的文件夹上右击，在弹出的快捷菜单中选择 TortoiseSVN→Branch/tag 命令，如图 5-21 所示。

图 5-21 选择 Branch/tag

可以把创建的分支放在 branch 文件夹中，如图 5-22 所示。

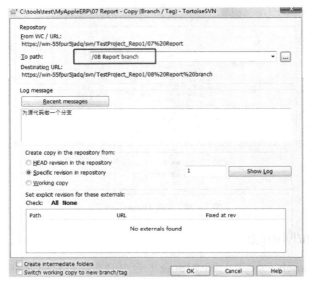

图 5-22　设置分支路径

然后在 MyAppleERP 目录的空白处右击，在弹出的快捷菜单中选择 TortoiseSVN→SVN Update 命令，就可以看到该目录下多了一个分支，如图 5-23 所示。

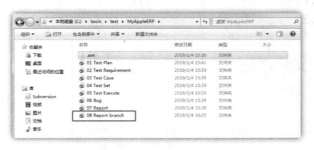

图 5-23　新建分支目录

Merge（合并）分为很多种，包括多个分支之间的合并，把分支合并到主干版本，把主干版本合并到分支。

不管哪一种合并，都可能会遇到版本冲突的情况，这时就需要手动解决代码冲突问题，然后进行合并。

在之前的 MyAppleERP 目录中，07 Report 有一个分支 08 Report branch，现在已经完成对这个分支的修改，需要将其合并到原分支中。在 07 Report 目录上右击，在弹出的快捷菜单中选择 TortoiseSVN→Merge 命令，弹出 Merge 对话框（见图 5-24）。

单击"下一步"按钮，进入 Merge revision range 界面，指定从哪个版本合并到原来的主干版本目录中（见图 5-25）。因此，将 URL to merge from 设定为原来分支的目录，然后指定要合并的版本范围。

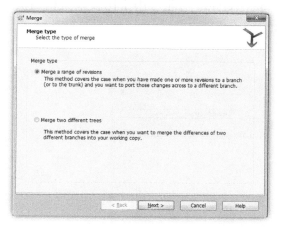

图 5-24　Merge 对话框（Merge type）

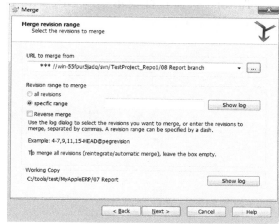

图 5-25　Merge revision range 界面

单击"下一步"按钮，进入 Merge options 界面。单击 Test merge（测试合并）按钮，尝试合并。这次合并只会显示一些信息，不会真正地更新到主干版本的目录中。只有单击 Merge 按钮后，才会真正地将分支目录与主干版本的目录合并（见图 5-26）。

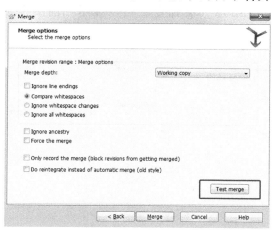

图 5-26　Merge options 界面

5.2.7　Revision Graph

Revision Graph 用于查看当前项目或文件的修订历史图示。对于比较大型的项目，一般会创建多个分支、多个里程碑（稳定的发布版本），通过 Revision Graph，我们可以看到项目的全貌。

5.2.8　Diff with previous version

TortoiseSVN 快捷菜单中的 Diff with previous version 功能可用于比较某文档当前版本和上一个版本的差异，如图 5-27 所示。

图 5-27　版本比较

5.2.9　Show log

SVN 支持文件及文件夹独立的版本追溯。在文件夹或者文件上右击，在弹出的快捷菜单中选择 TortoiseSVN→Show log 命令，可以显示当前文件（夹）的所有修改历史，如图 5-28 所示。

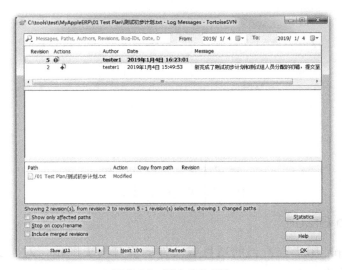

图 5-28　版本修改历史

5.2.10　版本回溯

通过 Show Log（显示日志）功能，可以查看某个文件所有提交过的版本，如果想回到历史上的某个版本，可以在日志文件的对话框中选择需要回溯的版本并右击，在弹出的快捷菜单中选择 Revert to this revision 命令，如图 5-29 所示。

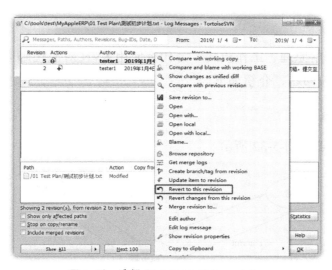

图 5-29　选择 Revert to this revision

在弹出的对话框中选择 Revert 选项（见图 5-30），此时本地工作目录中的该文件就会回溯到这个版本。

此时查看这个文件，图标变为红色感叹号，表示该文件只有本地版本改变了，但是服务器上的版本还没有改变。右击该文件，在弹出的快捷菜单中选择 SVN Commit 命令（见图 5-31）。提交后，服务器上的版本也会回溯到历史上的这个版本。

图 5-30　版本回溯确认

图 5-31　选择 SVN Commit

5.3 SVN 的简要原理

通过对 SVN 的安装及其常用操作的学习，我们已经对 SVN 有了初步的了解，下面将对 SVN 的简要原理进行介绍以进一步加深对 SVN 的认识。

5.3.1 SVN 概述

针对 SVN 的基本原理、工作模式、为什么使用 SVN 对源代码进行管理，以及如何进行配置管理的相关问题，介绍如下。

1. SVN 的基本原理

SVN 的基本原理如图 5-32 所示。

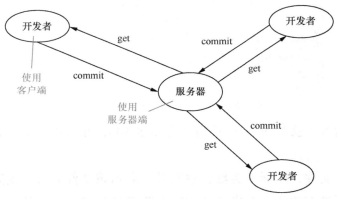

图 5-32 SVN 的基本原理

SVN 采取客户端/服务器模式——在服务器的版本库中保存项目文件的各个版本，所有参与协同开发的程序员在自己本地计算机上保存一个工作副本。SVN 支持程序员将本地副本更新到服务器端的最新版本，也支持将本地副本的最新改变更新到服务器端，而且后面的更新不会覆盖前面的更新，而是作为一个新的版本保存下来——SVN 甚至支持将本地工作副本恢复为服务器端保存的某一个历史版本。

2. SVN 的工作模式

SVN 的悲观锁的工作流程可表示为锁定→编辑→解锁。一个文件单次只能一个人编辑，提交后才能供其他人编辑。这种模式属于串行工作模式。

SVN 的乐观锁的工作流程可表示为修改→冲突→合并。一个文件同时可供多人编辑，在提交时如果发生冲突，则手动进行合并。这种模式属于并行工作模式。

3. 为什么要使用 SVN 对源代码进行管理

- SVN = 版本控制 + 备份服务器。在编写程序的过程中，每个程序员都会生成很多不同的版本，这就需要程序员有效地管理代码，在需要的时候可以迅速、准确取出相应的版本。
- 各开发者之间的数据同步。
- SVN 只会备份几个版本之间不同的地方，所以很节省硬盘空间。FSFS 格式的数据存放在版本库的 db 目录中，里面的 revs 与 revprops 分别存放每次提交的差异数据和日志等信息。

4. SVN 如何进行配置管理

- 创建版本库，并定期备份。
- 确定存储目录结构，并定期检查。
- 分配和维护用户权限。
- 对基线进行管理——通过在标签文件夹上做标记实现。
- 对变更进行管理——通过从分支文件夹拉出分支再合并回主干版本实现。
- 对发布进行管理——通过在标签文件夹上做标记实现。

5.3.2 其他常见配置管理工具

1. VSS

VSS 是 Microsoft 公司的产品，适合用在局域网中。VSS 用于团队级项目还可以，对于企业级项目就不太适合了。另外，VSS 仅支持 Windows 平台，并且不能离线开发。

2. CVS

CVS 开放源代码，是一个典型的 C/S（Client/Server，客户端/服务器）软件。与 VSS 相比，其优点是 CVS 支持远程管理，适合在项目组分布开发时使用。其最大的问题是缺少相应的技术支持，许多问题需要用户自己寻找资料解决，甚至读源代码。

SVN 是在 CVS 基础上进行开发的，摒弃了 CVS 的一些缺点，例如，CVS 不支持文件改名，只有针对文件控制版本而没有针对目录的管理等。在使用平台上，SVN 与 CVS 是 UNIX/Linux 平台上广泛使用的版本管理软件，也可用于 Windows 平台。

3. ClearCase

ClearCase 是 RATIONAL 公司开发的配置管理工具。与 CVS 和 VSS 不同，ClearCase 涵盖的范围包括版本控制、构造环境管理、工作空间管理和过程控制。从最初的软件配置计划到配置项的确立，从变更控制到版本控制，ClearCase 贯穿于整个软件生命周期。ClearCase 支持现有的绝大多数操作系统，但它的安装、配置、使用相对较复杂，并且需要进行团队培训。

4. TeamFoundationServer（TFS）

TFS 是 Microsoft 公司的产品，主要用于源代码的版本管理，有需求管理、bug 管理、部署管理等功能，其涉及项目开发的整个生命周期。相对来说，SVN 只是一个单纯的代码版本管理工具。

所以，对于小项目，如果其只涉及单纯的代码管理，推荐用 SVN。如果对于大项目，如果需要多人协助开发，涉及项目完整的开发周期，并且需要管理需求、代码、实现、部署、维护（bug 管理）等，推荐用 TFS。

5.3.3　每日构建

每日构建不是简单地指每日编译，编译和构建完成后必须对增加的新功能点进行系统测试，对已经测试过的功能点进行冒烟测试。每日构建是 Microsoft 公司比较推荐的方法，强调测试的早期介入和持续的版本集成。

5.4　SVN 的版本控制案例

前面介绍了 SVN 的基本操作和基本原理，展示了 SVN 的使用过程。而在实际工作中，SVN 的版本控制是对基本操作的一个综合运用，这里可以通过一个真实案例来了解版本控制的过程，以加深对 SVN 的理解。

假定公司名为 ATA，在一个 ERP 软件的开发过程中使用 SVN 开源软件进行版本控制，项目经理制订了一份版本控制计划书，具体如下。

1. 目标

（1）保证各个环境（开发、测试、主干）的独立，避免相互影响。

（2）减少最终发布时合并主干出现冲突的概率。

（3）降低冲突处理的难度。

2. 原则

有多个版本（开发版本、测试版本、发布版本），多次合并。

3. 流程

（1）项目开发前，从当前主干建立一条开发分支，供项目开发人员使用。注意，此步骤对应到 SVN 中即在主干版本上建立一个开发分支。

（2）开发结束。提交测试的时候，从当前主干建立一条测试分支，将开发分支合并到测试分支上，供测试人员进行测试。这样开发人员对开发分支的修改不会影响测试环境。注意，此步骤对应到 SVN 中即在主干版本上建立一个测试分支，然后把开发分支合并到测试分支上。

（3）修改 bug 的时候，我们定期将开发分支的修改合并到测试环境中。注意，此步骤对应到 SVN 中即在 bug 修改完毕后，将开发分支合并到测试分支上。

（4）回归测试的时候，从当前主干建一个发布分支，将测试分支合并到该发布分支上，在发布分支上进行回归测试。注意，此步骤对应到 SVN 中即先建一个发布分支，将测试分支合并到发布分支上，然后进行回归测试，回归测试通过后才能进行发布。

（5）发布前，将发布分支合并到当前主干上。注意，此步骤对应到 SVN 中即在准备发布前，将发布分支合并到主干版本上，保证主干版本上是经过测试的合格代码，然后进行发布。

4. 好处

（1）多个版本相互独立，互不影响。

（2）通过多次与主干的合并，这样发布时和主干做最后一次合并的冲突会大幅度减少，并且在与主干多次合并过程中的冲突解决方案都在测试阶段得到了测试。

注意，如果项目的周期比较长，则和主干进行合并的次数也应该增多，以降低处理冲突的难度。

5. 版本安全

为了保证版本安全，需要做到以下 3 点。

（1）除了访问授权控制外，还需要备份。

（2）对于 Subversion 控制的版本，每天晚上自动打包和备份到一台 Windows 服务器中。

（3）定期清理，删除旧的备份（如一个月前的备份）。

6. 造成冲突的原因

上面讲到了在合并的过程中，可能会产生冲突，这里有必要说明一下为什么有冲突。例如，服务器上有源代码 x，开发者 A 从服务器上复制了 x 的副本 x_1 到本地计算机 a 上进行开发，开发者 B 从服务器上复制了 x 的副本 x_2 到本地计算机 b 上进行开发。当开发者 A 首先完成了他的开发任务时，其本地计算机 a 上的源代码就是 x_1*，当开发者 A 将 x_1* 提交到服务器上后，服务器的源代码就更新为 x_1*。此后开发者 B 也完成了他的开发任务，其本地计算机 b 上的源代码就是 x_2*，当他试图把 x_2* 提交到服务器上时，就出现了冲突。因为此时服务器的代码不再是 x，而是被 A 修改过的 x_1*。x_1* 中不仅有 A 增加的代码，x 中还可能有被 A 删改过的地方。此时 B 要提交代码 x_2*，就必须根据服务器的代码 x_1* 先对 x_2* 进行恰当的修改，使得修改后的 x_3* 不但包含 B 开发的 x_2* 部分，而且包含 A 开发的 x_1* 部分，如图 5-33 所示。

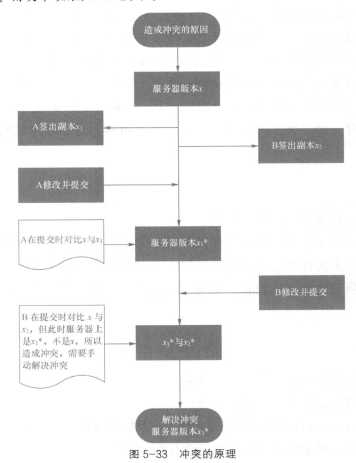

图 5-33　冲突的原理

5.5 版本控制系统的发展历史

下面主要介绍版本控制系统的发展历史。

5.5.1 本地版本控制系统

很久以前人们就开始考虑版本控制的问题，因为简单地通过复制整个项目目录的方式来保存不同版本的操作虽然简单，但是缺点也显而易见。为了解决此类问题，人们开发出本地版本控制系统，大多采用简单的数据库方式来记录文件历史更新差异，如图 5-34 所示。

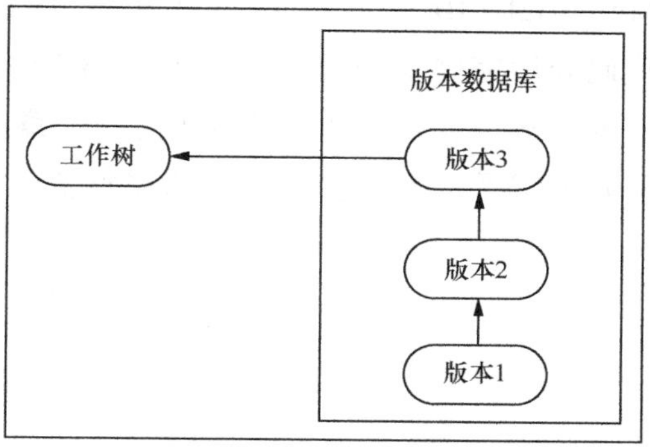

图 5-34 本地版本控制系统

5.5.2 集中化的版本控制系统

很快人们遇到一个新的问题，即如何让不同系统下的开发者协同工作？于是，集中化的版本控制系统（Centralized Version Control System，CVCS）应运而生（见图 5-35），如 CVS、SVN 等，它们的共同点是都有一个单一的管理服务器，保存整个项目的文件历史，而协同工作的开发者通过客户端连接到服务器，取出最新的文件或者提交自己的更新。

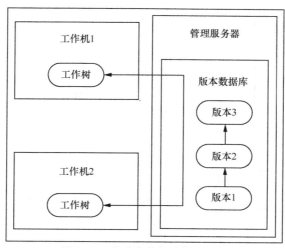

图 5-35 集中化的版本控制系统

这么做有一个显而易见的缺点，即中央服务器的单点故障。若死机一小时，那么在这一小时内，谁都无法提交更新，也就无法协同工作。

5.5.3　分布式版本控制系统

在分布式版本控制系统（Distributed Version Control System，DVCS）中，诸如 Git、Mercurial、Bazaar 及 Darcs 等，客户端并不只提取最新版本的文件快照，而是把原始的代码仓库完整地镜像下来（见图 5-36）。这么一来，任何一处协同工作的历史用的服务器发生故障，事后都可以用任何一个镜像出来的本地仓库恢复。因为每一次的提取操作，实际上都是一次对代码仓库的完整备份。

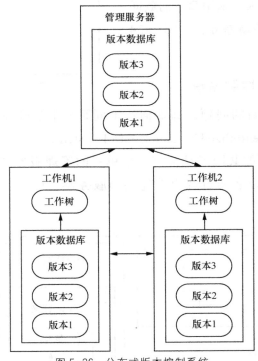

图 5-36　分布式版本控制系统

5.5.4　文件差异版本控制系统

CVS、SVN 等系统进行版本控制的原理是每次都记录有哪些文件做了更新，其控制原理如图 5-37 所示。

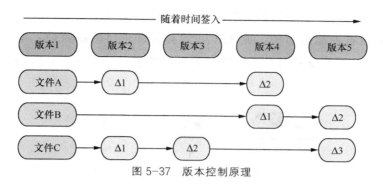

图 5-37　版本控制原理

5.5.5　直接为版本控制系统拍快照

Git 并不保存前后变化的差异数据。实际上，Git 更像是为变化的文件拍快照，并记录在一个微型的文件系统中。每次提交更新时，它会浏览所有文件的指纹信息并为文件拍快照，然后保存一个指向这张快照的索引。为了提高性能，若文件没有变化，则 Git 不会再次保存，而只对上次保存的快照进行连接，如图 5-38 所示。

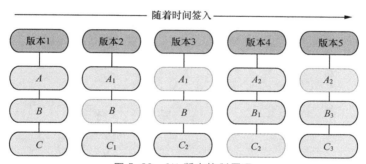

图 5-38　Git 版本控制原理

Git 内部只有 3 个状态，分别是未修改、已修改和暂存。没有加入 Git 版本控制系统的文件处于第 4 种状态，即未跟踪，如图 5-39 所示。

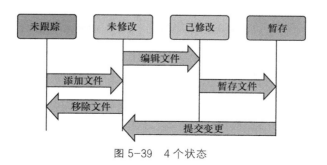

图 5-39　4 个状态

Git 文件的流转涉及 3 个区域，分别是工作树、索引、本地仓库。如果工作树中的文件添加到 Git 版本控制索引中，则 Git 开始对文件进行跟踪监控。索引区域也可以理解为数据暂存区域，当提交操作时，把暂存区域的数据记录到本地数据仓库中，如图 5-40 所示。

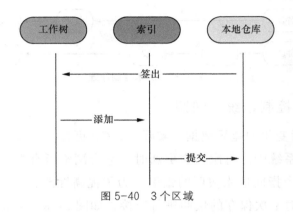

图 5-40　3 个区域

第 6 章　Java 编程

Java 是一种广泛应用于 Web 应用开发和移动应用开发的计算机编程语言。它语法简洁，功能强大，具有跨平台和面向对象的特点。掌握 Java 基础知识、能对 Java 代码进行正确的审查、能够使用 Java 编写自动化测试代码，日趋成为测试人员必备的基本技能。

6.1　Java 概述

Java 最开始是由 Sun 公司（现已被 Oracle 公司收购）的 James Gosling 及其同事于 1995 年推出的。

Java 分为以下 3 个体系。

- Java 平台标准版（Java Standard Edition，Java SE）。
- Java 平台微型版（Java Micro Edition，Java ME）。
- Java 平台企业版（Java Enterprise Edition，Java EE）。

一般来说，如果要进行 Java 开发，则必须安装 Java 开发工具包（Java Development Kit，JDK），JDK 包含了 Java 的运行环境和 Java 工具。如果要运行 Java 软件，则只要安装 Java 运行时环境（Java Runtime Environment，JRE）即可。JDK 包含 JRE。

Java 的优势及特点如下。

（1）Java 支持跨平台性。使用 Java，程序员可以开发能在不同网络平台和不同操作系统上运行的应用软件。

（2）Java 的语法结构比较简洁，学习起来很容易。

（3）Java 功能强大，使用 Java 可以开发多种类型的应用。例如，使用 J2ME 可以开发基于手机的应用，使用 J2EE 可以开发基于企业级的大型应用。

（4）Java 基于面向对象的思想。用 Java 开发出来的代码具有结构清晰、维护容易和扩展简便等优点。

6.2　搭建 Java 环境

本节介绍 Java 环境搭建相关知识，包括 JDK 的安装、配置，以及第一个 Java 程序的详细开发过程。

6.2.1　搭建 JDK 环境

到 Oracle 的官网下载 JDK，下载完成后进行安装。安装完 JDK 后，我们需要配置 JDK 的环境变量。

下面以 JDK 默认安装到 C:\Program Files\Java 为例来讲解环境变量的配置，具体步骤如下。

（1）打开控制面板，选择"系统和安全"→"系统"选项，进入"系统"界面，选择"高级系统设置"选项，在弹出的"系统属性"对话框中选择"高级"选项卡，单击"环境变量"按钮，如图 6-1 所示。

图 6-1　系统环境变量入口

（2）在弹出的"环境变量"对话框中单击"新建"按钮，弹出"新建系统变量"对话框，设置"变量名"为 JAVA_HOME，"变量值"为 C:\Program Files\Java\jdk1.8.0_121（即 JDK 的安装路径，安装的版本可以不同，此处安装的是 JDK1.8.0_121），单击"确定"按钮，如图 6-2 所示。

（3）双击"系统变量"列表框中的 Path 变量（见图 6-3），弹出"编辑系统变量"对话框，在原有的 Path 变量值后面添加";%JAVA_HOME%\bin;"（注意，原有的 Path 变量值保持不变，仅在后面添加即可），并单击"确定"按钮保存。

图 6-2 "新建系统变量"对话框

图 6-3 设置系统变量 Path

（4）验证 JDK 是否配置成功。在命令行窗口中首先输入"javac-version"，如图 6-4 所示。然后输入"java-version"，如图 6-5 所示。如果两次返回的版本和安装的 JDK 版本一致，则表示 JDK 安装完成且环境配置成功。

图 6-4 通过 java-version 命令验证

图 6-5 通过 java-version 命令验证

6.2.2 第一个 Java 程序

Java 程序的开发过程分为 3 个步骤，分别是编写源程序、编译源程序及运行 Java 类文件。

1. 编写源程序

在记事本中输入图 6-6 所示代码，另存为 HelloWorld.txt。

将 HelloWorld.txt 改为 HelloWorld.java。把 HelloWorld.java 文件放在任意盘下（例如，此处放在 D 盘下），如图 6-7 所示。

图 6-6　HelloWorld.txt

图 6-7　HelloWorld.java

2. 编译源程序

在命令行窗口中输入 "d:"，切换到 D 盘，并输入 javac HelloWorld.java（此处代表 Java 源程序的编译），如图 6-8 所示。

图 6-8　编译 HelloWorld.java

如果屏幕上没有出现任何信息，就表示编译成功。回到 D 盘，可以看到编译源程序后产生的 HelloWorld.class 文件，如图 6-9 所示。

图 6-9　HelloWorld.class

3. 运行 Java 类文件

在命令行窗口中输入 java HelloWorld（此处代表运行 Java 类文件），可以看到运行结果是在屏幕上输出 HelloWorld，如图 6-10 所示。

图 6-10　HelloWorld.java 的运行结果

从我们编写的第一个 Java 程序可以看出，Java 程序的开发分 3 步，如图 6-11 所示。

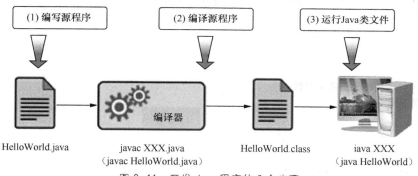

图 6-11　开发 Java 程序的 3 个步骤

下面针对刚刚给出的 Java 程序给出一些注解。

- Java 程序区分大小写。
- Java 中类名与文件名保持一致。
- public class HelloWorld 用于定义一个类。
- public static void main(String[] args)是应用程序的主入口。
- System.out.println()用于输出指定信息。

6.2.3　Java 中的注释

在 Java 中，注释主要有 3 种形式——行注释、段注释、文档注释。

1. 行注释

行注释也称为单行注释，行注释使用"//注释文字"的格式来对某一行的代码进行注释或者加以说明。

```java
public class LineComment
{
    //这是单行注释的范例
    public static void main(String args[])
    {
        //这只是一个单行注释的例子
        System.out.println("Single Line Comment");
    }
}
```

2. 段注释

段注释也称为多行注释，通常用于说明文字比较长的注释。

```java
public class MultiCommont
{
    /*
     *这是段注释的一个简单的例子
     *这里是 main 方法
     */
    public static void main(String args[])
    {
        System.out.println("Multi Lines Comments");
    }
}
```

3. 文档注释

文档注释是 Java 中的一个比较重要的功能，可以用于注释类、属性、方法等。文档注释的基本格式为 "/**...*/"。

```java
/**
 *testDoc 方法的简单描述
 *<p>testDoc 方法的详细说明</p>
 *@param testInput String 输出/输入的字符串
 *@return 没有任何返回值
 */
public void testDoc(String testInput)
{
    System.out.println(testInput);
}
```

6.3 Eclipse 集成开发工具

在实际开发工作中，开发人员常常借助于集成开发工具来完成开发工作，以提高开发效率。本节介绍 Java 常用的集成开发工具 Eclipse（这里使用 4.10.0 版本）。

6.3.1 Eclipse 的使用

Eclipse 是一个开放源代码的、基于 Java 的可扩展开发平台。就其本身而言，它只是一个框架和一组服务，用于通过插件、组件构建开发环境。

在已经安装了 JDK 的机器上，可以直接运行 Eclipse。双击 eclipse.exe 即可启动 Eclipse 集成开发环境。

6.3.2 利用 Eclipse 开发 Java 程序的步骤

利用 Eclipse 开发 Java 程序的一般步骤如下。

（1）打开 Eclipse，要新建一个 Java 项目，从菜单栏中选择 File→New→Java Project，在弹出的 New Java Project 窗口中为项目设置一个名字，如 Test，单击 Finish 按钮，如图 6-12 所示。

图 6-12　新建 Java 项目

（2）要创建类文件，选中刚才创建的项目文件夹，从菜单栏中选择 File→New→Class 选项，如图 6-13 所示。

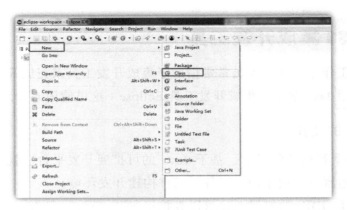

图 6-13　新建 Java 类文件

（3）在弹出的 New Java Class 窗口中为 Java 类文件设置一个名字（任意符合规则的文件名），单击 Finish 按钮，如图 6-14 所示。

（4）编写源程序，如图 6-15 所示。

图 6-14　命名 Java 类文件　　　　　　　　图 6-15　HelloWorld.java 文件

（5）单击运行按钮，运行程序。运行结果可以在控制台中查看，如图 6-16 所示。

图 6-16　HelloWorld.java 的运行结果

6.4 Java 数据类型、变量、运算符及数组

本节主要介绍 Java 语言常见的数据类型、变量、运算符及数组等相关知识。

6.4.1 Java 数据类型

1. Java 基本数据类型

Java 有 8 个基本数据类型，如表 6-1 所示。

表 6-1　Java 基本数据类型

关　键　字	位　　数	范　　围	默　认　值
byte	8	$-2^7 \sim 2^7-1$	0
short	16	$-2^{15} \sim 2^{15}-1$	0
int	32	$-2^{31} \sim 2^{31}-1$	0
long	64	$-2^{63} \sim 2^{63}-1$	0L
float	32	$3.4 \times 10^{-38} \sim 3.4 \times 10^{38}$	0.0f
double	64	$1.7 \times 10^{-308} \sim 1.7 \times 10^{308}$	0.0d
char	16	\u0000～\uffff	\u0000
boolean	8	true 或 false	false

【例 6-1】　基本数据类型的应用。

```java
public class Test{
    public static void main(String[] args) {
        byte a=10;
        short b=100;
        int c=1000;
        long d=10000;
        float e=1.0f;
        double f=1.0;
        char g='g';
        char h='我';
        boolean i=true;
        boolean j=false;

        System.out.println("byte a="+a);
        System.out.println("short b="+b);
        System.out.println("int c="+c);
        System.out.println("long d="+d);
```

```
            System.out.println("float e="+e);
            System.out.println("double f="+f);
            System.out.println("char g="+g);
            System.out.println("char h="+h);
            System.out.println("boolean i="+i);
            System.out.println("boolean j="+j);
    }
}
```

运行结果如下。

```
byte a=10
short b=100
int c=1000
long d=10000
float e=1.0
double f=1.0
char g=g
char h=我
boolean i=true
boolean j=false
```

2. String 类型

String 类型不属于 Java 基本数据类型，属于引用型或者对象型/封装型的数据类型。

【例 6-2】　String 类型的应用。

```
public class Test{
    public static void main(String[] args){
        String str="welcome to the world of Java";
        System.out.println("str="+str);
    }
}
```

运行结果如下。

```
str=welcome to the world of Java
```

需注意的是，字符串的拼接用 "+"。

【例 6-3】　字符串和数值的拼接。

```
public class Test{
    public static void main(String[] args){
```

```
        String str1="Linux";
        String str2="Java";
        int  a=11;
        int  b=22;

        System.out.println("str1+str2="+str1+str2);
        System.out.println("a+b="+a+b);
        System.out.println(a+b+"=a+b");
        System.out.println("str1+a="+str1+a);
        System.out.println("b+str2="+b+str2);
        System.out.println("str1+str2+a+b="+str1+str2+a+b);
        System.out.println("a+b+str1+str2="+a+b+str1+str2);
        System.out.println(a+b+str1+str2+"=a+b+str1+str2");
    }
}
```

运行结果如下。

```
str1+str2=LinuxJava
a+b=1122
33=a+b
str1+a=Linux11
b+str2=22Java
str1+str2+a+b=LinuxJava1122
a+b+str1+str2=1122LinuxJava
33LinuxJava=a+b+str1+str2
```

3. Java 类型转换

Java 类型转换分为自动转型和强制转型。

1）自动转型

在将一种类型的变量赋给另一种类型的变量时，只要满足以下条件，就会发生自动转型。

● 两种数据类型兼容。

● 目标数据类型大于源数据类型。

【例 6-4】 自动转型的应用。

```
short var2=1;
int var1;
var1=var2;  //在将 short 型赋给 int 型时将发生自动转型
```

基本数据类型之间的自动转型如图 6-17 所示。

333

图 6-17　自动转型

2）强制转型

强制转型用于显式类型转换。如果被转换值的数据类型大于其目标数据类型，就会丢失部分信息。

【例 6-5】 强制转型的应用。

```
float c=34.89675f;
Int b=(int) c+10;   //如果将 c 转换为整型，则小数部分丢失
```

6.4.2　Java 变量

本节介绍 Java 中的变量如何使用及变量的命名规则。

Java 中变量的使用分 3 步，分别是声明、赋值和使用。

（1）声明的语法格式如下。

```
数据类型 变量名;
```

例如：

```
int a;
```

（2）赋值即给变量赋值，例如：

```
a=10;
```

（3）使用即使用变量的值，例如：

```
System.out.print(a);
```

变量的命名规则如图 6-18 所示。

图 6-18　变量命名规则

此外，Java 中自定义的变量名不允许和 Java 中的关键字重名。Java 关键字如表 6-2 所示。

表 6-2   Java 关键字

abstract	do	implements	private	throw
boolean	double	import	protected	throws
break	else	instanceof	public	transient
byte	extends	int	return	true
case	false	interface	short	try
catch	final	long	static	void
char	finally	native	super	volatile
class	float	new	switch	while
continue	for	null	synchronized	
default	if	package	this	

6.4.3   Java 运算符

表达式由操作数和运算符组合而成，表达式中的操作数可以是变量、常量或者子表达式。运算符的主要类型有算术运算符、赋值运算符、关系运算符、逻辑运算符、位运算符、条件运算符。

1. 算术运算符

算术运算符又称数学运算符，主要用于执行加、减、乘、除等算术运算。其中，"++"表示将其后的操作数自增 1，"--"表示将其后的操作数自减 1。"%"表示将该运算符两边的操作数相除取余数。假设 n 的初始值为 9，那么对 n 做各种算术运算之后的结果如表 6-3 所示。

表 6-3   Java 算术运算符的示例

运 算 符	含 义	优 先 级	目 数	示 例	结 果
++	自增 1	2	1	$n++$	n 的值为 10
--	自减 1	2	2	$n--$	n 的值为 8
*	乘法	3	2	$n*10$	90
/	除法	3	2	$n/2$	4
%	求余数	3	2	$n\%2$	1
+	加法	4	2	$n+3$	12
-	减法	4	2	$n-10$	-1

需要指出的是，"++"和"−−"既可以作为前缀运算符（放在操作数的前面），也可以作为后缀运算符（放在操作数的后面）。"++"和"−−"作为前缀运算符表示先做自增、自减运算，再生成值；"++"和"−−"作为后缀运算符表示先生成值，再做自增、自减运算。示例如表 6-4 所示。

表 6-4　Java 自增、自减运算符的示例

表　达　式	如　何　计　算	结果（num1=5）
num2=++num1;	num1=num1+1; num2=num1;	num2=6; num1=6;
num2=num1++;	num2=num1; num1=num1+1;	num2=5; num1=6;
num2=− −num1;	Num1=num1−1; num2=num1;	num2=4; num1=4;
num2=num1− −;	num2=num1; num1=num1−1;	num2=5; num1=4;

2. 赋值运算符

"="是一个简单的赋值运算符，其常见形式如下。

```
变量 = 表达式;
```

【例 6-6】 简单赋值运算符的使用。

```
Height = 177.5;
Weight = 78;
Gender = 'm';
X = a+b;
Y = i-j;
```

除此之外，还有复合赋值运算符+=、-=、*=、/=、%=，其示例如表 6-5 所示。

表 6-5　Java 复合赋值运算符的示例

运　算　符	表　达　式	计　算	结果（假设 x=10）
+=	X+=5	X=X+5	15
-=	X−=5	X=X−5	5
*=	X*=5	X=X*5	50
/=	X/=5	X=X/5	2
%=	X%=5	X=X%5	0

3. 关系运算符

关系运算符用于判断两个操作数或两个表达式之间的关系，其中操作数可以是变量、常量或表达式。关系运算符如图 6-19 所示。

关系表达式的计算结果是一个逻辑值（真或假）。在 Java 中，用 boolean 值的 false 表示"假"，true 表示"真"。

图 6-19　关系运算符

【例 6-7】 关系运算符的使用。

```
boolean var=5>3;
System.out.println(var);  //输出 true
var=0>5;
System.out.println(var);  //输出 false
```

4. 逻辑运算符

逻辑运算符用于连接一个或多个条件，并判断这些条件是否成立。逻辑运算符有 3 个，分别是&&（与）、||（或）以及!（非）。逻辑运算符可以根据操作数之间的逻辑关系，生成一个布尔值（true 或 false）。

【例 6-8】 逻辑运算符的使用。

```
int i=3,j=5,m=4,n=6;
System.out.println((i>j)&&(m>n));  //输出 false
System.out.println((i<j)&&(m>n));  //输出 false
System.out.println((i>j)&&(m<n));  //输出 false
System.out.println((i<j)&&(m<n));  //输出 true
System.out.println((i>j)||(m>n));  //输出 false
System.out.println((i<j)||(m>n));  //输出 true
System.out.println((i>j)||(m<n));  //输出 true
System.out.println((i<j)||(m<n));  //输出 true
System.out.println(!(i<j));        //输出 false
System.out.println(!(m>n));        //输出 true
```

5. 位运算符

位运算符一共有 4 个，分别是与（&）、非（~）、或（|）、异或（^）。

- &：在运算时均把操作数转换为二进制再做比较。当两边操作数的相同位上的值均为 1 时，结果为 1；否则，结果为 0。例如，1010&1101=1000。

- |：当两边操作数的相同位上的值有一个为 1 时，结果为 1；否则，结果为 0。例如，1100|1010=1110。
- ~：取反操作，只针对一个操作数，0 变 1，1 变 0。
- ^：当两边操作数的相同位上的值不同时，结果为 1；否则，结果为 0。例如，1100^1010=0110。

6. 条件运算符

条件运算符指的是 "?:"，使用格式如下。

```
条件 ? 结果 1 : 结果 2;
```

先判断条件是否成立，如果成立，则结果 1 作为整个表达式的运算结果；如果不成立，则结果 2 作为整个表达式的运算结果。

【例 6-9】 条件运算符的使用。

```
int a=3;
int b=5;
int max;
max=a>b?a:b;
System.out.println(max);  //输出 5
```

7. 运算符的优先级

当表达式中有多个运算符时，我们就要考虑运算符的优先级。运算符的优先级如表 6-6 所示。

表 6-6　运算符的优先级

优　先　级	运　算　符	描　　述	结　合　性
高 ↓ 低	()	圆括号	自左向右
	!、++、--	逻辑非、递增、递减	自右向左
	*、/、%	乘法、除法、取余	自左向右
	+、-	加法、减法	自左向右
	<、<=、>、>=	小于、小于或等于、大于、大于或等于	自左向右
	==、!=	等于、不等于	自左向右
	&&	逻辑与	自左向右
	||	逻辑或	自左向右
	=、+=、*=、/=、%=、-=	赋值运算符、复合赋值运算符	自右向左

6.4.4 Java 数组

本节简单介绍 Java 一维数组和二维数组的相关知识。

1. 一维数组

数组指的是将数据类型相同的一组数按一定顺序存放在一个集合当中，并且用一个名称命名，这些数据使用编号（下标）来区分。

在 Java 中，数组的声明和使用分 4 步，分别是声明、分配空间、赋值和使用。具体使用如下。

1）单独声明

格式如下。

```
数据类型 数组名[];
```

或

```
数据类型[] 数组名;
```

例如：

```
int a[];
int[] b;
```

2）声明并分配空间（两步并一步走）

格式如下。

```
数据类型 数组名[]=new 数据类型[数目];
```

或

```
数据类型[] 数组名=new 数据类型[数目];
```

例如：

```
int a[]=new int[5];
int[] a=new int[5];
```

3）声明、分配空间和赋值（三步并一步走）

可以边声明边赋值。例如：

```
int[] b={2,3,6,8,9};
```

```
int[] c=new int[]{1,5,3,2,6,7,9};
```

需要注意的是，以下这种声明和赋值方式是错误的。

```
int[] b;
b={2,3,4};
```

Java 数组的下标始于 0。一个数组的第一个元素下标为 0，最后一个元素下标为数组长度−1。例如，若 int[] a={2,3,6}，则 a[0]=2，a[1]=3，a[2]=6。如果我们希望获取 Java 数组的长度，则可以使用数组的 length 属性，如以下代码所示。

```
int[] a={2,3,6};
System.out.print(a.length);  //输出结果为 3
```

2.　二维数组

二维数组是由一维数组组成的。声明一个二维数组的格式如下。

```
int c[][]= new int[3][4];
```

该二维数组由 3 个一维数组组成，每个一维数组中有 4 个元素。也可以使用以下声明方式声明二维数组。

```
int c[][]=new int[3][];
c[0]=new int[4];
c[1]=new int[4];
c[2]=new int[4];
```

事实上，每个一维数组中的元素个数也可以不同，如以下代码所示。

```
int c[][]=new int[3][];
c[0]= new int[2];
c[1]=new int[3];
c[2]=new int[4];
```

6.5　Java 选择结构

Java 有三大控制结构，分别是顺序结构、选择结构和循环结构。顺序结构指的是代码按照编写的先后顺序依次执行；选择结构指的是代码有条件地执行；循环结构指的是代码有条件地循环执行。本节主要介绍选择结构。

在 Java 中，选择结构包括 if 结构和 switch 结构。

在 Java 中，if 结构共有 3 种表现形式，分别是单分支、双分支和多分支。下面详细介绍这 3 种形式。

6.5.1　Java 单分支结构

Java 单分支结构的语法如下。

```
if(布尔表达式)
{
    //待执行的代码
}
```

【例 6-10】 使用 if 结构实现：如果某学生的数学成绩达到 80 分以上，就允许他毕业。

```
public class Test{
    public static void main(String[] args){
        int score=90;
        if(score>80){
            System.out.println("该学生允许毕业！");
        }
    }
}
```

运行结果如下。

```
该学生允许毕业！
```

6.5.2　Java 双分支结构

Java 双分支结构的语法如下。

```
if(布尔表达式)
{
    //待执行的代码
}
else
{
    //待执行的代码
}
```

【例 6-11】 使用 "if...else" 结构实现：如果某学生的数学成绩达到 80 分以上，就允许他毕业；否则，让他留级。

```
public class Test{
    public static void main(String[] args){
        int score=79;
        if(score>80){
            System.out.println("该学生允许毕业！");
        }
        else{
            System.out.println("该学生留级！");
        }
    }
}
```

运行结果如下。

该学生留级！

6.5.3　Java 多分支结构

Java 多分支结构的语法如下。

```
if(布尔表达式)
{
    //待执行的代码
}
else if(布尔表达式)
{
    //待执行的代码
}
else if(布尔表达式)
{
    //待执行的代码
}
else
{
    //待执行的代码
}
```

对上述语法的解释如下。

- else if 分支可以有多个。
- else 分支可以没有。
- 每一个 else 都包含了对上一个条件的否定。

【**例 6-12**】 使用"if...else if...else"结构实现：对学员的结业考试成绩进行分级，规则如下。

成绩大于或等于 90 分为优秀；成绩大于或等于 80 分为良好；成绩大于或等于 60 分为中等；成绩小于 60 分为差。

```java
public class Test{
    public static void main(String[] args){
        String str;
        int score=80;
        if(score>=90){
            str="优秀";
        }
        else if(score>=80){
            str="良好";
        }
        else if(score>=60){
            str="及格";
        }
        else{
            str="不及格";
        }
        System.out.println("您的成绩属于 "+ str);
    }
}
```

运行结果如下。

您的成绩属于良好

6.5.4 switch 多重分支结构

switch 多重分支结构的语法如下。

```java
switch(表达式){
    case 常量值1:
    …;
        break;
case 常量值2:
        …;
        break;
    case 常量值N:
        …;
        break;
```

```
    default:
       …;
}
```

对上述语法的解释如下。

- switch（表达式）：表达式所得出的结果，只能为 4 种类型，即 byte、short、int、char（在 Java 1.6 中是这样），在 Java 1.7 后支持对 string 的判断。
- case 后面必须是常量。
- break 在这里的作用是跳出 switch 结构。
- case 语句中的 break 是可选的，但在绝大多数情况下，如果没有 break，则程序的逻辑就会发生错误，因此，通常情况下都需要加上 break。

【例 6-13】 输入 1～4 的任何一个数字，每个数字分别代表一个季节，根据输入的数字，从控制台输出不同的信息。数字和季节描述的对应关系：1——春光明媚，2——夏日炎炎，3——秋高气爽，4——白雪皑皑。

```
public class Test{
    public static void main(String[] args){
        int season=3;    //此处的数字可任意指定（1～4 即可）
        switch(season){
          case 1:
              System.out.println("春光明媚");
              break;
          case 2:
              System.out.println("夏日炎炎");
              break;
          case 3:
              System.out.println("秋高气爽");
              break;
          case 4:
              System.out.println("白雪皑皑");
              break;
          default:
              System.out.println("程序结束");
          }
      }
}
```

运行结果如下。

秋高气爽

将上述代码中的 break 全部注释掉，重新运行程序，得到如下运行结果。

```
秋高气爽
白雪皑皑
程序结束
```

这是因为注释掉 break 的程序从 case 3 入口进入后，会依次执行遇到的每一个语句，直到程序结束。

6.5.5　Java 选择结构的比较

if 结构和 switch 结构都属于程序设计中的选择结构，它们有以下异同点。

相同点是都可以实现多重分支结构。

不同点包括以下两个方面。

- switch 只能处理等值的条件判断，且条件是整型变量或字符变量的等值判断；switch 表达式的值必须是常量；case 后必须是常量。
- if 结构在 else 部分还包含其他 if 结构，特别适合某个变量处于某个区间的情况；if 表达式的值可以是一个区间，也可以是布尔类型。

6.6　Java 循环结构

循环结构用来反复执行相同的操作，直到循环条件终止为止。Java 中共有 3 种循环结构，分别是 while 循环、do...while 循环和 for 循环。

循环结构由循环条件和循环操作两部分组成。

- 循环条件：进入循环的必备条件。
- 循环操作：重复执行的操作。

6.6.1　while 循环

while 循环的语法如下。

```
while(循环条件)
{
    循环操作
}
```

对上述语法的解释如下。

- 先判断循环条件是否成立，再执行循环操作。

- 当循环条件成立的时候，执行　"{}"（循环体）中的循环操作。
- 当循环条件不成立的时候，跳过循环体执行之后的语句。
- 循环操作会反复执行，直到循环条件不成立。
- 一般来说，循环操作需要包含对循环条件进行改变的语句，当循环条件不成立时，从循环结构之中跳出。

【例 6-14】　while 循环。

```
public class Test{
    public static void main(String[] args){
        int i=1;
        while(i<=10){
            System.out.println("第"+i+"次输出");
            i++;
        }
    }
}
```

运行结果如下。

```
第 1 次输出
第 2 次输出
第 3 次输出
    ……
第 10 次输出
```

此处循环变量是 i，循环条件是 i<=10，循环操作是控制台输出和 i++，其中 i++ 语句就是对循环条件进行改变的语句。

6.6.2　do...while 循环

do...while 循环的语法如下。

```
do
{
循环操作
}while（循环条件）;
```

对上述语法的解释如下。

- 先执行循环操作，再判断循环条件是否成立。
- 无论一开始循环条件满足与否，循环操作都至少会执行一次。

【例 6-15】 do...while 循环。

```
public class Test{
    public static void main(String[] args){
        int i=1;
        do
        {
            System.out.println("第"+i+"次输出");
            i++;
        } while(i<=10);
    }
}
```

运行结果与例 6-14 相同。此示例使用与 while 相同的循环条件和循环操作，并且都是循环条件一开始就成立。

6.6.3　while 与 do...while 的比较

while 循环是先判断再执行，do...while 循环是先执行再判断，如图 6-20 所示。它们的异同主要有以下两点。

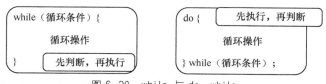

图 6-20　while 与 do...while

- do...while 语句至少会执行一次；如果布尔表达式第一次的运算结果就为 false，那么 while 循环一次也不执行，而 do...while 循环则会执行一次。
- 如果布尔表达式第一次的运算结果为 true，那么 while 循环与 do...while 循环等价。

6.6.4　for 循环

for 循环的语法如下。

```
for(初始化变量; 条件判断; 循环变量递增)
{
    //待执行的代码
}
```

for 循环的执行过程如下。

（1）初始化变量。

（2）进行条件判断。如果条件的判断结果为假，那么退出 for 循环，开始执行循环后面的代码；如果条件的判断结果为真，那么执行 for 循环里面的代码。

（3）循环变量递增。

（4）重复步骤（2）。

【例 6-16】 for 循环的应用。

```java
public class PTest{
   public static void main(String[] args){
      for(int i=1;i<=10;i++){
         System.out.println("第"+i+"次输出");
      }
   }
}
```

运行结果如下。

```
第 1 次输出
第 2 次输出
第 3 次输出
 …
第 10 次输出
```

6.6.5　break 关键字

和 switch 结构中的用法一样，break 关键字也可以出现在循环结构中，用于跳出当前循环结构。break 语句在循环中通常与条件语句一起使用。

【例 6-17】 break 关键字的应用。

```java
public class Test{
   public static void main(String[] args){
      int x=0;
      while(x++<10)
      {
         if(x==3)
         {
            break;
         }
         System.out.print(x);
      }
   }
```

运行结果如下。

```
1 2
```

6.6.6　continue 关键字

continue 关键字用于跳过循环体中剩余的语句而执行下一次循环，即跳出本轮循环，执行下一轮循环。

【例 6-18】　continue 关键字的应用（此处将例 6-17 中的 break 关键字改为 continue）。

```
public class Test{
    public static void main(String[] args){
        int x=0;
        while(x++<10)
        {
            if(x==3)
            {
                continue;
            }
            System.out.print(x);
        }
    }
}
```

运行结果如下。

```
1245678910
```

6.6.7　Java 循环嵌套

如果一个循环体内又包含了一个完整的循环结构，那么这种结构称为循环语句的嵌套。只有在内循环完全结束后，外循环才会进行下一趟。

【例 6-19】　循环嵌套示例——图形输出。

```
public class Test{
    public static void main(String[] args){
        int i,j;
        for(i=0;i<=4;i++){   //i 作为外循环变量，控制行
            for(j=0;j<=4;j++){   //j 作为内循环变量，控制列
                System.out.print("*");
            }
            System.out.println();
```

```
            }
        }
    }
```

运行结果如下。

```
*****
*****
*****
*****
*****
```

【例 6-20】 循环嵌套示例——九九乘法表。

```
public class Test{
    public static void main(String[] args){
        for(int x=1;x<=9;x++)
        {
            for(int y=1;y<=x;y++)
            {
            System.out.print(y+"*"+x+"="+y*x+"\t");
            }
            System.out.println();
        }
    }
}
```

运行结果如下。

```
1*1=1
1*2=2    2*2=4
1*3=3    2*3=6    3*3=9
1*4=4    2*4=8    3*4=12   4*4=16
1*5=5    2*5=10   3*5=15   4*5=20   5*5=25
1*6=6    2*6=12   3*6=18   4*6=24   5*6=30   6*6=36
1*7=7    2*7=14   3*7=21   4*7=28   5*7=35   6*7=42   7*7=49
1*8=8    2*8=16   3*8=24   4*8=32   5*8=40   6*8=48   7*8=56   8*8=64
1*9=9    2*9=18   3*9=27   4*9=36   5*9=45   6*9=54   7*9=63   8*9=72   9*9=81
```

6.7　Java 面向对象编程中的类与对象

本节主要介绍 Java 面向对象编程的基础知识，包括类、对象、属性、方法相关知识及其相关应用。

类是抽象的、概念上的定义，是对某一类事物的描述，一般将有共同特征的事物定义为一类；对象是实际存在的该类事物的每个个体，因而也称实例（instance）。万物皆为对象。

例如，人类是一个类，每个人则是一个个的对象（实例）。

总之，类是对象的抽象，对象是类的实例。

6.7.1　类的定义

类可以定义属性和方法。以人类为例，属性可以有人的年龄、国籍、性别、身高、体重等；方法可以有学习、工作、吃饭、睡觉、运动等。

以车为例，属性可以有车的功率、速度、轴距，或者门的宽度、厚度等；方法可以有运行、停止、鸣笛、开门、关门等。

类的结构如下。

```
[修饰符] class 类名
{
    零到多个构造函数的定义
    零到多个成员变量
    零到多个方法
}
```

1. 修饰符

Java 的主要修饰符有 public、protected、private。

- public：公开程度最高，可被任意对象及子对象访问。一般设置一些公用的方法为 public。public 除可以修饰方法和属性外，也可以修饰类，如果类无 public 修饰，则该类仅在包中可见。
- protected：继承此类的子类和类的实例可见及包内成员可见。
- private：隐蔽性最高，只有类本身可访问，其实例不能访问。

2. 成员变量

成员变量在 Java 中的格式如下。

```
[修饰符] 类型 成员变量名[=默认值];
```

例如：

```
public int age=20;
```

对上述语法的解释如下。

（1）修饰符可以省略，也可以是 public、protected、private、static、final。其中，public、protected、private 只能出现一个，三者可以与 static、final 组合来修饰成员变量。

（2）成员变量类型可以是 Java 中的任何数据类型，包括基本数据类型和引用类型。

（3）成员变量名只要是一个合法的标识符即可，但这仅仅满足的是 Java 的语法要求。如果从程序的可读性方面来看，成员变量名必须是由一个或多个有意义的单词连缀而成的，第一个单词的首字母小写，其他单词的首字母大写，其他字母全部小写，单词与单词之间不要使用任何分隔符。

例如：

```
public int stuAge;
public String stuName;
public char stuGender;
```

（4）对于成员变量还可以指定一个可选的默认值。例如：

```
public int stuAge=20;
public String stuName="Tom";
public char stuGender='M';
```

3. 成员方法

定义方法的语法如下。

```
[修饰符] 方法返回值类型 方法名（形参列表）
{
    //由零条到多条可执行的语句组成的方法体
}
```

对上述语法的解释如下。

（1）修饰符可以省略，也可以是 public、protected、private、static、final、abstract。其中，public、protected、private 只能出现一个，final 和 abstract 只能出现一个，前面 5 种修饰符可以与 static 组合来修饰方法。

（2）方法返回值类型可以是 Java 允许的任何数据类型，包括基本类型和引用类型。如果声明了方法返回值类型，则方法体内必须有一个有效的 return 语句，该语句返回一个变量或一个表达式，这个变量或者表达式的类型必须与此处声明的类型匹配。除此之外，如果一个方法没有返回值，则必须用 void 来声明没有返回值。

（3）方法名的命名规则与成员变量的命名规则基本相同，但通常建议方法名以英文的动词开头。

（4）形参列表用于定义该方法可以接受的参数。形参列表有零组到多组，和形参名之间以英文空格隔开。一旦定义方法时指定了形参列表，则调用该方法时必须传入对应的参数值。

例如：

```
public int getAge(int s){
   int stuAge=s;
      return stuAge;
}
```

4. 构造函数

构造函数也称构造器，是一种特殊的方法。定义构造函数的语法与定义方法的语法类似，语法如下。

```
[修饰符] 构造函数名(形参列表)
{
//零到多条可执行语句组成的构造函数执行体
}
```

对上述语法的解释如下。

（1）修饰符可以省略，也可以是 public、protected 和 private 中的一个。

（2）构造函数名必须和类名相同。

（3）形参列表的格式和用法与定义方法形参列表的格式、用法完全相同。

构造函数既不能定义返回值类型，也不能使用 void 声明没有返回值。如果为构造函数定义了返回值类型，或使用 void 声明构造函数没有返回值，则编译时不会出现错误，但 Java 会把这个所谓的构造函数当成普通的方法来处理。

类可不显式定义构造函数，这个时候系统会自动生成一个不带参数的构造函数。最好为类指定一个不带任何参数的构造函数，因为一旦类中定义了其他构造函数，无参的构造函数将不再自动生成。

6.7.2　对象的产生和使用

下面创建一个 Person 类，该类有两个成员变量——name 和 age，有一个不带参数、没有返回值的成员方法。代码如下。

```
public class Person{
   public String name;
   public int age;
   public void tell(){
       System.out.println("MyName is "+name+" age is "+age);
   }
}
```

下面创建一个测试类，代码如下。

```
public class PersonDemo{
   public static void main(String[] args){
       Person per1=new Person();
       per1.name="zhangsan";
       per1.age=12;
       per1.tell();
       Person per2=new Person();
       per2.name="sunwukong";
       per2.age=500;
       per2.tell();
       System.out.println("my name is "+per2.name);
       System.out.println("my age add 1 is "+(per2.age+1));
   }
}
```

运行结果如下。

```
MyName is zhangsan age is 12
MyName is sunwukong age is 500
my name is sunwukong
my age add 1 is 501
```

注意，Person 没有显式声明一个构造函数，则系统自动生成一个不带参数的构造函数：

```
public Person(){}
```

部分代码的说明如下。

```
Person per1=new Person();
```

定义了 Person 类的变量，通过关键字 new 调用 Person 类的构造函数，返回 Person 的一个实例，将该 Person 实例赋给 per1 变量。这行代码创建了一个实例，也即 Person 对象，将这个 Person 对象赋给 per1 变量。它们在内存中的存放方式如图 6-21 所示。

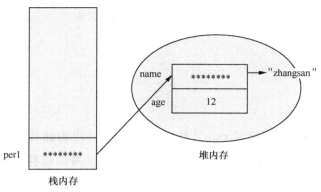

图 6-21　类与对象在内存中的存放方式

```
per1.name="zhangsan";
```

调用 per1 的 name 成员变量，直接为该成员变量赋值。

```
per1.age=12;
```

调用 per1 的 age 成员变量，直接为该成员变量赋值。

```
per1.tell();
```

调用 per1 的 tell 方法。

```
System.out.println("my name is "+per2.name);
```

直接输出 per2 对象的姓名。

6.7.3　方法的重载

在 Java 中，如果同一个类中两个或两个以上方法的名称相同，但形参列表不同，则称为方法重载（overload）。

方法重载的要求可以概括为"两同一不同"：同一个类中的方法名相同，形参列表不同。

普通方法和构造方法均可以重载。构造方法的重载的示例代码如下。

```
public Person(){  //无参构造方法

}
public Person(String n){  //带一个参数的构造方法
    name=n;
```

355

```
   }
   public Person(String n,int a){   //带两个形参的构造方法
      name=n;
      age=a;
   }
```

6.7.4　this 关键字

Java 中有一个特殊的关键字 this，其语法较灵活，代表此构造函数初始化的对象，通常用于表示对象本身。例如，在之前的 Person 类中，可以这样使用 this 关键字。

```
public class Person{
   private String name;
   private int age;

   public void setName(String name1){
      this.name=name1;
   }

   public void setAge(int age1){
      this.age=age1;
   }

   public void tell(){
      System.out.println("MyName is "+this.name+" age is "+this.age);
   }
}
```

在有多个构造函数的 Person 类中，this 关键字还有如下使用方式。

```
public Person(){   //无参构造函数
}

public Person(String name){   //带一个形参的构造函数
   this.setName(name) ;
}

public Person(String name,int age){    //带两个形参的构造函数
   this.setName(name);
   this.setAge(age);
}
```

6.8　Java 面向对象编程中的封装

封装（encapsulation）是面向对象的三大特征之一。它指的是将对象的状态信息隐藏在对象内部，不允许外部程序直接访问对象内部信息，必须通过该类所提供的方法来实现对内部信息的操作和访问。

封装的特点如下。

- 避免直接访问成员变量。
- 通过指定的方法来访问成员变量。
- 可进行数据检查，从而有利于保证对象信息的完整性。
- 便于修改，提高代码的可维护性。

封装的实现方式如下。

- 将成员变量的访问权限设置成 private。
- 提供专门的方法访问成员变量。

6.8.1　封装中常见的 getter/setter 方法

按照以下步骤，封装所有成员变量，通过相应的方法来访问成员变量。

（1）把之前 Person 类中的成员变量改成 private。

```
public class Person{
   private String name;
   private int age;
   public void tell(){
      System.out.println("MyName is "+name+" age is "+age);
   }
}
```

（2）添加 getter/setter 方法，以访问成员变量。

在 Person 类中添加 setter 方法（给成员变量赋值）。

```
public void setName(String name1){
   name=name1;
}

public void setAge(int age1){
   age=age1;
}
```

在 Person 类中添加 getter 方法（取出成员变量的值）。

```java
public String getName(){
    return name;
}

public int getAge(){
    return age;
}
```

（3）测试类的修改如下。

```java
public class PersonDemo{
    public static void main(String[] args){
        Person per=new Person();
        per.setName("sunwukong");
        per.setAge(500);
        per2.tell();
        String name=per.getName();
        int age=per.getAge();
        System.out.println("my name is "+ name);
        System.out.println("my age is "+ age);
    }
}
```

注意以下方法调用说明。

- per.setName("sunwukong")：调用 Person 对象的 setName(String name1)方法来给封装的成员变量 name 赋值。
- per.setAge(500)：调用 Person 对象的 setAge(int age1)方法来给封装的成员变量 age 赋值。
- String name = per.getName()和 int age = per.getAge()：分别调用 Person 对象的 getName()和 getAge()方法来获取相应成员变量的值。

6.8.2　封装控制符访问权限

权限修饰符的访问范围如表 6-7 所示。

表 6-7　权限修饰符访问范围

访问范围	private	default	protected	public
同一个类中	√	√	√	√
同一个包中		√	√	√

续表

访问范围	private	default	protected	public
子类中			√	√
全局范围内				√

6.9　Java 面向对象编程中的继承

Java 中的继承通过 extend 关键字来实现。子类通过继承父类可以直接继承父类的成员变量和成员方法。子类可以增加自己的属性和方法。当父类的方法不满足需求时，子类可以重写父类的方法。当子类的方法需要调用父类方法时，必须使用关键字 super。

6.9.1　继承的实现

【例 6-21】　子类直接继承父类的属性和方法。

（1）定义一个普通的水果类 Fruit。

```java
public class Fruit{
    public double weight;
    public void show(){
        System.out.println("水果的重量是 "+weight+"kg");
    }
}
```

（2）定义一个苹果类 Apple 继承 Fruit 类。

```java
public class Apple extends Fruit{
}
```

（3）编写一个测试类用于观察继承后的行为。

```java
public class AppleDemo{
    public static void main(String[] args){
        Apple a=new Apple();
        a.weight=0.56;
        a.show();
    }
}
```

（4）运行测试类，得到如下结果。

水果的重量是 0.56kg

由此可见，通过继承 Fruit 类，Apple 类直接继承了父类 Fruit 的成员变量和成员方法。

【例 6-22】　子类可以添加自己的属性和方法。

（1）保持父类 Fruit 不变，子类 Apple 新增成员变量 color 和成员方法 setColor()、getColor()。

```java
public class Apple extends Fruit{
    private String color;

    public void setColor(String s){
        this.color=s;
    }

    public String getColor(){
        return this.color;
    }
}
```

（2）在测试类中编写如下代码。

```java
Public class AppleDemo{
    public static void main(String[] args){
        Apple a=new Apple();
        a.weight=0.56;
        a.show();
        a.setColor("red");
        System.out.println("水果的颜色是"+ a.getColor());
    }
}
```

（3）运行测试类，得到如下结果。

```
水果的重量是 0.56kg
水果的颜色是 red
```

由此可见，子类不仅继承了父类所有的成员变量和方法，而且能够新增自己的成员变量和方法。

6.9.2　方法的重写

方法的重写（override）仅仅存在于继承关系中。当子类中的方法名、参数个数、参数类型和参数顺序与父类中完全一致时，在子类中重写了父类的方法。方法的重写有以下特点。

- 父类中有一个方法，子类中也有一个同名的方法。
- 父类的方法和子类的方法的名称、参数个数、参数类型、参数顺序完全一致。
- 子类方法不能缩小父类方法的访问权限，如不能由 public 变成 private。

【例 6-23】 在子类中重写父类的方法。

（1）在子类 Apple 中重写从父类继承过来的方法 show()。

```java
public class Apple extends Fruit{
    private String color;

    public void setColor(String s){
        this.color=s;
    }

    public String getColor(){
        return this.color;
    }

    public void show(){
        System.out.println("这是一个大苹果，苹果的重量是 "+weight+"kg");
    }
}
```

（2）在测试类 AppleDemo 中执行以下代码。

```java
public class AppleDemo{
    public static void main(String[] args){
        Apple a=new Apple();
        a.weight=0.56;
        a.show();
        a.setColor("red");
        System.out.println("水果的颜色是： "+ a.getColor());
    }
}
```

（3）运行测试类，得到如下结果。

```
这是一个大苹果，苹果的重量是 0.56kg
水果的颜色是：red
```

6.9.3 super 关键字

当子类的方法需要调用父类的方法时，要使用 super 关键字。需要注意的是，当子类的构造函数需要调用父类的构造函数时，super 关键字需要放在第一行。

【例 6-24】　在子类的方法中调用父类的方法。

（1）在 Apple 子类中新建方法 info()，并在此方法中调用父类的方法。

```
public class Apple extends Fruit{
    private String color;

    public void setColor(String s){
        this.color=s;
    }
    public String getColor(){
        return this.color;
    }
    public void show(){
        System.out.println("这是一个大苹果，苹果的重量是 "+weight+" kg");
    }

    public void info(){
        System.out.println("这是子类 Apple 的方法");
        super.show();
    }
}
```

（2）在测试类 AppleDemo 中执行如下代码。

```
public class AppleDemo{
    public static void main(String[] args){
        Apple a=new Apple();
        a.weight=0.56;
        a.info();
    }
}
```

（3）运行测试类，得到如下结果。

```
这是子类 Apple 的方法
水果的重量是 0.56kg
```

【例 6-25】　在子类的构造函数中调用父类的构造函数。

新建子类 Apple 的构造函数，在子类的构造函数中调用父类的构造函数。

```
public class Apple extends Fruit{
    private String color;
```

```
    public Apple(String c){
        super();
        this.color=c;
    }

    public void setColor(String s){
        this.color=s;
    }

    public String getColor(){
        return this.color;
    }

    public void show(){
        System.out.println("这是一个大苹果，苹果的重量是 "+weight+"kg");
    }

    public void info(){
        System.out.println("这是子类 Apple 的方法");
        super.show();
    }
}
```

6.10 Java 面向对象编程中的多态

引用类变量有两种类型，一种是编译时类型，另一种是运行时类型。编译时类型由声明变量时用的类型决定，运行时类型由实际赋值给变量的对象决定。如果编译时类型和运行时类型不一致，就可能出现所谓的多态。

【例 6-26】 多态的应用。

（1）已知一个父类 Animal，代码如下。

```
public class Animal{
    public void action(){
        System.out.println("This is an animal");
    }
}
```

（2）分别定义 3 个子类，继承 Animal 并且重写父类的方法。

```
public class Bird extends Animal{
```

```java
    public void action(){
        System.out.println("Bird can fly");
    }
}

public class Cat extends Animal{
    public void action(){
        System.out.println("Cat can swim");
    }
}

public class Dog extends Animal{
    public void action(){
        System.out.println("Dog can run");
    }
}
```

（3）新建一个测试类，观察运行结果。

```java
public class AnimalDemo{

    public static void main(String[] args){
        Animal a=new Animal();
        a.action();

        //父类的变量指向子类的实例
        Animal b=new Bird();
        Animal c=new Cat();
        Animal d=new Dog();

        b.action();   //在运行时动态绑定
        c.action();   //在运行时动态绑定
        d.action();   //在运行时动态绑定
    }
}
```

运行结果如下。

```
This is an animal
Bird can fly
Cat can swim
Dog can run
```

（4）多态——动态绑定。

① 父类的变量指向子类的实例。

② 编译的时候指向父类，执行的时候指向子类（动态绑定）。

③ 多态只可能发生在子类重写父类方法时，并且在子类实例化时用父类的变量指向子类的对象。

6.11　抽象类

当编写一个类时，常常会为该类定义一些方法。这些方法用于描述该类的行为方式，并且都有具体的方法体。在某些情况下，某个父类只知道其子类应该包含哪些方法，但无法准确地确定如何实现这些方法，所以将方法的实现部分留空。因此，抽象方法只有方法签名，没有方法实现的方法。

6.11.1　抽象方法及抽象类

抽象方法和抽象类必须使用 abstract 修饰符来定义，有抽象方法的类只能定义成抽象类，而抽象类里可以没有抽象方法。

抽象类体现的是一种模板式设计，抽象类是多个子类的通用模板，子类在抽象类的基础上进行扩展、改造，但子类总体上大致保留抽象类的行为方式。

例如，假设父类 Animal 有一个 action()方法，该方法如何实现交由继承它的子类负责，那么我们可以把 action()声明成一个抽象方法，而 Animal 类就变成了一个抽象类。

【例 6-27】 抽象类的应用。

抽象类的示例代码如下。

```java
public abstract class Animal{
   public abstract void action();
   //抽象方法只有方法头，没有方法的具体实现
}
```

子类继承抽象类的示例代码如下。

```java
public class Cat extends Animal{
   public void action(){
      System.out.println("This is a cat, run run run!");
   }
}
```

6.11.2　关于抽象类和抽象方法的注意事项

以下是关于抽象类和抽象方法的一些注意事项。

（1）抽象类必须使用 abstract 修饰符来修饰，抽象方法也必须使用 abstract 修饰符来修饰，抽象方法不能有方法体。

（2）抽象类不能实例化，无法使用 new 关键字来调用抽象类的构造函数创建抽象类的实例。

（3）即使抽象类里不包含抽象方法，这个抽象类也不能创建实例。

（4）抽象类可以包含成员变量、方法（普通方法和抽象方法都可以）、构造函数等。

（5）有抽象方法的类只能定义成抽象类。

6.12　接口

接口定义了某一批类所需要遵守的一种规范，接口不关心这些类的内部状态数据，也不关心这些类中方法的实现细节，它只规定这批类必须提供某些方法，提供这些方法的类可满足实际需要。接口体现的是规范和实现分离的设计哲学。

6.12.1　接口的定义

和类定义不同，定义接口不再使用 class 关键字，而使用 interface 关键字。需要注意的是，一个接口可以继承多个接口，但接口只能继承接口，不能继承类。

接口定义的基本语法如下。

```
[修饰符] interface 接口名
{
    零到多个常量定义…
    零到多个抽象类方法定义
}
```

对上述语法的解释如下。

- 接口中可以包含零个或者多个抽象方法，abstract 省略不写。
- 接口中可以包含零个或者多个常量，相当于用 static final 关键字来声明，对于这样定义的变量，其值是永远不能改变的。

分别声明两个接口 BaseA 和 BaseB，代码如下。

```
public interface BaseA{
```

```
    int a=3;   //相当于定义成了 public static final int a=3;
}
public interface BaseB {
    int b=4;   //相当于定义成了 public static final int b=4;
}
```

创建一个测试类，代码如下。

```
public class ReadInterface{
    public static void main(String[] args){
        System.out.println(BaseA.a);
        System.out.println(BaseB.b);
        BaseA.a=3;
        //编译出错，不允许给 static final 定义的常量值赋值
    }
}
```

需要指出的是，用 static 修饰的变量可以通过类直接访问，不需要实例化；用 final 修饰的变量的值是不允许改变的，final 代表定义一个常量。

6.12.2 接口的使用

接口的主要由被实现类实现。接口的使用规则如下。

```
[修饰符] class 类名 implements 接口 1, 接口 2, …
{
    类体部分
}
```

【例 6-28】 在上述 BaseA 和 BaseB 接口中分别定义两个方法（接口中的方法都是抽象方法，并且可以省略 abstract 关键字）并调用。

在 BaseA 接口中定义一个方法，代码如下。

```
public interface BaseA{
    int a=3;         //相当于定义成了 public static final int a=3;
    void eat();      //相当于 public abstract void eat();
}
```

在 BaseB 接口中定义一个方法，代码如下。

```
public interface BaseB{
    int b=4;
    void run();      //相当于 public abstract void run();
```

```
}
```

接口的实现代码如下。

```
public class Fox implements BaseA, BaseB{
    public void eat(){   //实现 A 接口中的 eat ( ) 方法
        System.out.println("Fox is hungry");
    }

    public void run(){    //实现 B 接口中的 run () 方法
        System.out.println("Fox can run");
    }
}
```

创建一个测试类，代码如下。

```
public class FoxDemo{
    public static void main(String[] args){
        Fox f=new Fox();
        f.run();
        f.eat();
        System.out.println(f.a);
        System.out.println(f.b);
        f.a=10;
        //此次行编译出错，不允许给 static final 定义的常量值赋值
    }
}
```

6.12.3　接口与多态的实现

如果编译时类型和运行时类型不一致，就可能出现所谓的多态。

如果接口中的某方法被多个子类实现，则在运行时会出现多态的情况。

【例 6-29】 创建 Person 接口，接口中有两个抽象方法——eat()和 sleep()。

创建 Person 接口，代码如下。

```
public interface Person{
    void eat();
    void sleep();
}
```

子类 Student 实现接口 Person，实现接口方法 eat()和 sleep()，代码如下。

```
public class Student implements Person{
```

```
        public void eat(){
            System.out.println("学生去食堂吃饭");
        }
        public void sleep(){
            System.out.println("学生回寝室睡觉");
        }
}
```

子类 Teacher 实现接口 Person，实现接口方法 eat()和 sleep()，代码如下。

```
public class Teacher implements Person{
    public void eat(){
        System.out.println("教师去教工餐厅吃饭");
    }
    public void sleep(){
        System.out.println("教师回学校公寓睡觉");
    }
}
```

子类 Parents 实现接口 Person，实现接口方法 eat()和 sleep()，代码如下。

```
public class Parents implements Person{
    public void eat(){
        System.out.println("家长去招待所饭馆吃饭");
    }
    public void sleep(){
        System.out.println("家长回招待所睡觉");
    }
}
```

创建一个测试类，代码如下。

```
public class PersonInterface{
    public static void main(String[] args)
    {
        Person p=new Student();
        p.eat();
        p.sleep();
        p=new Teacher();
        p.eat();
        p.sleep();
        p=new Parents();
        p.eat();
        p.sleep();
```

```
      }
   }
```

运行结果如下。

```
学生去食堂吃饭
学生回寝室睡觉
教师去教工餐厅吃饭
教师回学校公寓睡觉
家长去招待所饭馆吃饭
家长回招待所睡觉
```

假如此时因为业务需求，需要添加另外两个角色，一个是外宾，另一个是领导，并且在以后工作中可能还需要添加相应的角色，那么现在我们只需要根据需要添加 Foreign 类、Leader 类，而主类仍然可以直接使用，无须进行更多的修改。此时就可以体现出接口的作用了。代码如下。

```
//创建 Foreign 类
public class Foreign implements Person{
   public void eat(){
      System.out.println("外宾去酒店吃饭");
   }
   public void sleep(){
      System.out.println("外宾回酒店睡觉");
   }
}

//创建 Leader 类
public class Leader implements Person{
   public void eat(){
      System.out.println("领导去宾馆吃饭");
   }
   public void sleep(){
      System.out.println("领导回宾馆睡觉");
   }
}
```

6.13　Java API

API（Application Programming Interface，应用程序编程接口）是一些预先定义的函数，目的是提供应用程序与开发人员基于某软件或硬件得以访问一组例程的能力，而又无须访问源码，或理解内部工作机制的细节。这充分体现了 Java 面向对象的特性：只关注输入/输出，不必关心过程如何实现。

Java API 8.0 的在线版本如图 6-22 所示。

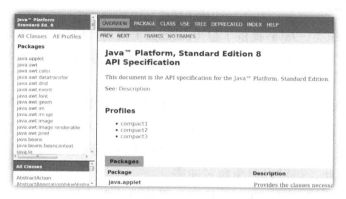

图 6-22　Java API 8.0 的在线版本

Java API 有在线和离线两种方式，在有网络的情况下完全可以直接使用在线 API 查询所需要的 Java 类。当然，也可以将相应的 Java API 下载下来以备离线时查询和使用。下面以 String 类为例讲解 Java API 的使用方法。

现在我们通过 API 查询 String 类。如果知道 String 属于 Java.lang 包，那么可以直接选择左侧的 Java.lang 选项。在类的摘要中找到 String 类，如图 6-23 所示。

选择 String，进入 String 类的介绍界面，如图 6-24 所示。

图 6-23　通过包名找到 String 类

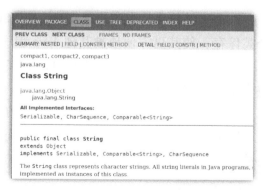

图 6-24　String 类的介绍界面

在这个界面中，可以看到 String 类的介绍、所有 String 类的方法介绍及调用所需的参数、返回值类型等详细信息，用户可根据实际编码情况进行调用。

使用此方法可以查询任何 Java API 中的类。如果不知道想查询的类属于哪个包，则可以直接通过索引来查找。

6.14　Java 包

为了更好地组织类，Java 提供了包（package）机制，用于区别类名的命名空间。Java 使用包这种机制是为了防止命名冲突，实现访问控制，提供搜索和定位类（class）、接口等。

包的作用如下。

（1）把功能相似或相关的类或接口组织在同一个包中，方便类的查找和使用。

（2）如同文件夹一样，包也采用了树状目录的存储方式。同一个包中的类名是不同的，不同包中的类名是可以相同的。当同时调用两个不同包中同名的类时，应该加上包名以进行区别。因此，包可以避免命名冲突。

（3）包限定了访问权限，拥有包访问权限的类才能访问某个包中的类。

包语句的语法格式如下。

```
package pkg1[. pkg2[. pkg3…]];
```

例如，一个 Something.Java 文件的内容如下。

```
package net.Java.util;
public class Something{
    ...
}
```

这个文件的路径应该是 net/Java/util/Something.Java。包的作用是把不同的 Java 程序分类保存，使其更方便地被其他 Java 程序调用。

Java 定义好了一些包，用户可以直接使用。例如，Java.lang 包含了基础的类，Java.io 包含了输入/输出功能的函数。

用户也可以自己把一组类和接口等打包，定义自己的包。

因为包创建了新的命名空间（namespace），所以不会跟其他包中的任何名称发生命名冲突。使用包这种机制，更容易实现访问控制，并且更容易定位相关类。

6.14.1　包的创建

【例 6-30】 创建一个 animals 包（通常使用小写字母来命名包，以避免与类名、接口名发生冲突）。

在 animals 包中加入一个接口，代码如下。

```
/* 文件名: Animal.Java */
package animals;

interface Animal{
   public void eat();
   public void travel();
}
```

接下来，在同一个包中加入该接口的实现，代码如下。

```
package animals;

/* 文件名 : MammalInt.Java */
public class MammalInt implements Animal{

   public void eat(){
      System.out.println("Mammal eats");
   }

   public void travel(){
      System.out.println("Mammal travels");
   }

   public int noOfLegs(){
      return 0;
   }

   public static void main(String args[]){
      MammalInt m=new MammalInt();
      m.eat();
      m.travel();
   }
}
```

6.14.2 包的使用

为了能够使用某一个包的成员，我们需要在 Java 程序中明确导入该包。使用 import 语句可完成此功能。

在 Java 源文件中，import 语句应位于 package 语句之后、所有类的定义之前，可以没有，也可以有多条。其语法格式如下。

```
import package1[.package2…].(classname|*);
```

如果在一个包中的一个类想要使用该包中的另一个类，那么该包名可以省略。

【例 6-31】下面的 payroll 包已经包含了 Employee 类，接下来向 payroll 包中添加一个 Boss 类。Boss 类引用 Employee 类。

```
package payroll;

public class Boss
{
    public void payEmployee(Employee e)
    {
        e.mailCheck();
    }
}
```

如果 Boss 类不在 payroll 包中又会怎样？Boss 类必须使用下面几种方法之一来引用其他包中的类。

● 使用 import 关键字导入，并使用通配符 "*"，代码如下。

```
import payroll.*;
```

● 使用 import 关键字导入 Employee 类，代码如下。

```
import payroll.Employee;
```

需要指出的是，类文件中可以包含任意数量的 import 声明。import 声明必须位于包声明之后、类声明之前。

6.15　Java 中的异常

在程序设计中，进行异常处理是非常关键和重要的一部分。一个程序的异常处理框架直接影响整个项目的代码质量及后期维护成本和难度。如果一个项目从头到尾没有考虑过异常处理，当程序出错从哪里寻找出错的根源？下面将对 Java 中的异常机制做简单介绍。

6.15.1　Java 中的异常类

在 Java 中，异常被当作对象来处理。根类是 Java.lang.Throwable 类。Java 定义了很多异常类。这些异常类分为两大类——Error 和 Exception。

在 Java 中，异常类的结构层次如图 6-25 所示。

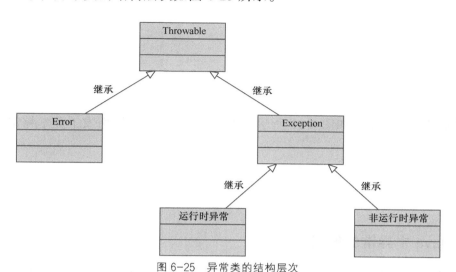

图 6-25　异常类的结构层次

在 Java 中，所有异常类的父类是 Throwable 类，Error 类是 error 类型异常的父类，Exception 类是 exception 类型异常的父类。

- Error 是无法处理的异常，如 OutOfMemoryError，一般在发生这种异常时，JVM 会选择终止程序。因此，我们编写程序时不需要关心这类异常。
- Exception 是经常见到的一些异常情况，如 NullPointerException、IndexOutOfBounds Exception，这些异常是可以处理的异常。

Exception 类的异常包括运行时异常和非运行时异常（Exception 类的异常都是在运行期间发生的）。

- 运行时异常（Runtime Exception）也称非检查异常（Unchecked Exception），如常见的 NullPointerException、IndexOutOfBoundsException。对于运行时异常，Java 编译器不要求捕获异常或者抛出异常，由程序员自行决定。
- 非运行时异常（运行时异常以外的异常就是非运行时异常）也称检查异常（Checked Exception），Java 编译器强制程序员必须对其进行捕获，如常见的 IOException 和 SQLException。如果不捕获或者抛出非运行时异常，则程序编译不会通过。

观察以下程序的执行结果。

```
public class ExceptionTest
{
    public static void main(String[] args)
```

```
    {
        int a=3;
        int b=0;
        int c=a / b;
        System.out.println(c);
    }
}
```

编译通过，运行结果如图 6-26 所示。因为除数为 0，所以引发了算术异常。

```
<terminated> ExceptionTest [Java Application] C:\Program Files (x86)\Java\jre6\bin\javaw.exe (2016-9-26 _
Exception in thread "main" java.lang.ArithmeticException: / by zero
        at ExceptionTest.main(ExceptionTest.java:11)
```

图 6-26　算术异常的运行结果

6.15.2　Java 中异常的捕获

在 Java 中，如果需要处理异常，则必须先对异常进行捕获，再对异常情况进行处理。如何对可能发生异常的代码进行异常捕获和处理呢？使用 try 和 catch 关键字即可。

异常处理的一般结构如图 6-27 所示。

```
try
{
    // 可能发生异常的代码
    // 如果发生了异常，那么异常之后的代码都不会被执行
}
catch (Exception e)
{
    // 异常处理代码
}
finally
{
    // 不管有没有发生异常，finally语句块都会执行
}
```

图 6-27　异常处理的一般结构

被 try 块包围的代码说明这段代码可能会发生异常，一旦发生异常，异常便会被 catch 捕获到，然后需要在 catch 块中进行异常处理。无论是否出现异常，最后的 finally 语句都会执行。

例如，对于图 6-26 所示的算术异常“Exception in thread "main" Java.lang.Arithmetic Exception: / by zero”，在其除法运算代码中加入异常处理之后的代码如下。

```
public class ExceptionTest{
```

```java
public static void main(String[] args)
{
    int c=0;
    try
    {
        int a=3;
        int b=0;

        // 这块代码出现了异常
        c=a / b;

        // 那么异常之后的代码都不会执行
        System.out.println("Hello World");
    }
    catch (ArithmeticException e)
    {
        e.printStackTrace();
    }
    finally
    {
        //不管有没有发生异常，finally 语句块都会执行
        System.out.println("Welcome");
    }

    System.out.println(c);
    // 当 b 为 0 时，有异常，输出为 c 的初始值 0
}
```

运行结果如图 6-28 所示。

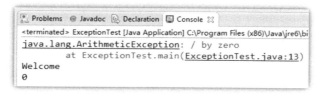

图 6-28　加入异常处理之后的运行结果

可以发现，Java 已经捕获到了异常，并且在执行完 catch 中的语句后，执行了 finally
代码块。需要注意的是，一个 try 块后面可以跟多个 catch 块，但不管多少个，最多只会

执行一个 catch 块。对于非运行时异常，必须要对其进行异常处理，否则编译无法通过。

6.15.3　Java 中的异常处理方法

在 Java 中，处理异常的方式除了使用 try…catch…finally 进行捕获外，还可以在产生异常的方法声明后面指出抛出某一个异常类型，如 throws Exception，将异常抛出到上一层，让调用这个方法的上一层方法处理，自己不进行具体的处理。此时需要用到 throw 关键字和 throws 关键字。

【例 6-32】　使用 throws 关键字抛出异常。

```
public class ExceptionTest2{
    public void method() throws Exception{
    /*抛出异常，由调用这个方法的上一层方法处理这个异常，如果 main 方法也抛出异常，则交给 Java
虚拟机来处理*/
        int a=3;
        int b=0;
        int c=a / b;                // 这段代码出现了异常
    }

    public static void main(String[] args){
        ExceptionTest2 test=new ExceptionTest2();

        try
        {
            test.method();
        }
            catch(Exception e)
        {
            e.printStackTrace();
        }
            finally
        {
            System.out.println("Welcome");
        }
    }
}
```

运行结果如图 6-29 所示。

以上代码在实际的 method()方法中并没有捕获异常，而使用 throws 关键字抛出异常，即告知这个方法的调用者，此方法可能会抛出异常。在 main 方法中调用 method()方法的时候，采用 try...catch 块捕获异常。

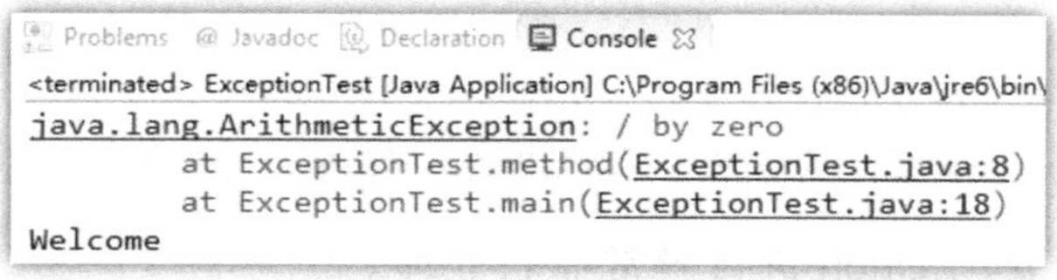

图 6-29　加入自动抛出的异常后的运行结果

【例 6-33】　使用 throw 关键字来手动抛出异常对象。

```java
public class ExceptionTest{

    public void method(){
        int a=3;
        int b=0;
        int c=a / b;                    // 这段代码出现了异常
        throw new ArithmeticException();  // 抛出异常
    }

    public static void main(String[] args){
        ExceptionTest test = new ExceptionTest();

        try
        {
            test.method();
        }
        catch (Exception e)
        {
            e.printStackTrace();
        }
        finally
        {
            System.out.println("Welcome");
        }
    }
}
```

运行结果如图 6-30 所示。

下面对 Java 的异常处理方法进行总结。对于可能会发生异常的代码，可以选择 3 种
方法来进行异常处理。

```
<terminated> ExceptionTest [Java Application] C:\Program Files (x86)\Java\jre6\bin\
java.lang.ArithmeticException: / by zero
        at ExceptionTest.method(ExceptionTest.java:8)
        at ExceptionTest.main(ExceptionTest.java:18)
Welcome
```

图 6-30　加入手动抛出的异常后的运行结果

（1）对代码块用 try...catch 进行异常捕获处理。

（2）在该代码的方法体外用 throws 关键字声明可能抛出的异常，告知此方法的调用者这段代码可能会出现这些异常，用户需要谨慎处理。此时有两种情况。

- 如果声明抛出的异常是非运行时异常，则此方法的调用者必须显式地用 try...catch 块进行捕获或者继续向上层抛出异常。
- 如果声明抛出的异常是运行时异常，则此方法的调用者可以根据选择捕获异常。

（3）在代码块用 throw 关键字手动抛出一个异常对象，也有两种情况，与（2）中的类似。

- 如果抛出的异常是非运行时异常，则此方法的调用者必须显式地用 try...catch 块进行捕获或者继续向上层抛出异常。
- 如果抛出的异常是运行时异常，则此方法的调用者可以根据选择捕获异常。

6.15.4　自定义异常类

所谓自定义异常，通常就是自己定义一个类，以继承 Exception 类或者它的子类（因为异常必须直接或者间接地继承自 Exception 类）。

通常情况下，自定义异常类会直接继承自 Exception 类，一般不会继承某个运行时异常类。自定义异常类可以用于处理用户登录错误，提示用户输入错误等。自定义异常类的示例如下。

首先，自定义一个异常类。

```
public class MyException extends Exception
{
    public MyException()
    {
        super();
    }
    public MyException(String message)
    {
        super(message);
    }
}
```

　　在该代码的方法体外用 throws 声明可能抛出的异常，告知此方法的调用者这段代码可能会出现这些异常，并在调用该方法中通过 try...catch 来捕获异常。

```java
public class ExceptionTest
{
    public void method(String str) throws MyException
    {
        if(null == str)
        {
            throw new MyException("传入的字符串参数不能为 null! ");
        }
        else
        {
            System.out.println(str);
        }
    }

    public static void main(String[] args)
    {
        //异常处理方式，采用 try...catch 语句
        try
        {
            ExceptionTest4 test=new ExceptionTest4();
            test.method(null);
        }
        catch(MyException e)
        {
            e.printStackTrace();
        }
        finally
        {
            System.out.println("程序处理完毕");
        }
    }
}
```

第 7 章　Python 编程

　　Python 是目前流行的开源编程语言，可以在各种领域中用于编写独立的程序和脚本。一般来说，Python 可定义为面向对象的脚本语言，这个定义把面向对象的支持和全面的面向脚本语言的角色融合在一起。事实上，人们往往以"脚本"而不是"程序"描述 Python 的代码文件。

　　Python 具有开源、可移植、功能强大等优点，而且使用起来相当容易。来自软件行业各个领域的程序员都已经发现，Python 对开发效率和软件质量的关注度很高，这无论在大项目还是小项目中都是一个明显的优点。

7.1　Python 的特点

　　Python 的主要特点如下。

　　（1）注重软件质量。

　　Python 更注重可读性、一致性和软件质量，从而与脚本语言领域中的其他工具区别开来。Python 代码的设计致力于可读性，因此具备了比传统脚本语言更高的可重用性和可维护性。

　　（2）可提高开发效率。

　　相对于 C、C++和 Java 等语言，Python 的开发效率提高了数倍。Python 代码的大小往往只有 C++或者 Java 代码的 1/5 ~ 1/3。这意味着可以录入更少的代码，调试更少的代码并在开发完成之后维护更少的代码。另外，Python 程序可以立即运行，不需要传统编译语言所必需的编译等步骤，进一步提高了程序员的开发效率。

　　（3）程序的可移植性高。

　　绝大多数的 Python 程序不做任何改变即可在所有主流计算机平台上运行。例如，在 Linux 平台和 Windows 平台之间移植 Python 代码，只需要简单地在机器间赋值代码即可。

（4）支持标准库。

Python 内置了众多预编译并可移植的功能模块，这些功能模块称为标准库。标准库支持一系列应用级的编程任务，涵盖了从字符模式到网络脚本编程的匹配等方面。

（5）支持组件集成。

Python 脚本可通过灵活的集成机制轻松地与应用程序的其他部分进行通信。这种集成使 Python 成为产品定制和扩展的工具。

（6）简化了编程。

Python 的易用性和强大的内置工具有助于快速编写程序。

7.2 Python 环境的搭建与启动

下面介绍 Python 环境搭建和启动。

7.2.1 搭建 Python 环境

Python 环境搭建包括下载 Python 和安装 Python 两部分。

1. 下载 Python

我们可以从 Python 官网获取 Python 的最新版本。根据平台及机器的配置，下载对应的版本（这里选择 Windows 平台的 Python 3.6.5 版本），如图 7-1 所示。

图 7-1　Python 下载界面

2. 安装 Python

下载后会得到一个以 .exe 为扩展名的可执行文件，双击该文件进行安装。需要注意的是，如果希望通过命令行的方式快速启动 Python，则要在安装过程中勾选 Add Python 3.6 to PATH 复选框，如图 7-2 所示。

图 7-2　Python 安装界面

7.2.2　启动 Python

启动 Python 的方式有两种，分别是通过命令行和通过 IDLE Shell。

1. 通过命令行

打开命令行窗口，输入"python"，进入 Python 交互窗口，如图 7-3 所示。

图 7-3　Python 交互窗口

2. 通过 IDLE Shell

通过"开始"菜单找到 Python 目录，打开 Python IDLE，进入 Python Shell 窗口，如图 7-4 所示。

图 7-4　Python Shell 窗口

IDLE（Integrated Development and Learning Environment，集成开发学习环境）是一个 Python Shell，是一个通过输入文本与程序交互的途径，类似于 Windows 的命令行窗口、Linux 的命令窗口。通过 Shell，我们可以给操作系统下达命令，同样地，也可以利用 IDLE 这个 Shell 与 Python 进行交互。

7.3　初识 Python 及 IDLE

Python 自带的开发环境是 IDLE，它具备基本的 IDE 功能，初学者可以利用它方便地创建和调试 Python 程序。

7.3.1　Python 的灵活性

我们在 Python Shell 窗口中看到的 ">>>" 这个提示符，用于告诉用户，Python 已经准备好了，在等待着用户输入 Python 指令。

输入语句：

```
>>> print('I love Python')
I love Python
```

可以看到，要输出字符串，可以使用 print() 函数，字符串既可用单引号引起来，也可用双引号引起来。如果要输出的字符串包含单引号，则须使用双引号将整个字符串引起来或者使用转义符号 "\"。例如：

```
>>> print('Let's go')
SyntaxError: invalid syntax
>>> print("Let's go")
Let's go
>>> print('Let\'s go')
Let's go
```

Python 可以自动识别变量的类型，尝试依次输入如下语句，观察运行结果。

```
>>> print(5+3)
8
>>> 5+3
8
>>> 1234567890987654321*9876543210123456789
12193263121170553265523548251112635269
>>> print("I love python "+"python loves me")
I love python python loves me
```

```
>>> print("I love python "+'python loves me')
I love python python loves me
```

可以看出，Python 自动识别变量类型的功能非常强大，变量类型无须单独声明。

为了进一步了解 Python 更多的灵活性，分别输入以下语句，观察运行结果。

```
>>> print('I love python'*8)
I love pythonI love pythonI love pythonI love pythonI love pythonI love pythonI
 love pythonI love python
>>> print('I love python\n'*8)
I love python
I love python
I love python
I love python
I love python
I love python
I love python
I love python
```

7.3.2　Python 猜数字游戏

【例 7-1】　猜数字游戏。

我们通过 IDLE 新建一个 Python 小程序。因为 IDLE Shell 是命令行的交互界面，当需要一个完整独立的 Python 源程序时，需要专门新建一个 Python 源文件。选择 File→New File 命令，在弹出的编辑窗口中输入如下 Python 代码。

```python
print('==========猜数字游戏==========')
temp=input('请输入一个数字:')
number=int(temp)
if number==8:
    print('真聪明，一下子就猜对了')
    print('猜对了也没奖励!')
else:
    print('猜错啦，正确的是 8 哦!')
print('游戏结束了，不玩了')
```

选择 File→Save 命令，文件命名为 first.py。保存文件后，按 F5 键或者选择 Run→Run Module 命令，即可运行程序。程序运行结果如下。

```
==================RESTART:C:/Users/dh/Desktop/xx.py==========
==========猜数字游戏==========
```

```
请输入一个数字：5
猜错啦，正确的是 8 哦！
游戏结束了，不玩了
>>>
=====================RESTART:C:/Users/dh/Desktop/xx.py=========
==========猜数字游戏==========
请输入一个数字：8
真聪明，一下子就猜对了
猜对了也没奖励！
游戏结束了，不玩了
>>>
```

下面对上述猜数字游戏涉及的 Python 语法进行讲解。

（1）Python 程序的层次结构是通过缩进来实现的，如猜数字游戏中的 if...else 语句块。缩进是 Python 的灵魂，严格的缩进使得 Python 代码显得非常精简且有层次。所以，在 Python 程序中要慎重对待缩进，如果没有正确的缩进，则代码所做的事情可能和用户的期望相距甚远。

（2）Python 具有自动识别变量类型机制，变量类型无须声明。

（3）Python 区分大小写，例如，number 和 Number 是两个不同的变量名。

（4）Python 提供了非常丰富的内置函数（Built-In Function，BIF）供用户直接调用。例如，print()函数用于向屏幕输出信息；input()函数用于从键盘输入信息；int()函数用于转型。在 IDLE Shell 中直接输入命令"dir(__builtins__)"可以查看所有的内置函数，输入命令"help（函数名称）"可以查看某个特定的内置函数的作用和使用方法。

7.4 Python 变量和数据类型

本节介绍 Python 变量和常见的数据类型（包括整型、浮点型、布尔型、字符串型、列表、元组和字典）。下面分别详细介绍。

7.4.1 Python 变量

Python 与大多数其他计算机语言稍有不同，并不是把值存储在变量中，而更像是把名字贴在值的上边。所以，有些 Python 程序员会说 Python 没有"变量"，只有"名字"。此外，Python 的变量无须声明类型，Python 会自动识别其类型。

【例 7-2】 字符串变量的使用。

```
>>> teacher='老师'
```

```
>>> print(teacher)
老师
>>> teacher='教师'
>>> print(teacher)
教师
>>> myCourse='数据库'
>>> yourCourse='自动化'
>>> ourCourse=myCourse+' '+yourCourse
>>> print(ourCourse)
数据库 自动化
```

【例 7-3】 整型变量的使用。

```
>>> first=3
>>> second=8
>>> third=first+second
>>> print(third)
11
```

需要指出的是，在使用变量之前，需要对其先赋值。变量的命名也需要遵循如下规则：变量名可以包括字母、数字、下画线，但变量名不能以数字开头；字母可以是大写或小写，但大小写不同的字母表示不同的变量。

到目前为止，我们所认识的字符串就是引号内的一切东西，我们也把字符串叫作文本，文本和数字是截然不同的。在如下代码中，前者实现数字的相加，后者实现字符串的拼接。

```
>>> 5+8
13
>>> '5'+'8'
'58'
```

如果用户想创建一个字符串，就要在字符串两边加上成对的引号，可以是单引号或者是双引号；如果字符串中需要出现单引号或者双引号，则可以使用转义符号（\），或者用成对的单/双引号整体引用字符串。示例代码如下。

```
>>> 'Let\'s go!'
"Let's go!"
>>> "Let's go!"
"Let's go!"
>>> 'Let"s go!'
'Let"s go!'
```

如果希望得到一个跨越多行的字符串，则需要使用三重引号字符串（单引号、双引号皆可）。示例代码如下。

```
>>> str='''abc
123
abc
123
abc
123
'''
>>> print(str)
abc
123
abc
123
abc
123
```

7.4.2 整型、浮点型、布尔型和字符串型

Python 的主要数据类型有整型、浮点型、布尔型和字符串型。示例代码如下。

```
>>> a=10    #整型
>>> print(a)
10
>>> a=10.2    #浮点型
>>> print(a)
10.2
>>> a=True    #布尔型
>>> print(a)
True
>>> a=False    #布尔型
>>> print(a)
False
>>> a='哈哈'    #字符串型
>>> print(a)
哈哈
```

此外，浮点型还可以使用科学记数法来表示。示例代码如下。

```
>>> a=0.00000000000000025
>>> a
2.5e-16
```

```
>>> 1.5e11
150000000000.0
```

数据之间还可以做类型转换。示例代码如下。

```
>>> a='520'
>>> b=int(a)     #把字符串型转换成整型
>>> b
520
>>> a=5.99
>>> c=int(a)     #把浮点型转换成整型
>>> c
5
>>> a='520'
>>> b=float(a)     #把字符串型转换为浮点型
>>> b
520.0
>>> a=520
>>> b=float(a)     #把整型转换为浮点型
>>> b
520.0
>>> a=5.99
>>> b=str(a)     #把浮点型转换为字符串型
>>> b
'5.99'
>>> c=str(5e19)     #把浮点型转换为字符串型
>>> c
'5e+19'
```

如果希望显示变量的数据类型，则可以使用 type(x) 函数。示例代码如下。

```
>>> a='520'
>>> type(a)
<class 'str'>
>>> type(5.2)
<class 'float'>
>>> type(True)
<class 'bool'>
>>> type(5e15)
<class 'float'>
```

isinstance(x1,x2) 函数可用于判断第一个参数的类型是否属于第二个参数指定的类型。示例代码如下。

```
>>> a='呵呵'
>>> isinstance(a,str)    #判断变量 a 是否是字符串型
True
>>> isinstance(a,int)    #判断变量 a 是否是整型
False
>>> isinstance(a,bool)   #判断变量 a 是否是布尔型
False
>>> isinstance(a,float)   #判断变量 a 是否是浮点型
False
```

7.4.3 列表

本节介绍列表的定义、访问及常用方法。

1. 定义

列表是最常用的 Python 数据类型，它以一个方括号内的逗号分隔值形式出现。

列表的每个元素都有它的位置，或称作索引，第一个索引是 0，第二个索引是 1，依次类推。

列表的数据项不需要具有相同的类型。创建一个列表的代码如下。

```
list1=['Google', 'Runoob', 1997, 2000];
list2=[1, 2, 3, 4, 5 ];
list3=["a", "b", "c", "d"];
```

2. 访问

访问列表中的值主要有如下几种方式。

- 通过列表名整体引用。示例代码如下。

```
>>> list1=['JAVA','Linux',2016,2017]
>>> print(list1)
['JAVA', 'Linux', 2016, 2017]
```

- 使用下标索引来访问列表中的值。示例代码如下。

```
>>> list1=['JAVA','Linux',2016,2017]
>>> print('list1[0]:',list1[0])
list1[0]: JAVA
```

- 使用方括号的形式截取字符。格式如下。

```
print(s[n:m:i])
```

　　其中，s[n]称为下限，s[m]称为上限（上限默认不输出），i 称为步长，步长是下一个元素的增量（当增量为 1 时可省略）。所以，print(s[n:m:i])表示的是输出 s[n]到 s[m−1] 的步长为 i 的所有元素值。示例代码如下。

```
>>> list2=[1,2,3,4,5,6,7]
>>> print('list2[1:5]:',list2[1:5])   #输出 list2[1]～list2[4]
list2[1:5]: [2, 3, 4, 5]
>>> list2=[1,2,3,4,5,6,7]
>>> print(list2[1:6:2])   #输出 list2[1]～list2[5]中步长为 2 的元素
[2, 4, 6]
```

- 特殊引用，负数用于倒引用。示例代码如下。

```
>>> list=[5,2,7,8,23,12,90,18,1]
>>> print(list[-2])
18
```

3. 常用方法

Python 列表常用方法如下。

- s.reverse()：逆序存放列表。示例代码如下。

```
>>> list=[1,2,3,4,5,6,7]
>>> list.reverse()
>>> print(list)
[7, 6, 5, 4, 3, 2, 1]
```

- s.sort()：对列表排序并存放。示例代码如下。

```
>>> list=[5,2,7,8,23,12,90,18,1]
>>> list.sort()
>>> print(list)
[1, 2, 5, 7, 8, 12, 18, 23, 90]
```

- sorted(s)：对列表排序。sorted()与 sort()不同的地方在于前者不会改变原始序列值的顺序，后者则会。示例代码如下。

```
>>> list=[5,2,7,8,23,12,90,18,1]
>>> temp=sorted(list)
>>> print(temp)
[1, 2, 5, 7, 8, 12, 18, 23, 90]
>>> print(list)
[5, 2, 7, 8, 23, 12, 90, 18, 1]
```

- *s*.insert(*n,m*)：在 *s*[*n*]前面插入值 *m*。示例代码如下。

```
>>> list=[5,2,7,8,23,12,90,18,1]
>>> list.insert(2,'abc')
>>> print(list)
[5, 2, 'abc', 7, 8, 23, 12, 90, 18, 1]
```

- *s*.append(*n*)：在元组末尾追加 *n*。示例代码如下。

```
>>> list=[5,2,7,8,23,12,90,18,1]
>>> list.append('Python')
>>> print(list)
[5, 2, 7, 8, 23, 12, 90, 18, 1, 'Python']
```

- max(*s*)：求列表中的最大值。示例代码如下。

```
>>> list=[5,2,7,8,23,12,90,18,1]
>>> max(list)
90
```

- min(*s*)：求列表中的最小值。示例代码如下。

```
>>> list=[5,2,7,8,23,12,90,18,1]
>>> min(list)
1
```

- len(*s*)：计算列表的长度。示例代码如下。

```
>>> list=[5,2,7,8,23,12,90,18,1]
>>> len(list)
9
```

- del(*s*[*n*])：删除列表中指定的元素。示例代码如下。

```
>>> list=[5,2,7,8,23,12,90,18,1]
>>> del(list[3])
>>> print(list)
[5, 2, 7, 23, 12, 90, 18, 1]
```

7.4.4　元组

本节介绍元组的定义、访问及常用方法。

1. 定义

元组与列表类似，不同之处在于元组的元素不能修改，且元组使用小括号。元组中的项同样不需要具有相同的类型。

　　元组的创建方法很简单，只需要在小括号中添加元素，并使用逗号隔开即可。示例代码如下。

```
tup1=('Google', 'Runoob', 1997, 2000);
tup2=(1, 2, 3, 4, 5 );
```

2. 访问

　　访问元组中的值的方法和访问列表中的值的方法相同。示例代码如下。

```
>>> tup=(1,10,2,99,5,33,6,23,9,19)
>>> print(tup)
(1, 10, 2, 99, 5, 33, 6, 23, 9, 19)
>>> print(tup[0])
1
>>> print(tup[7])
23
>>> print(tup[2:7:2])
(2, 5, 6)
>>> print(tup[2:7])
(2, 99, 5, 33, 6)
>>> print(tup[-3])
23
```

3. 常用方法

　　因为元组和列表唯一的不同就是，元组中的值是不能改变的（包括顺序的变更和元素个数的变更），所以元组中能用的方法没有列表中这么多。可以用于元组的方法如下。

●　　sorted(*s*)：对元组排序。示例代码如下。

```
>>> tup=(1,10,2,99,5,33,6,23,9,19)
>>> sorted(tup)
[1, 2, 5, 6, 9, 10, 19, 23, 33, 99]
>>> print(tup)
(1, 10, 2, 99, 5, 33, 6, 23, 9, 19)
```

●　　max(*s*)：求元组的最大值。示例代码如下。

```
>>> tup=(1,10,2,99,5,33,6,23,9,19)
>>> max(tup)
99
```

- min(*s*)：求元组的最小值。示例代码如下。

```
>>> tup=(1,10,2,99,5,33,6,23,9,19)
>>> min(tup)
1
```

- len(*s*)：求元组的长度。示例代码如下。

```
>>> tup=(1,10,2,99,5,33,6,23,9,19)
>>> len(tup)
10
```

7.4.5　字典

本节介绍字典的定义、访问及常用方法。

1. 定义

字典是另一种可变容器模型，可存储任意类型对象。

字典的元素由键值对组成，键与值之间用冒号（:）分隔，键值对之间用逗号（,）分隔，所有元素包括在花括号（{}）中。

字典的格式如下所示。

```
d = {键 1 : 值 1, 键 2 : 值 2,…,键 n,值 n }
```

需要指出的是，键必须是唯一的，但值则不必，值可以取任何数据类型，但键必须是不可变的，如字符串、数字或元组。

创建字典的示例如下。

```
>>> dict={'Alice':'2341','Beth':'9102','Cecil':'3258'}
>>> dict1={'abc':456}
>>> dict2={'abc':123,98.6:37}
```

2. 访问

因为字典的元素没有顺序，所以不能通过下标来引用，必须通过键值的引用来访问字典的元素。

- 通过键来引用字典中元素的示例代码如下。

```
>>> dict={'Name':'Zara','Age':7,'Class':'First'}
```

```
>>> print("dict['Name']:",dict['Name'])
dict['Name']: Zara
>>> print("dict['Age']:",dict['Age'])
dict['Age']: 7
```

- 整体引用字典的示例代码如下。

```
>>> print(dict)
{'Name': 'Zara', 'Age': 7, 'Class': 'First'}
```

3. 常用方法

Python 字典常用方法如下。

- *s*.keys()：取出字典中所有的键。示例代码如下。

```
>>> dict={'Name':'Zara','Age':7,'Class':'First'}
>>> dict.keys()
dict_keys(['Name', 'Age', 'Class'])
```

- *s*.values()：取出字典中所有的值。示例代码如下。

```
>>> dict={'Name':'Zara','Age':7,'Class':'First'}
>>> dict.values()
dict_values(['Zara', 7, 'First'])
```

- *s*.items()：取出字典中所有的键值对。示例代码如下。

```
>>> dict={'Name':'Zara','Age':7,'Class':'First'}
>>> dict.items()
dict_items([('Name', 'Zara'), ('Age', 7), ('Class', 'First')])
```

- *s*.clear()：清空字典。示例代码如下。

```
>>> dict={'Name':'Zara','Age':7,'Class':'First'}
>>> dict.clear()
>>> print(dict)
{}
```

- del(*s*['key'])：删除字典中指定元素。示例代码如下。

```
>>> dict={'Name':'Zara','Age':7,'Class':'First'}
>>> del(dict['Class'])
>>> print(dict)
{'Name': 'Zara', 'Age': 7}
```

7.5 Python 程序结构

和 Java 一样，Python 程序结构也分为 3 类，分别是顺序结构、分支结构和循环结构。前面提到的示例大部分是顺序结构，即按照代码编写的先后顺序依次执行代码。下面分别对分支结构和循环结构进行详细介绍。

7.5.1 分支结构

Python 条件语句是通过一条或多条语句的执行结果（True 或者 False）来决定执行的代码块。Python 条件语句的执行流程和其他程序设计语言一样。

Python 指定任何非零值和非空（null）值为 true，0 或者 null 为 false。

在 if 语句的条件表达式中可以用>（大于）、<（小于）、==（等于）、>=（大于或等于）、<=（小于或等于）运算符。具体语法如下。

1. if 单分支

if 单分支语法如下。

```
if 判断条件:
    执行语句
```

当"判断条件"成立时，执行其后的"执行语句"；否则，跳过"执行语句"，执行后面的语句。

【例 7-4】 if 结构的使用。

```
a=1
if a>0:
    a+=1
    print(a)
```

运行结果为 2。

2. if...else 双分支

if...else 双分支的语法如下。

```
if 判断条件:
    执行语句 1
else:
```

執行語句 2

当"判断条件"成立时,执行"执行语句 1",语句 1 可以由多行组成;当"判断条件"不成立时,执行"执行语句 2",else 为可选语句。

【例 7-5】 if...else 语句的使用。

```
name='Java'
if name=='python':
    print('Welcome to the world of Python')
else:
    print(name)
```

运行结果为 Java。

3. 多重 if 条件结构

当判断条件为多个值时,可以使用以下形式。

```
if 判断条件 1:
    执行语句 1
elif 判断条件 2:
    执行语句 2
elif 判断条件 3:
    执行语句 3
else:
    执行语句 4
```

【例 7-6】 if...elif...else 结构的使用。

```
num=5
if num==3:
    print('boss')
elif num==2:
    print('user')
elif num==1:
    print('worker')
elif num<0:
    print('error')
else:
    print('the end')
```

运行结果为 the end。

因为 Python 并不支持 switch 语句,所以多个判断条件只能用 elif 来实现。当多个条件需同时判断时，可以使用 or（或）来表示当两个条件中有一个成立时，判断就条件成立；当使用 and（与）来表示只有两个条件同时成立时，判断条件才成立。

【例 7-7】 多条件判断语句的使用。

```
num=9
if num>=0 and num<=10:    #判断值是否介于[0，10]
    print('hello')
>>> hello                 #输出结果

num=10
if num<0 or num>10:       #判断值是否小于 0 或大于 10
    print('hello')
else:
    print('undefine')
>>> undefined             #输出结果

num=8
#判断值是否介于[0，5]或者[10，15]
if(num>=0 and num<=5) or (num>=10 and num<=15):
    print('hello')
else:
    print('undefine')
>>> undefined   #输出结果
```

7.5.2 while 循环结构

在 Python 中，while 语句用于循环执行程序，即在某条件下，循环执行某段程序，以处理需要重复处理的相同任务。

1. while 语句的基本形式

while 语句的基本形式如下。

```
while 判断条件：
    执行语句
```

【例 7-8】 while 语句的使用。

```
count=0
while(count<9):
    print('the count is:',count)
    count=count+1
```

```
print('bye bye')
```

运行结果如下。

```
the count is: 0
the count is: 1
the count is: 2
the count is: 3
the count is: 4
the count is: 5
the count is: 6
the count is: 7
the count is: 8
bye bye
```

2. break 语句

和其他程序设计语言相同，Python 中的 break 语句用于跳出整个循环。

【例 7-9】 break 语句的使用。

```
i=1
while 1:    #循环条件为 1 必定成立
    print(i)    #输出 1~10
    i=i+1
    if i>10:    #当 i 大于 10 时跳出循环
        break
print('the end')
```

运行结果如下。

```
1
2
3
4
5
6
7
8
9
10
the end
```

3. continue 语句

和其他程序设计语言相同，Python 中的 break 语句用于跳出当前循环，进入下一次循环。

【**例 7-10**】 continue 语句的使用。

```
i=1
while i<10:
   i=i+1
   if i%2!=0:   #对于奇数，不输出
      continue
   print(i)   #输出偶数
```

运行结果如下。

```
2
4
6
8
10
```

7.5.3 for 循环结构

在 Python 中，for 语句可以用于遍历任何序列的项目，如一个列表或者一个字符串。for 语句的基本形式如下。

```
for 循环变量 in 序列:
   执行语句
```

【**例 7-11**】 遍历字符串。

```
for letter in 'python':
  print('the current letter is:',letter)
print('that is the end!')
```

运行结果如下。

```
the current letter is: p
the current letter is: y
the current letter is: t
the current letter is: h
the current letter is: o
the current letter is: n
```

```
that is the end!
```

【例 7-12】　遍历列表。

```
fruits=['banana','apple','mango']
for fruit in fruits:
    print('the current fruit is:',fruit)
print('bye bye!')
```

运行结果如下。

```
the current fruit is: banana
the current fruit is: apple
the current fruit is: mango
bye bye!
```

【例 7-13】　通过序列索引迭代。

这里我们要借助内置函数 len()和 range()。函数 len()可以返回列表的长度，即元素的个数；函数 range()可以返回一个序列。range(n)用于产生一个包含元素 0～$n-1$ 的序列，range(m,n)用于产生一个包含元素 m～$n-1$ 的序列，range(m,n,i)用于产生一个包含元素 m～$n-1$ 且步长为 i 的序列。

```
fruits=['banana','apple','mango']
for index in range(len(fruits)):
    print('the current fruit is:',fruits[index])
print('Good bye!')
```

运行结果如下。

```
the current fruit is: banana
the current fruit is: apple
the current fruit is: mango
Good bye!
```

7.5.4　Python 中猜数字游戏的改进

【例 7-14】　猜数字游戏的改进。

改进猜数字游戏，使其具备以下特点。

（1）猜错的时候程序给予提示，如告诉用户输入的值是大了还是小了。

（2）每运行一次程序只能猜一次，应该提供多次猜测机会。

（3）每次程序运行，答案可以是随机的。

原始代码如下。

```
print('==========猜数字游戏==========')
temp=input('请输入一个数字:')
number=int(temp)
if number==8:
    print('真聪明，一下子就猜对了')
    print('猜对了也没奖励!')
else:
    print('猜错啦，正确的是 8 哦!')
print('游戏结束了，不玩了')
```

为了给予提示，更新 else 部分的代码。

```
print('==========猜数字游戏==========')
temp=input('请输入一个数字:')
number=int(temp)
if number==8:
    print('真聪明，一下子就猜对了')
    print('猜对了也没奖励!')
else:
    if number>8:
        print('猜大了')
    else:
        print('猜小了')
print('游戏结束了，不玩了')
```

为了提供多次猜测机会，选出需要循环的部分。

```
temp=input('请输入一个数字:')
number=int(temp)
if number==8:
    print('真聪明，一下子就猜对了')
    print('猜对了也没奖励!')
else:
    if number>8:
        print('猜大了')
    else:
        print('猜小了')
```

把需要循环的部分放到 while 代码块中，修改后的代码如下。

```
print('==========猜数字游戏==========')
temp=input('请输入一个数字:')
```

```
number=int(temp)
if number==8:
    print('真聪明，一下子就猜对了')
    print('猜对了也没奖励!')
else:
    while number!=8:
        if number>8:
            print('猜大了')
        else:
            print('猜小了')
        temp=input('请输入一个数字:')
        number=int(temp)
        if number==8:
            print('小样，你终于猜对了')
            print('猜对了也没奖励!')
print('游戏结束了，不玩了')
```

为了使答案是随机的，借助 Python 的 random 模块中的函数 randint()，以返回一个随机数。

我们在程序的开头导入 random 模块，然后通过 randint()方法来返回指定范围内的随机数。更新后的代码如下。

```
import random
key=random.randint(1,10)
print('==========猜数字游戏==========')
temp=input('请输入一个数字:')
number=int(temp)
if number==key:
    print('真聪明，一下子就猜对了')
    print('猜对了也没奖励!')
else:
    while number!=key:
        if number>key:
            print('猜大了')
        else:
            print('猜小了')
        temp=input('请输入一个数字:')
        number=int(temp)
        if number==key:
            print('小样，你终于猜对了')
            print('猜对了也没奖励!')
print('游戏结束了，不玩了')
```

7.6 Python 函数

和其他程序设计语言一样，Python 也有很多内置函数，如之前用到的 print()、range() 等。函数能提高应用的模块性和代码的重复利用率。除了使用固定的内置函数外，用户也可以自己创建函数，即用户自定义函数。

7.6.1 自定义函数

用户可以自己定义一个函数，该函数包含所需实现的功能。自定义函数的语法规则如下。

```
def 函数名 ( [参数 1，参数 2，…] ):
语句体
[return 语句]
```

通常在程序中采用"变量=函数名（参数 1，参数 2）"的方式实现函数的调用，其中，变量和参数根据实际需求来决定是否使用，函数名后的小括号则不可缺少。

【例 7-15】 自定义一个输出信息的函数，以一个字符串作为传入参数并输出。

```
def printInfo(str):
    print(str)
```

以下是函数的调用。

```
printInfo('welcome')
printInfo('I love Python')
printInfo('1234567890')
```

输出结果如下。

```
welcome
I love Python
1234567890
```

【例 7-16】 自定义一个加法函数，该函数包含两个参数，以及返回值。

```
def add(a,b):
    print(a+b)
    return(a+b)
```

以下是函数的调用。

```
# -*- coding: UTF-8 -*-
n1=int(input('请输入第一个数字：'))
n2=int(input('请输入第二个数字：'))
sum=add(n1,n2)
print('两数相加的和为',sum)
```

因为程序中有中文，一般会在源文件开头加上"# -*- coding: UTF-8 -*-"，用于避免中文字符不能正常解析的问题。输出结果如下。

```
请输入第一个数字：5
请输入第二个数字：2
7
两数相加的和为 7
```

7.6.2　按值传递参数和按引用传递参数

所有参数在 Python 中都是按引用传递的。如果用户在函数中修改了参数，那么在调用这个函数的函数中，原始的参数也会发生改变。

【例 7-17】 按引用传递参数。

```
# -*- coding: UTF-8 -*-

#可写函数说明
def changeme(mylist):
    "修改传入的列表"
    mylist.append([1,2,3,4]);
    print("函数内取值：",mylist)

#调用 changeme 函数
mylist=[10,20,30];
changeme(mylist);
print("函数外取值：",mylist)
```

传入函数的和在末尾添加新内容的对象用的是同一个引用。输出结果如下。

```
函数内取值： [10, 20, 30, [1, 2, 3, 4]]
函数外取值： [10, 20, 30, [1, 2, 3, 4]]
```

7.6.3　参数的其他传递形式

本节介绍参数的其他传递形式，包括关键字参数和默认参数。

1. 关键字参数

关键字参数和函数调用关系紧密，函数调用使用关键字参数来确定传入的参数值。使用关键字参数允许调用函数时参数的顺序与声明时不一致，因为 Python 解释器能够用参数名匹配参数值。

【例 7-18】 关键字参数的使用。

```
# -*- coding: UTF-8 -*-

#可写函数说明
def printinfo(name,age):
    "输出任何传入的字符串"
    print("Name:",name)
    print("Age:",age)
    return

#调用 printinfo 函数
printinfo(age=50,name="miki")
```

输出结果如下。

```
Name: miki
Age: 50
```

2. 默认参数

在调用函数时，如果没有传入参数的值，则认为它是默认值。

【例 7-19】 默认参数的使用。

```
# -*- coding: UTF-8 -*-

#可写函数说明
def printinfo(name,age=35):
    "输出任何传入的字符串"
    print("Name:",name)
    print("Age:",age)
    return

#调用 printinfo 函数
printinfo(age=50,name="miki")
printinfo(name="miki")
```

输出结果如下。

```
Name: miki
Age: 50
Name: miki
Age: 35
```

7.7 Python 面向对象编程

本节介绍 Python 面向对象编程的相关知识，包括类和方法、模组、异常及数据的读取。下面分别详细介绍。

7.7.1 类和方法

类是一个模板，描述一类对象的状态和行为。这个模板实现以后，就是一个对象。

对象是类的一个实例，有状态和行为。

例如，熊猫"中中"是一个对象，它的状态有名字、年龄、性别，行为有行走、吃竹子等。

对象的状态称为属性，行为通过方法来体现。

【例 7-20】 创建一个类并调用类里定义的方法。

```python
"""
创建一个类，名字为 Abb，继承自 object
类 Abb 有一个方法——add
"""
class Abb(object):

    def add(self, a, b):
        return  a + b


#这里是 Python 的主方法入口
if __name__ == '__main__':
    count=Abb()
    print(count.add(5, 9))
```

输出结果如下。

14

在 Python 3 中，object 为所有类的基类，所有类在创建时默认继承自 object，所以不声明继承自 object 也可以。

　　类下面方法的创建同样使用关键字 def。唯一不同的是，方法的第一个参数必须是存在的，一般习惯命名为"self"，但是在调用这个方法时不需要为这个参数传值。

　　【例 7-21】 继承。在例 7-20 中类 Abb 的基础上，继续创建类 Baa。

```python
class Abb(object):
    def add(self, a, b):
        return  a+b

#类 Baa 继承自 Abb，并且具有 Abb 的所有方法
class Baa(Abb):
    def sub(self, a, b):
        return a-b

if __name__ == '__main__':
    count=Abb()
    print(count.add(5, 9))
    count2=Baa()
    print(count2.add(5, 9))
    print(count2.sub(5, 9))
```

　　输出结果如下。

```
14
14
-4
```

　　一般在创建类时会首先声明初始化方法__init__()，该方法类似于 Java 中的构造函数。

```python
class Person():
    def __init__(self,name):
        self.name=name
    def sayHi(self):
        print('Hello,my name is ',self.name)
p=Person('Swaroop')
p.sayHi()
```

7.7.2 模块

　　模块也称类库或模组。在实际开发中，我们经常会用到系统的标准模块，或第三方模块。

如果想实现与时间相关的功能，则需要调用系统的 time 模块。

在 Python 中，可以通过 import 或 from...import...的方式引用模块。

【例 7-22】 模块的应用。

```python
#导入模块 time
import time

class Order(object):
    def method1(self, a, b, c):
        return a * b + c

    def method2(self):
        return 100


class LittleOrder(Order):
    def method3(self, a, b):
        return a / b + 5

    def method4(self, a, b, c):
        return self.method1(a, b, c) + self.method2()


if __name__ == '__main__':
    abc=Order()
    print(abc.method1(12, 5, 8))
    ddd=Order()
    print(abc.method1(12, 8, 8))
    print(abc.method1(12, 5, 8) > ddd.method2())
    print("abc.method1 is %d: " % abc.method1(12, 5, 8))
    print("ddd.method2 is %d: " % ddd.method2())

    xiao=LittleOrder()
    print(xiao.method2())
    print(xiao.method3(500, 100))
    print("xiao's method4 %d: " % xiao.method4(12, 5, 8))

    #这里使用了模块 time 的 ctime()方法，用于获取当前时间
    print(time.ctime())
```

输出结果如下。

```
104
False
abc.method1 is 68:
ddd.method2 is 100:
100
10.0
xiao's method4 168:
Mon Dec 25 11:33:11 2017
```

如果确定只会用到模块 time 的 ctime()方法，则也可以写成以下形式。

```
from time import ctime
print(ctime())
```

7.7.3　异常

当用户的程序中出现某些异常状况时，就发生了异常。例如，当用户想读某个文件的时候，而那个文件不存在。

```
open("aaa.txt","r")
```

输出结果如下。

```
Traceback (most recent call last):
  File "C:/Users/dh/Desktop/cc.py", line 1, in <module>
    open("aaa.txt","r")
FileNotFoundError: [Errno 2] No such file or directory: 'aaa.txt'
```

Python 抛出一个 FileNotFoundError 类型的异常，原因是没有找到 aaa.txt 这样的文件或目录。我们可以通过 try...except...语句来接收并处理这个异常。

可以把所有可能引发异常的语句放在 try 块中，然后在 except 从句/块中处理所有的异常。示例代码如下。

```
try:
    open("aaa.txt", "r")
except FileNotFoundError:
    print("异常了！")
```

输出结果如下。

```
异常了！
```

如果某个错误或异常没有被处理，就会调用默认的 Python 处理器。它会终止程序的运行，并且输出如下消息。

```
try:
    print(a)
    open("aaa.txt","r")
except FileNotFoundError:
print('异常了')
```

输出结果如下。

```
Traceback (most recent call last):
  File "C:/Users/dh/Desktop/cc.py", line 2, in <module>
    print(a)
NameError: name 'a' is not defined
```

这次 Python 抛出的是 NameError 类型的错误，而 except FileNotFoundError 只能接收到找不到文件的错误。这时我们只需要添加一个接收异常的类型就可以了。

```
try:
    print(a)
    open("aaa.txt","r")
except FileNotFoundError:
    print('异常了')
except NameError:
    print('name 异常')
```

在 Python 中，所有异常类都继承自 Exception，所以可以使用 Exception 来接收所有类型的异常。代码如下。

```
try:
    print(a)
    open("aaa.txt","r")
except Exception:
    print('异常了')
```

如果希望在异常没有发生时执行某个语句，则应加上 else 从句。代码如下。

```
a=10
try:
    print(a)
except Exception:
    print('异常了')
else:
```

```
    print('没有异常')
```

输出结果如下。

```
10
没有异常
```

在有些情况下，不管是否出现异常，都希望能执行某些操作，因此可加上 finally 从句。代码如下。

```
try:
    print(a)
except Exception:
    print('异常了')
finally:
    print('无论是否异常，此语句都执行')
```

输出结果如下。

```
异常了
无论是否异常，此语句都执行
```

7.7.4 数据的读取

1. 通过 Python 读取 CSV

逗号分隔值（Comma-Separated Value，CSV），有时也称为字符分隔值，因为分隔字符也可以不是逗号。文件以纯文本形式存储表格中的数据（数字和文本）。纯文本意味着该文件是一个字符序列，不含必须像二进制数字那样被解读的数据。

CSV 文件由任意数目的记录组成，记录间以某种换行符分隔；每条记录由字段组成，字段间的分隔符是其他字符或字符串，较常见的是逗号或制表符。通常，所有记录都有完全相同的字段序列。

CSV 文件格式的通用标准并不存在，但是在 RFC 4180 中有基础性的描述。使用的字符编码同样没有指定，但是 ASCII 是通用的编码。

Python 中有一个读写 CSV 文件的包，直接进行 import csv 命令即可导入这个 Python 包。利用这个 Python 包，用户可以很方便地对 CSV 文件进行操作，一些简单的用法如下。

1）读文件

【例 7-23】 读取 CSV 文件。

假设存在 data.csv 文件，其内容如下。

```
1,2,3,4
5,6,7,8
9,10,11,12
13,14,15,16
```

编写程序读取该文件的内容，代码如下。

```
import csv
csv_reader=csv.reader(open('data.csv', encoding='utf-8'))
for row in csv_reader:
    print(row)
```

输出结果如下。

```
['1', '2', '3', '4']
['5', '6', '7', '8']
['9', '10', '11', '12']
['13', '14', '15', '16']
```

可见，csv_reader 把每一行数据转化成了一个列表，列表中的每个元素是一个字符串。

2）写文件

读文件时，会把 CSV 文件读入列表中；写文件时，会把列表中的元素写入 CSV 文件中。

```
import csv
list = ['1', '2','3','4']
out = open('data.csv', 'w')
csv_writer = csv.writer(out)
csv_writer.writerow(list)
```

直接使用上面这种写法会导致文件每一行后面多一个空行。解决方案如下。

```
import csv
list = ['1', '2','3','4']
out = open('data.csv', 'w', newline='')
csv_writer = csv.writer(out, dialect='excel')
csv_writer.writerow(list)
```

2. 通过 Python 读取 MySQL

为了使用 pymysql 读取 MySQL 数据库，首先需要在命令行窗口中安装 pymysql 模组，命令如下。

```
pip install pymysql
```

【例 7-24】 读取 MySQL。

```python
import pymysql

#创建连接
#参数依次为数据库 IP、数据库用户名、数据库密码、数据库名
conn = pymysql.connect(host='127.0.0.1', user='root', passwd='123456', db='test')

#创建游标，游标设置为以字典类型
cursor = conn.cursor(cursor=pymysql.cursors.DictCursor)

#执行 SQL，并返回受到影响的行数
#只要在引号内写 SQL 语句，Python 就执行
effect_row = cursor.execute("insert into user(username,password) values('alex', '8888') ")
print(effect_row)

#提交，不然无法保存新建或者修改的数据
conn.commit()

#关闭游标
cursor.close()

#关闭连接
conn.close()
```

获取 SQL 语句查询结果：

```python
import pymysql

#创建连接
#参数依次为数据库 IP、数据库用户名、数据库密码、数据库名
conn=pymysql.connect(host='127.0.0.1', user='root', passwd='123456', db='test')

#创建游标，游标设置为字典类型
cursor=conn.cursor(cursor=pymysql.cursors.DictCursor)

#执行 SQL，并返回受到影响的行数
effect_row=cursor.execute("select * from user")
#result=cursor.fetchall()    #获取所有数据
#print(result)
```

```
# result=cursor.fetchone()      #获取第一条数据
# print(result)
# result=cursor.fetchone()      #去掉之前那条数据的第一条数据（第二条）
# print(result)
# result=cursor.fetchone()      #去掉之前那条数据的第一条数据（第三条）（迭代，依次类推）
# print(result)
# result=cursor.fetchmany(3)  #依次获取多条数据
# print(result)

# result=cursor.fetchone()
# cursor.scroll(-1, mode="relative")    #相对移动

cursor.scroll(0, mode="absolute")       #绝对移动
result=cursor.fetchone()
print(result)

#关闭游标
cursor.close()

#关闭连接
conn.close()
```